新编**实用化工产品**丛书

丛书主编 ◎ 李志健　余丽丽　　丛书主审 ◎ 李仲谨

BIAOMIAN CHULI YU FANGXIUJI
PEIFANG GONGYI JI SHEBEI

表面处理与防锈剂
配方、工艺及设备

第二版

唐一梅 ◎ 主　编
扈本荃　高苏亚 ◎ 副主编

化学工业出版社
·北京·

内容简介

《表面处理与防锈剂——配方、工艺及设备》（第二版）在第一版基础上对理论和配方实例等进行了全面更新，介绍了表面处理过程中使用的表面处理方法及原理，列举了几种金属、非金属表面处理工艺，便于读者依据实际选择适合自身需要的表面处理工艺；从表面处理的材料的类别、目的出发，利于读者快速掌握不同材料的表面处理方法；从配方入手，阐述配方原理、配方工艺及配方中的功能性成分，利于不同读者依据实际需要进行配方拓展。

本书可供从事表面处理与防锈剂研发、生产、应用的技术人员使用，同时可作为精细化工等专业的高等教育、大中专教育教材和教学参考书使用。

图书在版编目（CIP）数据

表面处理与防锈剂：配方、工艺及设备 / 唐一梅主编；扈本荃，高苏亚副主编. -- 2版. -- 北京：化学工业出版社，2025. 10. --（新编实用化工产品丛书）.
ISBN 978-7-122-49371-2

Ⅰ. TG17; TQ047.9

中国国家版本馆 CIP 数据核字第 2025HV1103 号

责任编辑：张　艳　　文字编辑：李　欣　师明远
责任校对：杜杏然　　装帧设计：王晓宇

出版发行：化学工业出版社
（北京市东城区青年湖南街 13 号　邮政编码 100011）
印　　装：北京天宇星印刷厂
787mm×1092mm　1/16　印张 13½　字数 348 千字
2026 年 1 月北京第 2 版第 1 次印刷

购书咨询：010-64518888　　售后服务：010-64518899
网　　址：http://www.cip.com.cn
凡购买本书，如有缺损质量问题，本社销售中心负责调换。

定　　价：98.00 元

前言

“新编实用化工产品丛书”的编写紧密围绕生产实践，旨在为读者提供直接、实用的技术指导，本次修订对理论和配方实例等进行了全面更新。丛书对所涉及的化工产品的门类、理论知识、应用前景进行了概述，同时重点介绍了从生产实践中筛选出的有前景的实用性配方，并较详细地介绍了与其相关的工艺和设备。

该丛书主要面向相关行业的生产和销售人员，对相关专业的在校学生、教师也具有一定的参考价值。

该丛书由李志健、余丽丽任主编，王前进、杨保宏任副主编，李仲谨任主审，参编单位有西安医学院、陕西科技大学、陕西省石油化工研究设计院、西北工业大学、西京学院、西安工程大学、西安市蕾铭化工科技有限公司、陕西能源职业技术学院。参编作者均为在相关企业或高校从事多年教学、生产和研究的一线中青年专家、学者。

作为丛书分册之一，本分册介绍了金属、非金属表面处理剂的基本知识、基本原理，详述了不同材料表面处理剂的常用配方、配方原理、配方工艺等。同时，这本书不是系列配方的简单罗列，而是从方便、易于读者阅读的角度编写，有以下三个方面的特点：介绍了表面处理过程中使用的表面处理方法及原理，列举了几种金属、非金属表面处理工艺，便于读者依据实际选择适合自身需要的表面处理工艺；从表面处理的材料的类别、目的出发，利于读者快速掌握不同材料的表面处理方法；从配方入手，阐述配方原理、配方工艺及配方中的功能性成分，利于不同读者依据实际需要进行配方拓展。

本书第一章由唐一梅（西安医学院）负责编写；第二章由扈本荃（西安医学院）、唐一梅负责编写；第三章由高苏亚（西安医学院）、唐一梅负责编写；第四章由张韫（西安医学院）、唐一梅负责编写；第五章由唐一梅负责编写；全书最后由唐一梅和李仲谨（陕西科技大学）统稿并审阅定稿。

由于作者水平所限，书中难免有疏漏和不妥之处，恳请读者提出意见，以便完善。

编者

2025 年 8 月

目录

4 有色金属表面处理与防锈剂 116

1 概述

表面处理剂（surface treating agent）是指对材料的表面进行某种处理以达到特定目的时所使用的试剂，包括金属表面处理剂、聚四氟表面处理剂和硅胶表面处理剂等。

1.1 表面处理与防锈剂的分类及基本概念

1.1.1 金属表面处理剂的分类及基本概念

金属表面处理包括除油、除锈、防锈、磷化等基体前处理，是为金属涂层技术、金属防护技术做准备的，基体前处理质量对此后涂层的制备和金属的使用有很大的影响。

1.1.1.1 金属表面除油剂

金属材料在机械加工和储存过程中，表面通常黏附着油污，它的存在严重影响粘接力的形成，因此在粘接之前必须将它们全部去除。除油的方法主要有 4 种：碱液除油、有机溶剂除油、电解除油以及超声波除油。

超声波除油是将超声波与溶剂结合的除油方法，将欲除油的工件放到超声波清洗槽中，槽中放有溶剂或含有表面活性剂的溶液，然后开动高频发生器，当超声波频率达到 20～5000Hz 时，产生的能量使槽内溶液翻动，并对工作表面进行冲刷，使油污等被冲击下来。超声波除油时，可根据被除油污的种类选择适宜的溶剂。主要有以下除油剂类型：石油系除油剂、氯代烃系除油剂、碱性除油剂、含有表面活性剂的除油剂等。

（1）石油系除油剂

石油系除油剂主要有溶剂汽油、煤油或轻柴油等。它的作用原理主要是利用其对金属表面油脂的溶解作用。由于这类溶剂渗透力强、脱脂性好，故一般用于粗清洗，以除去大量的油脂类污物。但在实际使用时，往往加入表面活性剂，使它具有清洗水溶性污渍的能力，有时也加入少量防锈剂，使清洗后金属表面具有短时间的防锈能力。这类石油系除油剂，特别是汽油，由于易燃，使用时必须有充分的防火安全措施。

（2）氯代烃系除油剂

常用的氯代烃系除油剂是三氯乙烯和四氯化碳。这类溶剂的特点是对油脂的溶解能力强，但沸点低，一般为不易燃物；而且比热容小、蒸发潜热小，因而温升快、凝缩也快；密度一般比空气大，因而存在于空气下部。由于这些特点，氯代烃系除油剂可用于蒸气脱脂。因这类溶剂价格较贵，一般需循环使用或回收使用。有些溶剂如三氯乙烯有一定的毒性，在光、空气和水分共存时，分解产生氯化氢，易引起金属腐蚀；与强碱共热时，易产生爆炸等，使用时应加以注意。

（3）碱性除油剂

氢氧化钠、碳酸钠、硅酸钠、磷酸钠等，溶于水成为主要的碱性除油剂。它们的作用原理是和油污中的脂肪酸甘油酯发生皂化作用形成初生皂，使油污成为水溶性的物质而被溶解去除。其中氢氧化钠和碳酸钠还有中和酸性污垢的作用。磷酸钠、三聚磷酸钠、六偏磷酸钠等既具有清洗作用，又有抑制腐蚀的作用。硅酸钠则有胶溶、分散等作用，清洗效果较好。

碱性除油剂由于价格较低、无毒性、不易燃等特点，使用较为广泛。但在使用碱性除油剂时要注意被清洗金属的材质，选择适当 pH 的碱液。此外，在使用碱性除油剂时，通常加入表面活性剂构成复合配方，以加强清洗作用。

1.1.1.2 金属表面除锈剂

金属表面除锈剂是用于去除金属材料表面的锈蚀层和污染物的溶剂，其处理方式包括机械和化学处理方法。

机械方法是工业上常用的表面处理方法之一，可以直接去除表面的污物，而且还能获得一定的表面粗糙度，这对粘接密封十分有利。常用的方法有手工除锈、电动工具除锈和喷砂除锈等。喷砂除锈是通过压缩空气将砂石喷射到金属表面，经强力摩擦与冲击作用清除锈蚀。用于喷砂的砂料有矿砂、河砂、海砂、刚玉砂、金刚砂、石英砂、玻璃珠、金属弹丸等。该方法多用于大面积工件的处理。

化学除锈是将金属在活性溶液中进行化学腐蚀处理，使其表面活化或者钝化，进而在金属表面形成具有良好内聚强度的表面氧化层，这对形成牢固的粘接非常有利。化学除锈有电化学腐蚀和化学腐蚀两种。它被广泛用于小型工件、形状复杂工件、被氧化的金属零部件（除铜、铝、镀铜、镀铝、镀锌制品）、机械设备等表面的除锈清洗，也可用于机加工零部件涂镀前的除氧化皮处理，效率很高。

电化学腐蚀是将金属放在电解槽中作为电极（阴极或阳极），在直流电的作用下，借助金属的电化学和化学溶解及金属上析出的气泡将表面的氧化层清除。把处理的金属作为阳极时，在电流作用下，金属表面析出氧气泡，作为阴极时析出的是氢气泡。阳极腐蚀用的电解液是 15%～20%的硫酸溶液，温度 10～30℃。

化学腐蚀是金属材料表面常用的处理方法，通常使用硫酸、盐酸或其他混合酸等进行处理。为了防止产生的氢气向金属内部扩散而造成氢脆，一般在处理液中加入邻二甲苯硫脲。在处理铸铁件时，加入一些氢氟酸，使其含有的硅变成氟硅酸；铝和铝合金常用 10%的氢氧化钠水溶液腐蚀，再用硝酸处理；不锈钢常用浓硝酸和氢氟酸腐蚀；铜及铜合金常用浓盐酸和浓硫酸腐蚀。

1.1.1.3 金属表面防锈剂

金属表面防锈剂以金属防锈为目的而加入各种介质（如水、油或脂等）中去的一类化学药剂。习惯上将其分为水溶性防锈剂、油溶性防锈剂、乳化型防锈剂、气相防锈剂等。

（1）水溶性防锈剂

水溶性防锈剂可溶解在水中形成水溶液，金属经这种水溶液处理后能防止腐蚀生锈。它们的防锈作用原理可分为三类。①金属与防锈剂生成不溶且致密的氧化物薄膜，阻止金属的阳极溶解或促进金属的钝化，从而抑制金属的腐蚀。这类防锈剂又称为钝化剂，如亚硝酸钠、重铬酸钾等。在使用时，应保证足够的用量。用量不足时，不能形成完整的氧化物薄膜，在未被遮盖的很小的金属表面上，腐蚀电流密度增大，易造成局部腐蚀严重。②金属与防锈剂生成难溶的盐类，从而使金属与腐蚀介质隔离，免于锈蚀。例如：磷酸盐能与铁作用生成不溶性的磷酸铁盐；硅酸盐能和铁、铝作用生成不溶性的硅酸盐等。③金属与防锈剂生成难溶性的络合物，覆盖在金属表面而保护金属不被腐蚀。例如：苯并三氮唑与铜能生成螯合物 $Cu(C_6H_4N_3)_2$，它既不溶于水也不溶于油，因而能保护铜的表面。

（2）油溶性防锈剂

油溶性防锈剂又称油溶性缓蚀剂，大多数为具有极性基团的长碳链有机化合物。其分子中的极性基团依靠电荷作用紧密地吸附在金属表面上；长碳链的非极性基团则向着金属表面外侧，并能和油类互溶在一起，从而使防锈剂分子定向排列在金属表面，形成吸附性保护膜，使金属不受水和氧的侵蚀。按基团极性可将其分为五类：①磺酸盐类，化学通式为 R—SO_3M。一般使用的是石油磺酸的碱金属或碱土金属盐类，如石油磺酸钡、石油磺酸钠、二壬基萘磺酸钡等。②羧酸及其皂类，化学通式为 R—COOH 及（R—COO)$_n$M$_m$。防锈剂的羧酸有动植物油的脂肪酸，如硬脂酸、油酸等，另有氧化石油脂、烯基丁二酸等合成的羧酸，还有石油产品环烷酸等。羧酸盐的极性比相应的羧酸强，故防锈效果较好，但油溶性较小，且遇水会水解，在油中分散时稳定性较差。③酯类，化学通式为 RCOOR$'$。羊毛脂、蜂蜡是天然的酯类化合物，也是较好的金属防锈剂。多元醇的酯类防锈效果很好，例如季戊四醇单油酸酯、山梨糖醇酐单油酸酯（司盘-80），都是较好的金属防锈剂，应用较为广泛。④胺类，化学通式为 R—NH_2，例如十八胺等。胺类和有机酸生成的胺盐或其他复合物，如油酸十八胺盐、硬脂酸环己胺等防锈效果比单纯的胺防锈效果好。⑤硫、氮杂环化合物，包括含硫或含氮的杂环及某些衍生物均是较好的金属防锈剂，例如咪唑啉的烷基磷酸酯盐、苯并三氮唑和 α-巯基苯并噻唑等，其中咪唑啉类可用于黑色金属与有色金属防锈，苯并三氮唑等则主要用于铜材等有色金属防锈。

（3）乳化型防锈剂

乳化型防锈剂分为两种：一种是油的微粒在水中的悬浮液，即水包油型乳化液，通常呈乳白色；另一种是水的微粒在油中的悬浮液，即油包水型乳化液，通常是透明的或半透明的液体。乳化型防锈剂既具有防锈性能，又具有润滑性能和冷却性能，因此常用作金属切削加工的润滑冷却液。乳化型防锈剂中的乳化剂过去常用植物油脂经皂化加工而成，目前一般使用油酸三乙醇胺、磺化油或非离子型表面活性剂等。为了加强防锈性能，在加水调配成乳化液时，还可加入一定量的水溶性防锈剂，如亚硝酸钠与碳酸钠、亚硝酸钠与三乙醇胺等。此外，为了防止和减缓乳化液发臭变质，还可加入少量防霉剂，如苯酚、五氯酚、苯甲酸钠等。

1.1.2 非金属表面处理剂的分类及基本概念

木材、塑料、橡胶等材料是热和电的不良导体。一般非金属材料的力学性能较差（玻璃钢除外），但某些非金属材料可代替金属材料，是化学工业不可缺少的材料。当然，人们在利用非金属材料优势的同时，非金属材料表面惰性、电绝缘性等又限制了它们的广泛应用。因此，依据不同的要求，在使用前对非金属材料进行相应的表面处理。一般来说，非金属材料的表面处理方式有以下几种：

（1）机械处理

用砂纸打磨，去除表面的油污、脱膜剂、增塑剂等，然后涂胶粘接。

（2）物理处理

用电场、火焰等物理手段对被粘物进行表面处理，主要用于非极性高分子材料。

（3）火焰处理

用燃烧的气体火焰在被粘物表面进行瞬时灼烧，使其表面氧化，得到含碳的极性表面。

（4）放电处理

在真空或惰性气体环境中，对非金属材料进行高压气体放电处理，使其表面氧化或交联而产生极性表面，根据不同的装置可分为电晕、接触、辉光等放电方法。

（5）等离子处理

等离子处理是用无电极的高频电场连续不断地提供能量，使等离子室内的气体分子激化成带正电离子和电子的等离子体。这些等离子以几百至几千毫升/分的气流速度碰撞要处理的材料表面，使其生成极性层。

（6）化学处理

非金属材料的化学处理是用酸、强氧化剂等将其表面的一切油污杂质清除掉，或将非极性表面通过氧化作用生成一层含碳极性物质以增强粘接效果。化学处理法常用的化学试剂有重铬酸钠、浓硫酸、表面活性剂、偶联剂、氢氧化钠等。可能存在的职业病危害因素有：砂轮磨尘、炭黑尘、重铬酸钠、浓硫酸、表面活性剂、偶联剂、氢氧化钠、机械噪声与振动、高频电磁场、电弧光产生的紫外线、极低频电磁场等，在实际应用时因选择的处理方法不同而异。

本书中主要涉及聚四氟乙烯、硅胶、木材的表面处理方法。

1.2 金属表面处理剂的配方类型

1.2.1 防锈剂

防锈剂是一种超级高效的合成渗透剂，它能强力渗入铁锈、腐蚀物、油污内，从而轻松地清除掉金属的锈迹和腐蚀物，具有渗透除锈、松动润滑、抵制腐蚀、保护金属等性能。同时它可在部件表面上形成并贮存一层润滑膜，抑制湿气及许多其他化学成分造成的腐蚀。

常见的水基防锈剂有乙醇胺与酸的复配防锈剂、多元醇酯防锈剂、金属表面自组装防锈剂、硅烷偶联防锈剂、气相防锈剂。

① 乙醇胺包括单乙醇胺、二乙醇胺及三乙醇胺，与它们复配的酸可以是无机酸和有机酸。醇胺与酸在常温下复配生成醇胺盐。单乙醇胺和二乙醇胺与羧酸加热生成的酰胺也是一种很有效的防锈剂，很稀的烷基醇酰胺溶液即能防止钢铁生锈，并具有良好的耐水解性能；同时对防锈水有增稠作用，从而避免了防锈剂从金属表面流失，并使防锈剂在金属表面牢固附着。有机羧酸醇胺盐和烷基醇酰胺分子中的氮原子和氧原子都有孤对电子，可与铁等有空轨道的金属表面作用生成络合物膜，阻止氧、水等分子与金属表面接触。

② 失水山梨醇单油酸酯是一种性能优良的防锈剂，其他还有季戊四醇酯、糖脂等。

③ 有机物分子在溶液中能自发地吸附在金属表面，形成一层取向性好、排列紧密的疏水性单分子层，可有效阻止水分子、氧分子及电子向金属表面的传输，使基体金属发生氧化的临界电位正移，金属表面的氧化-还原电流显著降低，从而起到对金属的保护作用。这个过程就是防锈剂分子在金属表面的自组装。

④ 硅烷偶联剂按其化学结构可分为两大类：单硅烷偶联剂和双硅烷偶联剂。二者的结构通式分别为 $Y\text{-}(CH_2)_n\text{-}Si\text{-}(OR)_3$ 和 $(RO)_3\text{-}Si\text{-}(CH_2)_n\text{-}Y\text{-}(CH_2)_n\text{-}Si\text{-}(OR)_3$，其中，Y 为官能团，RO—为可水解的烷氧基。硅烷偶联剂被用于金属材料的防锈剂，并有望替代铬酸盐钝化和传统的磷化工艺。当用于防锈剂时，先让硅烷进行水解，生成的硅醇与金属表面的氧化物或氢氧化物发生缩合反应产生 Si—O—Me 共价键（Me 代表被保护的金属)，而吸附在金属表面的剩余的—SiOH 基团彼此间进行缩合反应而形成致密的硅烷膜。

⑤ 气相防锈剂是在常温下有较大蒸气压的防锈化学品，把它溶解在水中即得到气相防锈水，挥发后的气体吸附在金属表面后，能抑制金属的阴、阳极的电化学反应。常见的气相防锈剂制品有粉剂（包括片剂)、溶液、溶剂、防锈纸和防锈油等。溶液、防锈纸、防锈油等都是由基本材料粉剂及其他材料组合而成的。粉剂常用于锅炉、热交换器的细长管和齿轮箱等复杂型腔内及散放工件，每立方米空间仅需 34g。例如：上海超越化学品有限公司生产的 QW-20 防锈剂粉剂，使用时用压缩空气吹入即可。如果将粉剂溶入水中就成为溶液，溶液常用于水压试验和满水保管等场景，用量在 0.02%～0.1%，工件浸液后，表面立即与药剂接触，没有诱导期，而且药剂与工件距离最近，分布最均匀，因此效果较好，但是施工麻烦。气相防锈纸就是将粉剂溶于溶剂后再吸收在具有较好强度的纸上。防锈纸是粉剂的发

展，相对粉剂而言它的作用表面积增大了几十倍，与工件的直线距离缩短了，因此效果好，应用最广泛。气相防锈剂还可以溶解于润滑油中，制成气相防锈油，常用于机床及机械试车时，试车后封存可对内腔防锈，启封后清除不必很严格，少量遗留不影响正常运转。气相防锈油还常用于卷钢、卷铜带的边缘涂覆防锈，效果很好。

常见的油基防锈剂有软膜防锈油和硬膜防锈油。软膜防锈油是由矿物油（如煤油、柴油、机油或润滑油）、油溶性缓蚀剂（如石油磺酸钡、硬脂酸铝）和其他添加剂组成的，其特点是操作简单，具有一定的防锈效果（室内存放防锈期大约 2～3 个月）。硬膜防锈油是将有机树脂（如生漆片、醇酸树脂、聚酯树脂、丙烯酸树脂、环氧树脂等）溶解于有机溶剂（如二甲苯、丙酮、醋酸乙酯等），属于传统的有机涂层防腐处理材料。

1.2.2 磷化液

磷化是金属与稀磷酸或酸性磷酸盐反应而形成磷酸盐保护膜的过程。磷化液的主要成分是磷酸二氢盐［如 $Zn(H_2PO_4)_2$］以及适量的游离磷酸和加速剂等。加速剂主要起降低磷化温度和加快磷化速度的作用。作为化学加速剂，用得最多的氧化剂有 NO_3^-、NO_2^-、ClO_3^-、H_2O_2 等。

磷化液的配制原则：磷化液应包括乳化性能优异的各种表面活性剂及洗涤剂等组成的去油剂，对金属锈蚀产物有较强溶解作用的酸液、酸式盐（包括有机酸在内）组成的除锈剂，对金属表面垢质有较好分解和溶化性能的无机、有机酸和盐类所组成的去垢剂；为确保磷化液在使用中不腐蚀基本金属，加入相应的高效缓蚀剂；为增加对金属表面的保护作用，加入能和金属基本生成钝化膜层的钝化剂，以及在去锈、脱脂、去垢等作用后，能使金属表面生成有很强防腐蚀性能的磷化剂等。

磷化液的基本平衡方程式：

$$3M(H_2PO_4)_2 \rightleftharpoons M_3(PO_4)_2 + 4H_3PO_4$$

此方程的平衡常数 $K=[M_3(PO_4)_2][H_3PO_4]^4/[M(H_2PO_4)_2]^3$，M 代表 Zn、Mn 等。可以看出，常数 K 值越大，磷酸盐沉积的比率越大。而 K 值与一代和三代金属盐的金属性质、溶液温度、pH 值及总浓度有关，所以影响磷化液性能的因素至少有 pH 值、游离酸度、总酸度、温度、离子浓度、金属性质、水质等。

pH 值：锰系磷化液一般控制在 2～3 之间，当 $pH>3$ 时，工件表面易生成粉末，当 $pH<1.5$ 时难以成膜。铁系一般控制在 3～5.5 之间。

游离酸度：游离酸度指游离的磷酸。其作用是促使铁的溶解，以形成较多的晶核，使膜结晶致密。游离酸度过高，则与铁作用加快，会大量析出氢，令界面层磷酸盐不易饱和，导致晶核形成困难，膜层结构疏松、多孔，耐蚀性下降，令磷化时间延长。游离酸度过低，磷化膜变薄，甚至无膜。

总酸度：总酸度指磷酸盐、硝酸盐和酸的总和。总酸度一般以控制在规定范围的上限为好，有利于加速磷化反应，使膜层晶粒细。在磷化过程中，总酸度不断下降，会导致反应速率减慢。总酸度过高，膜层会变薄，可加水稀释。总酸度过低，膜层会变得疏松粗糙。

温度：温度愈高，磷化层愈厚，结晶愈粗大。温度愈低，磷化层愈薄，结晶愈细。但温度不宜过高，否则 Fe^{2+} 易被氧化成 Fe^{3+}，加大沉淀物含量，溶液不稳定。

离子浓度：溶液中 Fe^{2+} 极易氧化成 Fe^{3+}，导致不易成膜。但溶液中 Fe^{2+} 浓度不能过高，否则，形成的膜晶粒粗大，膜表面有白色浮灰，耐蚀性及耐热性下降。Zn^{2+} 的影响表现为，当 Zn^{2+} 浓度过高，磷化膜晶粒粗大，脆性增大，表面呈白色浮灰；当 Zn^{2+} 浓度过低，膜层疏松变暗。

金属性质：金属工件表面状态对磷化质量影响较大，即使是同一磷化工艺、同一磷化制剂，同一工件的不同部位的磷化膜质量也可能相差较大，这是工件表面状态差异所致。一般来说，高、中碳钢和低合金钢容易磷化，磷化膜黑而厚，但磷化膜结晶有变粗的倾向；低碳钢磷化膜结晶致密，颜色较浅。若磷化前进行适当的酸洗，可有助于提高磷化膜质量，冷轧板因表面有硬化层，磷化前最好进行适当的酸洗或表调，否则会导致膜不均匀、膜薄、耐蚀性低。

水质：磷化后用水冲洗磷化膜的作用是去除吸附在膜表面的可溶性物质等，以防止涂膜在湿热条件下起泡、脱落，从而提高涂膜的附着力、耐腐蚀性。通过对不同磷化膜分别采用去离子水、下水道水、车间排放水进行冲洗实验得知，其耐蚀性、柔韧性逐个降低。对于要求较严的阴极电泳涂装，最好在涂装前采用去离子水清洗。

磷化作用：

① 涂装前磷化的作用：增强涂装膜层（如涂料涂层）与工件间结合力；提高涂装后工件表面涂层的耐蚀性；提高装饰性。

② 非涂装磷化的作用：提高工件的耐磨性；使工件在机加工过程中具有润滑性；提高工件的耐蚀性。

1.2.3 钝化液

钝化液是能使金属表面呈钝态的溶液，一般用于镀锌、镀镉和其他镀层的镀后处理。其目的是在镀层表面形成能阻止金属正常反应（氧化）的表面状态，提高其抗蚀性，并增加产品的美观性。

通过配方分析可知，常用的钝化液主要成分是铬酸、硝酸、硫酸等。但铬酸造成环境污染；在某些场合，若产品要求银白色或蓝白色，则经三酸钝化处理后生成的彩虹色钝化膜，还可以再经过碱液漂白处理（白色钝化），但镀层的耐蚀性能会下降。

1.2.4 缓蚀剂

缓蚀剂也可以称为腐蚀抑制剂，是一种以适当的浓度和形式存在于环境（介质）中时，可以防止或减缓腐蚀的化学物质或几种化学物质的混合物。一般来说，缓蚀剂是指那些用在金属表面起防护作用的物质，加入微量或少量这类化学物质可使金属材料在该介质中的腐蚀速率明显降低直至为零，同时还能保持金属材料原来的物理、力学性能不变。

合理使用缓蚀剂是防止金属及其合金在环境介质中发生腐蚀的有效方法。它的用量很小（0.1%～1%），但效果显著，主要用于中性介质（锅炉用水、循环冷却水）、酸性介质（除锅垢的盐酸、电镀前镀件除锈用的酸浸溶液）和气体介质（气相缓蚀剂）。缓蚀效率愈大，抑制腐蚀的效果愈好。有时较低剂量的几种不同类型的缓蚀剂配合使用可获得较好的缓蚀效果，这种作用称为协同效应；相反地，若不同类型缓蚀剂共同使用时反而降低各自的缓蚀效率，则称为拮抗效应。

① 按照缓蚀剂作用的电化学理论，缓蚀剂可分为阳极型缓蚀剂、阴极型缓蚀剂和混合型缓蚀剂。

② 依据物质中元素组成，缓蚀剂可分为有机缓蚀剂和无机缓蚀剂。

有机缓蚀剂主要有醛类、胺类、有机硫化合物、杂环化合物、羧酸及其盐类、磺酸及其盐类等。有机缓蚀剂通常是由电负性较大的O、N、S和P等原子为中心的极性基及C、H原子组成的非极性基所构成，能够以某种键的形式与金属表面相结合。有机缓蚀剂的缓蚀机制大多数符合吸附膜理论。

无机缓蚀剂的种类相对于有机缓蚀剂少，而且它要在较高的浓度下才能有效工作。与有机缓蚀剂的作用机制不同，无机缓蚀剂一般是通过氧化金属表面而生成钝化氧化物膜或者在金属表面阴极区形成沉淀膜来抑制腐蚀反应的进行。传统的无机缓蚀剂主要有硅酸盐、磷酸盐和铬酸盐等。其中，磷酸盐和铬酸盐对环境有较大的污染，其应用已逐渐减少。钼酸盐、钨酸盐和稀土化合物等是近期开发应用的、对环境友好的无机缓蚀剂。

③ 根据缓蚀剂在金属表面所形成的保护膜具有的性质，缓蚀剂可被分为氧化膜型、沉淀膜型和吸附膜型这三种类型的缓蚀剂。

氧化膜型缓蚀剂是指可以直接或间接地氧化金属，在金属表面形成相应的氧化膜型薄膜，阻止腐蚀反应进行的缓蚀剂。但氧化型缓蚀剂存在着一定的缺点：它主要对可钝化金属（铁族过渡金属）表现出良好的保护作用，而对不钝化金属（如铜、锌和镁等金属）没有很好的效果。

沉淀膜型缓蚀剂的特点是缓蚀剂会与溶液中离子发生化学反应而产生相应的难溶于水的沉淀物，从而减缓金属的腐蚀。目前沉淀膜型缓蚀剂主要有硫酸锌、碳酸氢钙、聚磷酸钠等无机盐。

吸附膜型缓蚀剂一般是有机化合物，有机化合物中多存在着极性基因，这样的极性基团可以被金属表面存在的电荷吸附，从而在金属表面的阳极和阴极区域形成一层单分子膜，可以阻止或减缓金属表面上所存在的电化学反应。如某些含氮、含硫或含羟基等官能团的有机化合物，其分子中含有两种性质相反的基团：亲水基和亲油基。这样的化合物分子会以亲水基（例如羟基、氨基等）吸附于金属表面上，形成一层致密的憎水膜，保护金属表面不受腐蚀。

吸附膜型缓蚀剂所形成的吸附膜的稳定性和缓蚀性能取决于金属/溶液界面上缓蚀剂吸附膜和界面以及吸附膜分子之间的相互作用力。形成具有较高覆盖度、强稳定性的吸附膜，是产生缓蚀作用的前提。吸附膜的稳定性取决于吸附粒子与金属表面的相互作用力（包括化学吸附和静电相互作用）和吸附粒子之间的相互作用力。缓蚀剂中高电负性的O、N、P、S等元素的亲水性极性基团与表面金属原子未占据的空d轨道形成配位键，吸附于金属/溶液之间的界面处，降低金属表面的能量，使能量趋于逐步稳定，提高腐蚀反应的活化能，从而导致金属的腐蚀速率降低；同时，缓蚀剂分子中所含有的非极性基团在金属表面会形成疏水性的保护层，阻碍金属表面上与腐蚀反应有关的电荷或物质的转移，进一步阻碍金属的腐蚀过程。

由于缓蚀剂的缓蚀机理在于能在金属表面成膜，从而阻止金属表面与腐蚀介质的直接接触，因此为了迅速在金属表面成膜，应要求水中缓蚀剂的浓度足够高，待膜形成后，再降至可对膜的破损起修补作用的浓度。为了得到致密的膜层，金属表面应十分清洁，因此成膜前必须对金属表面进行化学清洗以除油、除污和除垢。

1.2.5 抛光液

抛光是金属表面经过精磨光以后，进一步降低表面粗糙度和使表面出现光泽所进行的精加工工艺。抛光的主要目的是减小金属表面粗糙度，改善制品的表面光洁程度，进一步除去制品表面的细微缺陷，以得到光亮美观的表面，或者为后续表面处理（如电镀、化学镀等）做好准备。

抛光液通常是一种不含任何硫、磷、氯等添加剂的水溶性抛光剂。抛光液的化学成分和周围介质在抛光过程中与抛光金属发生化学反应，大大加强抛光效果。抛光液应具有良好的去油污、防锈、清洗和增光性能，能使金属制品表面光亮、超过原有的光泽，同时还需具备性能稳定、无毒、对环境无污染等特点。

抛光剂中的液体介质可以是水、有机溶剂、烃油或其混合物。溶剂必须具有相当高的挥发性、较低的贝壳松脂丁醇值，并且要有良好的流平性和不能溶解腐蚀汽车表面涂层的性质。有机溶剂介质主要有脂肪烃、异链烷烃、甲基-乙基酮及混合物，最常用的是溶剂汽油；烃油介质有鱼油、牛油、矿物油等，最好是矿物油；水介质用去离子水，可以减少细菌生长的可能性，从而延缓抛光剂的曝光时间。此外，也有部分产品使用水与有机溶剂混合介质。

早期的抛光剂大多添加研磨材料来除去汽车表面风化的残余物、氧化物和泥土等。选择合适的抛光用研磨磨料很重要，磨料的材质、粒度、硬度、圆度和每一颗粒表面的结构形态都对制成的研磨剂的抛光效果有直接的影响。用于抛光蜡的研磨材料，微粒应尽量均匀，平均粒度控制在一定范围，硬度要适宜，以免抛光后刮伤漆面而留下划痕。常用的研磨材料有铝土、硅藻土、浮石、漂白土、硅土、斑脱土、胶质黏土、氧化铁红、氧化锡等。对局部漆面或内层涂料进行深度打磨和抛光时，要使用二氧化硅等具有较高硬度的磨料。

1.2.6 化学镀液与电镀液

化学镀利用化学反应将金属电沉积到工件上，镀液含有金属盐、络合剂、还原剂、稳定剂等；电镀利用电化学反应将金属电沉积到工件表面，镀液成分包含还原剂、稳定剂。化学镀无需额外电源，电镀需要外加电源。

1.2.6.1 化学镀液

化学镀又称非电镀，是在无电流通过（无外界动力）时利用合适的还原剂使溶液中的金属离子有选择地在催化剂活化的表面上还原析出金属镀层的一种化学处理方法。所以化学镀可以叙述为一种用以沉积金属的、可控制的、自催化的化学还原过程，还原剂 R^{n+} 经氧化反应失去电子，提供给金属离子还原所需的电子，还原作用仅发生在一个催化表面上。化学镀的阴极反应常包括脱氢步骤，所需反应活化能高，但在具有催化活性的表面上，脱氢步骤所需活化能显著降低。化学镀的溶液组成及其相应的工作条件也必须使反应只在具有催化作用的零件表面上进行，而在溶液本体内，反应却不应自发地产生，以免溶液自然分解。

在化学镀中，溶液内的金属离子依靠得到所需的电子而还原成相应的金属。化学镀溶液的成分包括金属盐、还原剂、络合剂、缓冲剂、pH 调节剂、稳定剂、加速剂、润湿剂和光亮剂等。化学镀液中采用的还原剂有次磷酸盐、甲醛、肼、硼氢化物、氨基硼烷和它们的某些衍生物等。化学镀与电镀的区别在于不需要外加直流电源，无外电流通过，故又称为无电解镀（electroless plating）或自催化镀（autocatalytic plating）。与电镀相比，化学镀具有镀层厚度均匀，针孔少，不需要直流电源设备，能在任何外形复杂的镀件上获得均匀的镀层，可在金属、半导体等各种不同基材上镀覆等特点。

化学镀不能与电化学的置换沉积相混淆，后者伴随着基体金属的溶解；同时，也不能与均相的化学还原过程（如浸银）相混淆，此时沉积过程会毫无区别地发生在与溶液接触的所有物体上。随着工业发展和科技进步，化学镀已成为一种具有很大发展前途的工艺技术。同其他镀覆方法比较，化学镀具有如下特点：

① 可以在由金属、半导体和非导体等各种材料制成的零件上镀覆金属；

② 无论零件的几何形状如何复杂，凡能接触到溶液的地方都能获得厚度均匀的镀层，化学镀溶液的分散能力优异，不受零件外形复杂程度的限制，无明显的边缘效应，因此特别适合于复杂零件、管件内壁、盲孔件的镀覆；

③ 对于自催化的化学镀来说，可以获得较大厚度的镀层，甚至可以电铸；

④ 工艺设备简单，无需电源、输电系统及辅助电极，操作简便；

⑤ 镀层致密，孔隙少；

⑥ 化学镀必须在自催化活性的表面施镀，其结合力优于电镀层；

⑦ 镀层往往具有特殊的化学、力学或磁性能。

1.2.6.2 电镀液

电镀（electroplating）就是利用电解原理在某些金属表面镀上一薄层其他金属或合金的过程，是利用电解作用使金属或其他材料制件的表面附着一层金属膜的工艺。电镀的实质是给各种制品穿上一层金属“外衣”，这层金属“外衣”就叫作电镀层，它的性能在很大程度上取代了原来基体的性质。电镀是一种电化学过程，是在含有欲镀金属离子的溶液中，以被镀材料或制品为阴极，通过电解作用，在基体表面上获得镀层的方法。在电解过程中，电极和电解液之间的界面上发生电化学反应，阳极（释放电子）发生氧化反应，阴极（吸收电子）发生还原反应。为了使得所要求的反应沿着相同的方向进行，必须使用直流电。因此，电镀的三个必要条件是：电源、镀槽（电镀液）和电极。

电镀镀层有单金属的、合金的和复合的（如镍镀层中弥散着碳化硅或金刚石等）。其功能有耐蚀性镀层、装饰性镀层和功能性镀层。耐蚀性镀层常用 Zn、Cd、Cr、Sn、Ni、Cu、Au、Pb、Pt 等金属以及 Zn-Ni、Ni-Sn、Ni-Cr、Cu-Zn 等合金。根据镀层与基体金属或中间层金属的电极电位不同，可以将镀层分为阳极性镀层和阴极性镀层。阳极性镀层在镀层有破损时，能对基体或中间层金属能起到电化学保护作用；阴极性镀层在镀层有破损时，会加剧基体中间层金属暴露部分的腐蚀。所以阴极性镀层更应注意其致密性和有无破损。

电镀时，镀层金属或其他不溶性材料作阳极，待镀的工件作阴极，镀层金属的阳离子在待镀工件表面被还原形成镀层。为排除其他阳离子的干扰，且使镀层均匀、牢固，需用含镀层金属阳离子的溶液做电镀液，以保持镀层金属阳离子的浓度不变。电镀的目的是在基材上镀上金属镀层，改变基材表面性质或尺寸，可以为材料或零件覆盖一层比较均匀的、具有良好结合力的镀层，以改变其表面特性和外观，达到材料保护或装饰的目的。因此，电镀能增强金属的抗腐蚀性（镀层金属多采用耐腐蚀的金属）、增加硬度、防止磨耗、提高耐磨性、提高导电性、提升光滑性和耐热性、增强反光性，以及恢复零件尺寸、修补零件表面缺陷等。电镀已作为材料表面处理技术中的重要方法，在各个工业部门得到广泛的应用。

不同的镀层金属所使用的电镀溶液的组成可以是各种各样的，但是都必须含有主盐。根据主盐性质的不同，可将电镀溶液分为简单盐电镀溶液和络合物电镀溶液两大类。

简单盐电镀溶液中主要金属离子以简单离子形式存在（如 Cu^{2+}、Ni^{2+}、Zn^{2+} 等），其溶液都是酸性的。在络合物电镀溶液中，因含有络合剂，主要金属离子以络离子形式存在（如 $[Cu(CN)_3]^{2-}$、$[Zn(CN)_4]^{2-}$、$[Ag(CN)_2]^{-}$ 等），其溶液多数是碱性的，也有酸性的。除主盐和络合剂外，电镀溶液中经常还加有导电盐、缓冲剂、阳极去极化剂以及添加剂等，它们各有不同的作用。

（1）主盐

能够在阴极上沉积出所要求的镀层金属的盐称为主盐。主盐浓度高，溶液的导电性和电流效率一般都较高，可使用较大的电流密度，从而加快沉积速度。在光亮电镀时，镀层的光亮度和整平性也较好。但是，主盐浓度升高会使阴极极化下降，镀层结晶较粗，镀液的分散能力下降，而且镀液的带出损失较大，成本较高，同时还增加了废水处理的负担。主盐浓度低，则采用的阴极电流密度较低、沉积速度较慢，但其分散能力和覆盖能力均较浓溶液好。因此，主盐浓度要有一个适当的范围，并与溶液中其他成分的浓度维持一个适当的比值。有时，由于使用要求不同，即使同一类型的镀液，其主盐含量范围也不同。对于电镀形状复杂的零件或用于预镀、冲击镀时，要求较高的分散能力，一般多采用主盐浓度较低的电镀溶液；而快速电镀的溶液，则要求主盐含量高。

（2）导电盐

能提高溶液的电导率，而对放电金属离子不起络合作用的物质包括酸、碱和盐，由于它们的主要作用是用来提高溶液的导电性，习惯上通称为导电盐，如酸性镀铜溶液中的 H_2SO_4，氯化物镀锌溶液中的 KCl、NaCl，及氰化物镀铜溶液中的 NaOH 和 $NaCO_3$ 等。导电盐的含量升高，槽电压下降，镀液的深镀能力得到改善，在多数情况下，镀液的分散能力也有所提高。导电盐的含量受到溶解度的限制，而且大量导电盐的存在还会降低其他盐类的溶解度。对于含有较多表面活性剂的溶液，过多的导电盐会降低它们的溶解度，使溶液在较低的温度下发生乳浊现象，严重的会影响镀液的性能，因此导电盐的含量也应适当。

（3）络合

在溶液中能与金属离子生成络合离子的物质称为络合剂，如氰化物镀液中的 NaCN 或 KCN、焦磷酸盐镀液中的 $K_4P_2O_7$ 或 $Na_4P_2O_7$ 等。

在络合物镀液中，最具重要意义的，并不是络合剂的绝对含量，而是络合剂与主盐的相对含量，通常用络合剂的游离量来表示，即除络合金属离子以外多余的络合剂的游离量增加，阴极极化增大，可使镀层结晶细致，镀液的分散能力和覆盖能力都得到改善，但是阴极电流效率下降，沉积速度减慢。过高时，大量析氢会造成镀层针孔，低电流密度区没有镀层，还会造成基体金属的氢脆。对于阳极来说，它将降低阳极极化，有利于阳极的正常溶解。络合剂的游离量低，镀层结晶变粗，镀液的分散能力和覆盖能力都较差。

（4）缓冲剂

缓冲剂用来稳定溶液的 pH 值，特别是阴极表面附近的 pH 值。缓冲剂一般是用弱酸或弱酸的酸式盐，如镀镍溶液中的 H_3BO_3 和焦磷酸盐镀液中的 Na_2HPO_4 等。任何一种缓冲剂都只能在一定的范围内具有较好的缓冲作用，超过这一范围其缓冲作用将不明显或完全没有缓冲作用，必须要有足够的量才能起到稳定溶液 pH 值的作用。由于缓冲剂可以减缓阴极表面因析氢而造成的局部 pH 值的升高，并能将其控制在最佳值范围内，所以它对提高阴极极化有一定作用，也有利于提高镀液的分散能力和镀层质量。过多的缓冲剂既无必要，还有可能降低电流效率或产生其他副作用。

（5）电镀稳定剂

电镀稳定剂用来防止镀液中主盐水解或金属离子的氧化，保持溶液的清澈稳定，如酸性镀锡和镀铜溶液中的硫酸、酸性镀锡溶液中的抗氧化剂等。

（6）阳极活化剂

在电镀过程中能够消除或降低阳极极化的物质称为阳极活化剂，它可以促进阳极正常溶解，提高阳极电流密度，如镀银溶液中的氯化物、氰化镀铜溶液中的酒石酸盐等。

（7）添加剂

添加剂是指那些在镀液中含量很低，但对镀液和镀层性能却有着显著影响的物质。近年来添加剂的发展速度很快，在电镀生产中占的地位越来越重要，种类越来越多，而且越来越多地使用复合添加剂来代替单一添加剂。按照它们在电镀溶液中所起的作用，大致可分为如下几类。

① 光亮剂。它的加入可以使镀层光亮。如镀镍中的糖精及 1,4-丁炔二醇、氯化物镀锌中的亚苄基丙酮等。当在镀液中含有几种光亮剂或将几种物质配制成复合光亮剂时，常根据光亮剂的基团及其在镀液中的作用、性能和对镀层的影响等，又将它们分为初级光亮剂、次级光亮剂、载体光亮剂和辅助光亮剂等。

② 整平剂。它是具有使镀层将基体表面细微不平处填平能力的物质，如镀镍溶液中的

香豆素，酸性光亮镀铜溶液中的四氢噻唑硫酮、甲基紫等。

③ 润湿剂。它的主要作用是降低溶液与阴极间的界面张力，使氢气泡容易脱离阴极表面，从而防止镀层产生针孔。这类物质多为表面活性剂，其添加量很少，对镀液和镀层的其他性能没有明显的影响，如镀镍溶液中的十二烷基硫酸钠和铵盐镀锌中的海鸥洗涤剂。

④ 应力消除剂。它是能够降低镀层内应力、提高镀层韧性的物质，如碱性镀锌溶液中的香豆素等。

⑤ 镀层细化剂。它是能使镀层结晶细化并具有光泽的添加剂，如碱性镀锌溶液中的 DE（二甲胺和环氧氯丙烷缩合而成的水溶性聚合物）及 DPE（二甲氨基丙胺与环氧丙烷为主要原料缩合而成的水溶性聚合物）等添加剂。

⑥ 抑雾剂。这是一类表面活性剂，具有发泡作用，在气体或机械搅拌的作用下，可以在液面生成一层较厚的稳定的泡沫以抑制气体析出时带出的酸雾、碱雾或溶液的飞沫。选择的原则是它对镀液和镀层的其他性能没有有害的影响，而本身在溶液中相当稳定，如镀铬溶液中使用的 F53。抑雾剂的加入量一般都很小，过多会造成泡沫外溢或爆鸣，如果选择或使用不当则会在镀层上产生气流痕、针孔等。

⑦ 无机添加剂。此类添加剂多数是硫、硒、碲的化合物及一些可与镀层金属共析的其他金属盐。这些金属离子对镀层的性能会有显著的影响，而且这种影响是多方面的。例如在镀镍溶液中加入镉盐可以得到光亮的镀层，在硫酸盐镀锡溶液中加入铅盐可防止镀层长锡须，在镀银或镀金溶液中加入锑或钴盐可以提高镀层的硬度等。这些金属的含量必须很低，否则将会使镀层恶化，如发黑、发脆、产生条纹等。

（8）阳极

电镀时发生氧化反应的电极为阳极。它有不溶性阳极和可溶性阳极之分。不溶性阳极的作用是导电和控制电流在阴极表面的分布；可溶性阳极除了有这两种作用外，还具有向镀液中补充放电金属离子的作用。后者在向镀液补充金属离子时，最好是阳极上溶解入溶液的金属离子的价数与阴极上消耗掉的相同。如酸性镀锡时，阴极上消耗掉的是 Sn^{2+}；要求阳极上溶解入溶液的也是 Sn^{2+}；在碱性镀锡时，阴极上消耗掉的是 Sn^{4+}，要求阳极上溶解入溶液的也是 Sn^{4+}。同时还希望阳极上溶解入溶液中的金属离子的量与阴极上消耗掉的基本相同，以保持主盐浓度在电镀过程中的稳定。阳极的纯度、形状及它在溶液中的悬挂位置和它在电镀时的表面状态等对电镀层质量都有影响。

1.3 表面处理与防锈剂的应用及发展

材料的自然材质美、光泽感、肌理效果构成了金属产品最鲜明、最富感染力并最有时代感的审美特征。它给人的视觉、触觉以直观的感受和强烈的冲击。黄金的辉煌、白银的高贵、青铜的凝重、不锈钢的亮丽等不同材质的特征属性，正是从不同色彩、肌理、质地和光泽中显示其审美个性与特征。如表面精加工处理使表面平滑、光亮、美观，具有凹凸肌理、耐磨性及着色性能；表面被覆处理改变材料表面的物理化学性质，赋予材料新的表面肌理、色彩和灰度；表面装饰处理使表面耐磨、有金属光泽。其次，材料的表面处理还具有功能性。在材料领域中，表面处理与防锈的应用无处不在。

（1）日常生活方面

漂亮的水杯、垃圾桶等，都是一些小巧、有亲和力的产品。它们使用了不透明的塑料制成，内壁经过了抛光处理，光滑的表面更加易于清理。国产的 1000 万像素的数码相机的机身采用工程塑料，经过磨砂处理以减少塑料的感觉。整个机身除了镜头周围的一圈是金属材质外，其余都是电镀了金属层的塑料部件。镜球灯看起来像是金属做的，实际上它的材质是塑料，只是经过了金属工艺的处理，形成了镜子般的效果。这样的表面使灯的外观具有反射效果和强烈的太空感。耳机的材质为高柔性聚乙烯胺树脂，耳机表面的装饰线条采用点电镀工艺体现出金属的感觉，与鲜艳的色彩形成对比。再如现在的一些水龙头，看起来是金属的，但实际上是由塑料制成的，只不过经过了电镀工艺的处理，使得表面更接近金属的效果，而且提高了塑料水龙头的产品附加值。手机屏幕周围的装饰采用了膜内转印技术，可以在复杂的曲面上印刷精美的图案（表面装饰处理：涂饰）。

（2）交通工具方面

现代汽车发展对防护性表面处理提出了更加严格的要求，特别是铁路车辆阀件，其零件的防护性电镀由原来单一的镀锌钝化，向耐蚀性能更好，而且有耐热、低氢脆性、良好加工性能及环保性能的锌合金镀层及无铬达克罗涂层（达克罗是 Dacromet 的译音和缩写，又称达克锈、迪克龙，国内命名为锌铬涂层，是一种新型的耐腐涂层）发展。国内外汽车企业防护性表面处理的标准，规定了镀锌层与锌合金镀层及无铬达克罗涂层的耐腐蚀性能要求。

（3）军事方面

与内陆大气环境相比，海洋环境服役飞机飞行环境更恶劣：海洋大气潮湿、盐雾重、海面风浪大、远洋航行温差大，这些直接影响海洋服役飞机操稳性能。飞机在此环境下服役，会受到海浪冲刷、盐雾腐蚀、霉菌腐蚀、高温辐射、高温水蒸气等环境作用，进而导致金属件腐蚀、非金属件老化、油液易污染变质等问题。这些问题的出现，轻则增加维修工作的难度和工作量，重则危及飞行安全。对于经常处于湿热海洋腐蚀环境中的飞机，腐蚀问题成为决定其寿命、保证技战术水平的关键因素。

（4）水利工程方面

随着我国水利工程建设的发展，具有多种功能的金属构件被应用在水利工程建设中。然而经过长时间的运行，在气候、温度以及其他因素的侵蚀影响下，水工建筑物金属构件表面结构都会发生不同程度的损伤，若不及时防锈，就会加快对金属构件表面的侵蚀。将防锈水和防锈油应用于水工建筑物金属构件表面处理中，可以得到性能优良的镀（涂）层。

1.4 表面处理与防锈剂的发展趋势

随着科学技术的发展，人们对各种仪器的精密程度提出了更高的要求。传统的表面处理存在一些弊端，如热喷涂、电刷镀等工艺已适应不了现代工业的需求。一些对温度特别敏感的金属零部件，当表面温度很高时，会造成零件变形或产生裂纹，影响零件的尺寸精度和正常使用，严重时还会导致轴断裂；电刷镀虽无热影响，但镀层不能太厚，且污染严重，应用也受到极大的限制。

随着工业的发展和环境的恶化，酸雨以及恶劣气候频繁发生，对钢铁防腐提出了更高的要求，高效防锈成为解决问题的途径。在人工成本和能源成本增加的趋势下，防锈剂的便捷应用是发展趋势，这就要求防锈颜料要精细化，即易于在涂料中分散、储存，便于后期施工。环保和安全是当今社会的主流诉求，低毒、环保的防锈剂是基础研究和应用研究的方向。总之，防锈剂发展的最终目标是高效、低成本、环保无毒。

目前，国外针对防锈剂的弊端，研制出了高分子复合材料现场表面处理方法，其中比较成熟的有福世蓝技术体系。其具有优良的综合性能及可随时进行机械加工的优越性，能够完全满足修复后的使用及精度要求，还可以降低设备在运行中受到的冲击和震动，延长使用寿命。当外力冲击材料时，材料会变形吸收外力，并随着轴承或其他部件的胀缩而胀缩，始终和部件保持紧密配合，降低磨损的概率。针对大型设备的磨损，也可采用“模具”或“配合部件”对损坏的设备进行现场修复，以避免设备的整体拆卸，还可以最大限度地保证部件配合尺寸，满足设备的生产运行要求，延长设备的使用寿命，确保企业的安全连续生产。在国内表面处理的应用中，高分子复合材料也引起了研究者的极大关注 。

市场上防锈剂的种类较多，但是，通常一种防锈剂在应用中或多或少有一定的局限性，需要几种防锈剂搭配使用，甚至有时和填料一起搭配使用。和填料搭配，除了改进涂料的流变性、物理力学性能和降低成本外，还可以提高防锈效果。依据实际需要，可以采用不同机理对基材进行钝化和隔离保护。如在环氧富锌涂料中，适当加入氧化铁红，在不影响锌层的阴极保护前提下，铁红形成的致密层进一步加强了涂层的防护性能。目前，环氧富锌涂料中已经有锌粉与其他片状颜料（如云母氧化铁、云母粉等）混合配用的成熟应用。这种搭配可减少锌盐的生成，降低发生气泡的概率，降低成本。化学防锈剂搭配主要考虑不同防锈剂间的相互增效作用，如磷酸锌和三聚磷酸铝的配合，可以改善磷酸锌在前期防锈性能差的缺点。另外，玻璃鳞片和不锈钢鳞片也常与磷酸锌或者硅酸锌等搭配使用，以取得满意的防锈效果。

1.5 离子液体与深共晶溶剂在表面处理与防锈剂中的应用

离子液体（ionic liquids，ILs）是由有机阳离子和无机或有机阴离子组成的低温熔盐（熔点低于 100℃），具有独特的理化性质，如非常宽的液态范围、几乎无蒸气压、理化性质（溶解性、表面活性等）的可设计性等。深共晶溶剂（deep eutectic solvents，DESs）被认为是离子液体的一个有前途的亚组，常被视为一种新型 ILs，但它们实际上代表两种不同类型的溶剂。DESs 是通常由 Lewis 酸或 Bronsted 酸与 Lewis 碱或 Bronsted 碱以适当的摩尔比混合、搅拌和加热形成均匀的混合物液体，其与 ILs 的制备是不同的。DESs 和 ILs 的许多物理性能，如低蒸气压、热稳定性、低可燃性、良好的导电性、高黏度以及溶解有机和无机高分子的优异能力，都是相似的，并且都具有成为高度多功能溶剂的潜力。

1.5.1 离子液体用于电解液

离子液体具有显著的性能优势，使其非常适合用于金属处理电化学过程：比水系统更宽的电位窗口、对金属盐的高溶解度、与其他非水溶剂相比的高电导率，以及最重要的独特的金属离子配位化学。采用 ILs 作为电解质形成电解质溶液，可用于电镀和电沉积，通过电解反应在金属表面形成一层保护性的金属膜。

开发 ILs 技术提供了在水溶液中电沉积的机会，还提供了设计复杂金属离子的氧化还原化学，从而控制金属成核和生长特性的机会。而且，由于排除了水溶液体系中常见的因析氢带来的干扰，离子液体中金属的沉积可以得到质量更好的各种形貌的沉积层。截至目前，大多数离子液体中金属的电沉积研究都采用氯铝酸离子液体。由于该类离子液体对水十分敏感，同时要求高温试验条件，因此实验步骤比较复杂而且效率也大打折扣。另外，采用氯铝酸离子液体还无法进行半导体材料的电沉积，这是由于金属铝会先于目标金属电沉积。

鉴于以上原因，近来以非氯铝酸型离子液体为介质进行金属电沉积的研究日渐增加。使用这类离子液体不但可以减少腐蚀性废料的产生，而且还可以避免采用较为苛刻的试验条件。因此，从 ILs 中电解沉积金属一直是一项深入、持续的研究主题。

电沉积与电镀相似，离子液体电镀是一种新兴的金属表面处理技术，利用 ILs 的特性完成金属的电镀过程。在电镀过程中，ILs 被加入电解槽中，形成电解液。通过施加外电压，使得阳离子和阴离子在电解液中分别被吸引至阳极和阴极上进行电化学反应，从而完成电镀过程。

（1）离子液体用于电镀

与传统电镀技术相比，离子液体电镀具有许多优势。①高离子导电性：ILs的离子导电性远高于传统有机溶液，具有更好的电镀效果；②低挥发性：相比传统有机溶液，ILs的挥发性较低，能够减少电镀过程中杂质的产生；③良好的溶解性：ILs能溶解多种金属盐，适用于各类金属的电镀；④环境友好：离子液体不含有机溶剂，无毒无害，对环境无污染。目前所研究的离子液体在室温下密度约为1.1～1.6g/cm^3。大部分ILs的电化学稳定电势窗口为4V左右，这与水和一般有机溶剂相比是比较宽的。离子液体电镀还可以实现对复杂形状和微细结构金属部件的均匀和一致的电镀；此外，离子液体电镀还可以在金属表面形成多层复合涂层，以提高金属的耐腐蚀性、耐磨性和耐热性。因此，离子液体电镀技术在许多领域（如电子电器、汽车制造、钢铁工业、珠宝制造、医疗器械等）都有广泛的应用。

ILs电镀的工艺过程相对简单，一般包括清洗、预处理、电镀和后处理等步骤。首先，金属基体需要进行彻底的清洗，以去除表面杂质和氧化物。然后，通过预处理，如活化或引入催化剂，使金属表面具有更好的导电性和吸附性。接下来，将金属基体浸入含有ILs的电解槽中，通过外加电压或电流，使金属离子在ILs中迁移并沉积在金属基体表面。最后，通过后处理，如烘干、抛光或保护涂层的施加，使电镀层具有更好的外观和性能。

（2）离子液体用于电沉积

与传统电解质相比，ILs具有更高的电化学稳定性和更广泛的溶解能力，可以实现更加均匀和精细的金属电沉积。通过调节ILs的成分和工艺参数，可以控制金属电沉积层的厚度、结构和性质。在离子液体中通过电沉积金属的手段来制备纳米晶体是一种新兴方法，可以用于制备纳米材料、薄膜和复合材料等。该方法在材料科学、电子器件制造和能源领域具有重要的应用价值。在此过程中，晶粒的大小也可以通过调节电化学参数，比如电压、电流密度、脉冲电沉积时的相关参数、温度以及离子液体电镀液的成分来控制。

离子液体电沉积过程与水溶液电沉积过程存在着很大的不同之处：

① 温度：已知离子液体在50～250℃时都呈液态，与水溶液相比，利用离子液体可以做出更多温度梯度的实验，相应地得到更多的电沉积结果，同时也为新型合金的制备提供了可能。

② 稀释剂：一系列的有机物或无机物的水溶液可以用来进行离子液体的稀释，并对其导电性、黏度等性能造成一定的影响。这种影响到底有多大还有待进一步实验验证。目前这方面的研究主要集中在含有氯铝酸的离子液体中。

③ 阳离子：阳离子的结构、大小与离子液体的导电性和黏度有关，最终也对离子液体中金属离子向电极表面的质量迁移产生一定的影响。有研究表明，改变离子液体中阳离子的成分，可以使得电沉积得到的镀层的结构由微米晶体转化为纳米晶体。

④ 双电层结构：目前为止很少有关于离子液体中双电层结构方面的研究，原因是实验技术的要求太高，而且在水溶剂电沉积过程中的双电层模型在离子液体中并不适用。水溶剂电镀液与离子液体电镀液最大的不同在于所含离子的大小不同。为了能够在离子液体中溶解，金属离子必须形成带负电荷的离子基团，这样才能保证自身颗粒大小与离子液体中离子的颗粒大小相近，这不仅有利于金属离子本身在离子液体中的均匀分散，同时也可以有效地避免浓差极化。此外施加的负电势越高，溶液中阴离子的数量越低。这表明部分金属如铝、钛和钨等由于金属离子的浓度太低，很难成核，因此也很难进行电沉积。这也导致了含有氯铝酸的离子液体中很难电沉积出金属铝，反而利用离子液体电沉积法却更容易得到金属铝。

⑤ 阳极材料：在水溶剂中进行电沉积的过程中，阳极反应主要包括阳极溶解和电镀液分解两种情况。但是由于很多金属材料在电沉积过程中有钝化现象，所以这些金属本身无法直接作为阳极材料来使用。但在离子液体中，如果使用惰性电极，那么镀液分解产生的物质会影响到离子液体自身的性质如导电性和黏度等，再加上离子液体的成本较高，所以这种方式并不可取。使用可溶性阳极在离子液体中进行电镀就可以避免上述问题，同时还可以适当补充由于电沉积过程而消耗的金属阳离子，但是阳极溶解的速率有一定的限制，要通过电流密度的设置来进行控制。

⑥ 电解质：双电层的结构影响离子液体电沉积过程中的成核机理与晶粒成长，可以通过向电极与离子液体的界面间加入惰性电解质的方法来进行调节。通常碱金属都可以溶于离子液体，其中锂也可以以锂盐的形式进行溶解。所以在离子液体中进行活泼金属（如铝和钽）的电沉积过程中，如果同时存在着单独的碱金属阳离子的话，会对电沉积反应造成极大危害。

⑦ 增亮剂：在水溶液中进行电沉积的工艺流程中通常会加入增亮剂，其主要作用是与沉积液中的金属离子进行络合，降低成核效率，或者是起到了表面吸附的作用，阻碍成核并减缓晶粒的成长速率。由于水溶液与离子液体在双电层和质量转移等方面存在着很大的不同，所以在水溶液中使用的增亮剂在离子液体中不一定能起到相同的作用，此方面的深入研究也为数不多。

依靠静电作用与疏水作用来产生效果的增亮剂有可能适用于离子液体电沉积过程，但同时也必须对反应过程中的纳米晶体结构与成核机理作进一步的研究。

1.5.2 离子液体用于抛光剂

首先，传统有机溶剂用于电化学抛光，存在不安全、易挥发等缺点。ILs 由于其稳定性、化学惰性以及表面活性，可以用作电化学抛光液的替代品，取代传统有机溶剂。ILs 在电化学抛光中，可以实现极低的表面粗糙度和非常高的反应效率。

其次，ILs 可作为磷和硫酸混合物的安全替代品，以季铵盐制备的无酸 ILs 电解质作为绿色抛光溶液，可对高纯盐（$>99.9\%$）镍金属试样进行电解抛光处理。通过提供均方根粗糙度平均值并比较表面形貌发现，在电化学抛光前后，镜面抛光的镍金属表面比未抛光的表面光滑 6 倍，这种转变表现为均方根粗糙度从 112.58nm 显著变化到 18.64nm，产生平滑的镜面。离子液体在电抛光过程中的作用机制揭示出胆碱以瞬态胆碱基的形式分解，通过接受镍工作电极的电子，分解为三甲胺和乙醇。ILs 对导电表面进行电解抛光的过程最近获得了广泛的关注，因为它可以进行化学清洁处理，而不需要氢脱气，能降低材料与酸性电解质处理的成本，同时，为处理这些工业酸性和酸本身高腐蚀性的问题，提供了更好的解决方案。

同时，聚离子液体（PIL）ER（电流变）活性颗粒与商业氧化铝（Al_2O_3）纳米磨料共价连接组成的复合 ER 抛光颗粒 PIL/Al_2O_3，与目前通过简单混合制备的 ER 抛光材料不同，PIL/Al_2O_3 复合颗粒通过共价附着在 ER 活性 PIL 颗粒的表面和内部装载磨料。在电场和剪切场的同时作用下，含有 PIL/Al_2O_3 复合颗粒的 ER 抛光液很好地克服了磨料和 ER 活性颗粒的相分离问题，与含有氧化铝磨料和 ER 颗粒的 ER 抛光液相比，表现出更好的 ER 效果和抛光性能。PIL/Al_2O_3 复合颗粒将 ER 效应和抛光性能集成到颗粒体系中，为解决将磨料与 ER 颗粒简单混合得到的传统 ER 抛光液的相分离问题提供了一种方法。

微乳液（ME）是一种化学抛光（CP）流体，用于有效抛光单晶磷酸二氢钾（KDP），完全避免了机械应力的产生。有研究提出了一种深水共晶溶剂 ME 作为单晶 KDP 化学抛光的抛光液。采用正辛醇为氢键供体，甲基三辛基氯化铵（TOMAC）为氢键受体，质量比为2∶1配制深共晶溶剂（DES）。将DES作为油相（12.5%，质量分数）、盐酸溶液作为水相（12.5%，质量分数）、异丙醇作为助溶剂（75%，质量分数）混合制备ME，同时不添加任何其他表面活性剂。研究表明，用W/ DES MEs进行化学抛光后，KDP晶体表面的平均粗糙度 R_a 从1.96nm降低到1.43nm，表明其有显著的抛光效果。

1.5.3 离子液体用于缓蚀剂

在过去三十年中，将ILs用作传统缓蚀剂的环境友好型替代品得到了特别关注，因为它们具有许多有益特性，如低熔点、低蒸气压、低毒性、高极性和极高的热处理和化学处理稳定性。

离子液体被认为是最有效、最经济、最易溶解、最环保的缓蚀剂之一。它们具有低毒性、低蒸气压、高热稳定性和化学稳定性，以及在包括水在内的极性电解质中的高溶解度等环境友好性。有几类离子液体，尤其是咪唑基离子液体，是广泛用于不同金属和合金的缓蚀剂。大多数报道的离子液体都是界面型和混合型抑制剂。它们的存在降低了腐蚀电流密度值，增加了电荷转移电阻值。研究表明，离子液体通过吸附在金属表面形成表面保护膜来抑制腐蚀。离子液体的抑制作用随浓度的增加而增强，随温度的升高而减弱。与盐酸类似，基于硫酸的电解质被学者和实业家广泛用作电解质，咪唑基离子液体被广泛地作为硫酸基电解质中的抑制剂，取代基在决定离子液体的有效性方面起着重要的作用。一般来说，具有疏水烃链的咪唑基离子液体在金属和环境的界面（如盐酸和硫酸溶液）上形成高度保护性的胶束，表现出良好的缓蚀活性。未来的研究可能会涉及其他类型的离子液体，包括磷基离子液体、四铵基离子液体和吡啶基离子液体。离子液体的防腐效果主要针对铁合金，未来在其他金属和合金（尤其是铝和镁）中的应用也值得关注。大多数离子液体在水相中用作缓蚀剂，因此强烈建议使用离子液体作为防腐涂层材料。

研究报道用1-丁基-3-甲基咪唑四氟硼酸盐（[BMIm]BF_4）和1-丁基-1-甲基哌啶鎓四氟硼酸酯（[BMP]BF_4）来钝化钙钛矿，显著提升了器件稳定性。研究还报道了一种可用于修饰钙钛矿太阳能电池的1-腈丙基-3-甲基咪唑氯盐（[CPMIm]Cl）离子液体，它同时具有路易斯（ Lewis）酸和路易斯碱功能的官能团，可以钝化卤素钙钛矿晶体表面未完全配位的铅离子和碘离子缺陷。利用这种离子液体的钝化作用，钙钛矿薄膜中光生载流子的寿命延长超过两倍，钙钛矿和电子传输层的界面质量明显改善，反式钙钛矿太阳能电池的光电转化效率达到22.53%。同时，经［CPMIm]Cl表面钝化后的钙钛矿器件在60℃和标准太阳光照下，在最大功率点运行500h后，仍保持在初始效率的90%以上。

其中离子液体的主要作用是：①可以有效钝化钙钛矿表面能级缺陷，如碘离子和金属阳离子等；②离子液体与钙钛矿构建宽/窄带隙结构异质结，有效抑制了表面电荷的复合，增强了界面电荷的分离和提取；③可以有效提高离子移动的激活能，从而减少钙钛矿表面的离子逃逸，提高薄膜的热稳定性和光稳定性；④离子液体在钙钛矿中可以改善钙钛矿晶体质量，提高钙钛矿表面的疏水性等。因此，功能化离子液体拥有稳定性好和可设计性的优点，将其作为卤素钙钛矿的钝化剂逐渐成为研究热点。

1.5.4 深共晶溶剂用于缓蚀剂

金属和合金的腐蚀是导致行业在维护和更换成本方面有财务负担的主要问题。有机聚合物缓蚀剂已被广泛用于减少金属和合金在腐蚀性物质中的腐蚀。由于其在极性电解质中的低溶解度、毒性、生物不可降解性和高挥发性，这类缓蚀剂的使用受到特别限制。随着与传统缓蚀剂相关的环境问题越来越多，由于ILs在极性电解质中的相对无毒性、生物可降解性和高溶解度，因此被认为是金属和合金的潜在绿色缓蚀剂。在ILs存在的情况下，作为吸附中心的金属抑制键和富电子中心与传统有机聚合物抑制剂的腐蚀抑制机制类似。研究发现，对于偶氮甲基和吲唑衍生物等少量ILs的缓蚀效率和吸附行为，目前相关研究较少。但有研究表明，含有类似基团的离子液体具有较好的缓蚀性能，如咪唑基ILs在腐蚀性物质中的缓蚀效率随着烷基链尺寸和数量的增加而增加。较长的链分子会降低极性介质中抑制剂分子的有效移动；中等尺寸和长链分子在增强腐蚀抑制方面更为合理，因为与长链分子相比，它有利于抑制剂分子从溶液移动到金属表面；基于胆碱的ILs是中等链长和尺寸分子的最佳示例，为金属抑制相互作用提供了最佳条件（亲水性或疏水性）。

氯化胆碱基（ChCl）深共晶溶剂（CDES）是一类重要的共晶离子液体，因为它们是可生物降解的、无毒的、廉价的和水溶性的。尽管具有这些环保特性，但CDES作为防腐剂的应用仍然非常有限，文献中很少有解释CDES缓蚀行为的报告。对ChCl-乙二醇和脯氨酸-乳酸中金属电极腐蚀速率的研究表明，钛、镍和铁的稳定性提高，腐蚀速率降低。Abbott等人评估了CDES中铝、镍和钢的腐蚀速率，并报告在此类介质中这些材料的腐蚀速率显著降低。

研究已证明CDES对铜、低碳钢和不锈钢316具有抑制腐蚀的作用，可作为有效的缓蚀剂。研究表明，随着温度和水分含量的增加，这些材料的腐蚀速率增加。与其他材料和CDES相比，钢在尿素（Ur）和乙二醇基为基础的CDES中的腐蚀速率最小。在25℃的纯ChCl-Ur条件下，发现不锈钢316的腐蚀抑制程度最大。此外，发现在所有条件下，基于尿素的ChCl-Ur体系中的不锈钢腐蚀速率最低，表明其适合许多工业应用。结果表明，这些CDES（尿素和乙二醇基为基础的CDES）可以替代传统的有机聚合物缓蚀剂。

1.5.5 深共晶溶剂用于防锈剂

氯化胆碱基DESs具有溶解和去除纤维素基材和岩屑基质中锈斑的能力，可将其用于文化遗产领域的珍贵材料保护，避免在贵重材料（如艺术品）表面上使用酸性水溶液，因为它们的应用和去除将会很困难，甚至会对工件的保存状态造成危害。实际上，如果没有合适的溶剂，水溶液难以快速吸附到基材中，从而难以有效去除未反应的酸和副产物。研究中主要利用DESs的高黏度网络，限制酸在基体中的渗透，使其主要限制在材料表面，并促进其在垂直表面的应用。以二乙醇酸（diglycolic acid，DGA）为氢键供体，氯化胆碱（choline chloride，ChCl）为氢键受体，以1∶1的摩尔比，得到新型环保型DESs。这些新型DESs由于具有超强的酸性（pH为−3.63）而被用作除锈剂，并且在不同温度下显示出优异的除锈潜力。ChCl-DGA-DES在120℃下极短的时间内表现出优异的除锈能力；与1.8mol/L草酸水溶液相比，草酸基DESs由于其良好的还原性能，显示出对金属氧化物的最高溶解能力，用氯化胆碱和草酸或用氯化胆碱和柠檬酸处理15min，或用氯化胆碱和草酸处理2h，足以分别完全去除岩屑和纤维素基材上的锈迹。照片观察、比色法和SEM（扫描电子显微镜）-EDS（能量色散X射线谱）分析不仅确认了所有锈蚀产品被完全去除以及不存在任何多余残留物，而且还确保了处理后基材的完整性。

1.5.6 离子液体在碳材料表面处理中的应用

离子液体的溶解能力很强，能够溶解多种碳材料，例如石墨烯、碳纳米管、炭黑等。通过调节离子液体的配比和溶解温度等条件，可以实现对碳材料表面结构和性质的调控，从而改变其电化学、力学和热学性能。离子液体还可以作为碳材料的表面修饰剂。通过将离子液体吸附在碳材料表面，可以改善其界面性能，提高其在电池、超级电容器和传感器等领域的应用性能。通过合理调控离子液体的结构和反应条件，可以实现对碳材料表面结构和性能的调控，从而拓展碳材料在能源、环境和材料科学等领域的应用。

2 表面处理工艺与设备

2.1 表面处理技术种类及原理

表面处理技术有着十分广泛的内容，依据加工原理，可以将表面处理技术分为电化学处理技术、化学处理技术、热处理技术、真空处理技术及其他处理技术几大类。

2.1.1 电化学表面处理

2.1.1.1 电化学表面处理原理

电化学表面处理技术是利用电极反应，在工件表面形成镀层的方法。在电解液中，工件为阴极。在外电流作用下，利用电解作用，作为阴极的具有导电性能的工件表面沉积一层与基体牢固结合的镀层，此过程称作电镀。电镀在电解质水溶液中进行。电镀时，阳极是要镀的金属（如 Cu、Zn、Ni、Sn 等）或惰性电极，阴极是经过镀前处理的被镀工件（如钢铁件），电解液是要镀的金属盐溶液。在直流电源的作用下，阳极发生氧化反应，金属失去电子而成正离子进入溶液中，即阳极溶解；阴极发生还原反应，金属正离子在阴极镀件上获得电子，沉积成镀层。该镀层主要是各种金属或合金，也可以是半导体。工件可以是金属，也可以是非金属。单金属镀层有锌、镉、铜、镍、铬、锡、银、金、钴、铁等数十种元素；在一个镀槽中，同时沉积两种或两种以上金属元素的镀层称为合金电镀，合金镀层有锌-铜、镍-铁、锌-镍等一百多种。镀锌层在空气及水中有很好的防腐蚀能力，但镀层较软，不耐冲击和摩擦；镀铬、镀镍层不仅具有很好的抗腐蚀能力，而且镀层硬度高、耐磨性好并易于抛光，常用于量具、模具及需要装饰的工件。

电化学表面处理方式有多种，有全浸镀、浸入式选择性电镀、线镀、点镀、电刷镀、挂镀、滚镀等。

2.1.1.2 电化学表面处理方式

（1）全浸镀

整个工件浸入电镀药水中，整个工件都有电镀层。全浸镀的电镀方式简单、稳定性高，为了防腐蚀，铁材、不锈钢材料一般都必须采用全镀一层铜或者预镀镍的工艺。由于镍、锡成本不高，且选择性镀镍和镀锡的稳定性不如全浸镀，一般的不需要选择性镀镍、镀锡的产品也是采用全镀镍、镀锡工艺。

（2）浸入式选择性电镀

需要电镀的部分浸入到相应的电镀药水中，使产品相应区域电镀上相应的电镀金属层。该方法适用于不同区域要求不同电镀种类的产品，镀镍、镀锡、镀金、镀银等均可采用。浸入式选择性电镀可在产品的不同区域电镀不同的镀种，以达到相应性能，如一个产品，其一区域可镀金，另一区域可镀锡，由于药水液面波动、镀层扩散等影响，两个镀区之间最好保持 2mm 左右的垂直距离。

（3）线镀

线镀的整个电镀层在基材上呈一条线，中间没有断点，目前常用于选择性镀金、镀银等。线镀的形状呈一条直线，中间没有断点，必须使用模具来达到目的，所以一般用于生产量较大的产品。其优点是精度较高，误差可控制在 0.2mm 以内，多用于板材的电镀金银或者在一条线上基带面积较小的产品。

（4）点镀

电镀区域在基材上呈点状或块状分布，中间有断点。它目前主要用于选择性镀金、镀银。点镀的形状呈点或块状，中间有断点，必须使用模具来达到目的，因此一般用于生产量较大的产品。其优点是精度较高，误差可控制在 0.2mm 以内，多用于中间有连接带的产品，可节约成本，避免连接部位镀到金。相对于线镀来说，对电镀的产品，在保证其他性能的情况下，电镀金的部位最好远离基带或者不用基带，以免浸镀到上面产生浪费。

（5）电刷镀

电刷镀是电镀的一种特殊方法，又称接触镀、选择镀、涂镀、无槽电镀等。电刷镀是指在阳极表面裹上棉花或涤纶棉絮等吸水材料，使其吸饱镀液，然后在作为阴极的零件上往复运动，使镀层牢固沉积在工件表面上。电刷镀不需要将整个工件浸入电镀溶液中，能完成许多槽镀不能完成或不容易完成的电镀工作。因此，刷镀适用于局部镀或修复。

（6）挂镀

挂镀也叫吊镀，是将零件装在挂具上进行镀层沉积处理的一种电镀方式，一般用于大尺寸零件（如车圈）的电镀。其特点是大零件小批量，镀层厚度在 10μm 以上。挂镀需要将零件一个一个地装或绑在挂具上，费时、费力、费人工，且镀层质量欠佳，如出现“挂具印”，或表面光洁度不够等。另外，一种叫做筐镀的特殊挂镀也会经常被采用，它是将小零件放在一个金属丝做成的小筐或底部镶有电极的塑料筐内，然后挂到阴极棒上电镀的一种方式。这种方式在电镀过程中，为使各零件尽可能均匀受镀，需要不时摘下小筐对零件进行翻动，或用一根非金属棒搅动筐内的零件。挂镀适用于一般尺寸的制品，如汽车的保险杠、自行车的车把等。

（7）滚镀

其更准确的名称是滚筒电镀，它是将一定数量的小零件置于专用滚筒内，在滚动状态下以间接导电方式使零件表面沉积上各种金属或合金镀层，以达到表面防护、装饰或功能性目的的一种电镀方式。其特点是小零件大批量，镀层厚度在 10μm 以下。对于因形状、大小等因素影响无法或不宜装挂的小零件（如小螺丝），一般采用滚镀，因此，滚镀适用于小件，如紧固件、垫圈、销子等。

2.1.1.3 电化学处理镀层

（1）纯锡镀层

锡镀层经抛光后，具有外观光亮、可焊性和韧性良好、触点电阻低等优点，因此，在电子工业中常用它来代替部分镀银层。另外，锡镀层能起到防电磁干扰的作用，因此，在接插件上可以作为代金镀层使用。与其他镀层相比，锡镀层具有良好的抗变色能力，所以不需要铬酸盐转化处理，特别是在高湿度的空间和一些易挥发的脂肪酸环境中，其抗浸蚀能力特别强，因此，锡镀层在包装材料和一些木质产品上使用。锡镀层形成的晶须少于镉镀层或锌镀层，在其表面上能形成钝化膜，并且不容易产生氢脆现象。因此，锡镀层可作为代镉镀层在一些电子底盘上使用。

（2）纯铝镀层

铝镀层的韧性和结合力较好，其抗疲劳性能比镉镀层要好。在进行铬酸盐转化处理后，铝镀层的耐蚀性较好。铝镀层对钢铁基体而言，属于阳极镀层，故对钢铁能起到电化学保护作用。此外，铝镀层的工作温度高于镉镀层。

（3）纯锌镀层

为进一步提高锌镀层的防腐蚀能力，必须对锌镀层进行铬酸盐转化处理或阳极氧化处理。在酸性环境中，锌镀层的抗侵蚀能力高于镉镀层。锌镀层的结合力较好、硬度较高，不容易发生变形，耐磨性也比镉镀层要好。

锌镀一般采用电镀、机械镀和热浸镀等，这些方法的成本较低，而且镀制的锌镀层较厚。锌镀层常常作为代镉镀层在紧固件、冲压件上使用。

（4）锌合金层

镀锌层是钢铁零件的阳极保护层，它具有较好的抗蚀性。在镀锌溶液中，加入少量的镍、钴、铁和锡等金属离子，镀出的Zn-Ni、Zn-Co、Zn-Fe和Zn-Sn等合金镀层的活性低于锌镀层，但仍为钢铁零件的阳极保护层，腐蚀率大大低于锌镀层。因此，锌基合金镀层的研究与应用在国内外受到普遍重视，如Zn-Ni合金层、Zn-Co合金层、Zn-Fe合金层、Zn-Sn合金层等。

（5）电镀锡合金层

它是以锡为基加入其他合金元素组成的有色合金，主要合金元素有铅、锑、铜等。锡合金熔点、强度和硬度均低，有较高的导热性和较低的热膨胀系数，耐大气腐蚀，还有优良的减摩性能。锡合金具有良好的抗蚀性能，作为涂层材料得到广泛应用，如Sn-In合金层、Sn-Sb合金层、Sn-Ni合金层、Sn-Ce合金层、Sn-Co合金层、Sn-Co合金层等。

（6）电镀镍合金层

它是以镍为基加入其他元素组成的合金，在650～1000℃高温下有较高的强度与一定的抗氧化腐蚀能力。1905年前后制出的含铜约30%的蒙乃尔（Monel）合金，是较早的镍合金。镍具有良好的力学、物理和化学性能，添加适宜的元素可提高它的抗氧化性、耐蚀性、高温强度和改善某些物理性能。镍合金可用作电子管用材料、精密合金（磁性合金、精密电阻合金、电热合金等）、镍基高温合金以及镍基耐蚀合金和形状记忆合金等。在电镀镍合金层的研究中，Ni-Fe合金的研究与应用较为广泛，这种镀层用作装饰性镀铬的底层，特别适用于钢铁管状零件；含有11%Fe的Ni-Fe合金镀层无应力，应用于电铸。电镀镍合金层有多种，如Ni-Co合金镀层、Ni-W合金镀层、Ni-Zn合金镀层、Ni-Mo合金镀层、Ni-P-B合金镀层。

（7）电镀贵金属合金层

在装饰性贵金属合金镀层方面，发展了不同色调的合金镀层，其中包括电镀18 K或4 K金的Au-Co、Au-Ni、Au-Ni-Co等合金镀层，电镀玫瑰金色的Au-Pd-Cu三元合金镀层，电镀绿金色的Au-Ag合金镀层等。在白色装饰性方面，考虑到银镀层容易变色的问题，发展了十分白亮、硬度高和不变色的Rh-Ru合金镀层，电镀Rh-Ru合金镀层可镀在亮镍镀层上，用于一般产品，也可镀在银镀层或纯银产品表面，起到防止变色的作用。

（8）其他金属合金层

其主要用于功能性贵金属合金镀层方面。如在脉冲镀金层中，加入镍或钴等成分，可获得硬度高的Au-Ni、Au-Co等合金镀层。近年来又根据市场对功能性材料的特殊要求，发展了许多种类的合金镀层，例如，镀在不锈钢表面上的Au-Ag、Au-Cu、Au-Pd、Ni-Pd等合金镀层，提高了不锈钢的可焊性；含40%Pd左右的Ag-Pd合金层具有稳定的低接触电阻；Ag-Sn合金镀层具有硬度高、耐磨性和耐蚀性好的特点；从镀液中沉积的In-Pd合金镀层，提高了自润滑性；含Au 98%、Co1.8%、Mo0.2%的Au-Co-Mo合金镀层，硬度在270HV左右，既可用于电子行业，又可用作装饰性镀层。

从节约贵金属的角度出发，还发展了很多种电镀低K（纯度）金合金镀层，例如，Au-

Cu-Cd 三元合金镀层光亮、均匀、呈浅粉红色，其中含 Au 55%、Cu 36%、Cd 9%。低 K 的 Au-Cu-Zn 三元合金镀层颜色，可以从黄色变化至玫瑰色。在这些合金镀层中，金含量较低，但硬度比纯金高得多，常作为镀厚金时的中间镀层。可根据不同要求，在合金表面再镀覆各种色调的金合金，这样既节省了昂贵的金，又可提高整个镀层体系的硬度，使组合镀金层的性能更好。

2.1.2 化学表面处理

2.1.2.1 化学表面处理原理

化学表面处理是指在无外电流通过的情况下，借助金属的催化作用，通过可控制的氧化还原反应产生金属电沉积的过程。它也被称为自催化镀或无电镀。电解质溶液中的金属离子发生还原反应，沉积在活化过的工件表面，形成镀层。工件可以是金属，也可以是非金属。镀覆层主要是金属和合金，最常用的是镍和铜。

2.1.2.2 化学镀镍原理

化学镀镍以次亚磷酸盐为还原剂，将镍盐还原成镍，同时使镀层中含有一定量的磷。沉积的镍膜具有自催化性，可使反应继续进行下去。关于 Ni-P 的具体反应机理，目前尚无统一认识。现在为大多数人所接受的是原子氢态理论：

① 镀液在加热时，通过次亚磷酸根在水溶液中脱氢，而形成亚磷酸根，同时放出初生态原子氢，即：

$$H_2PO_2^- + H_2O \longrightarrow HPO_3^{2-} + H^+ + 2[H]$$

② 初生态的原子氢吸附催化金属表面而使之活化，镀液中的镍阳离子还原，在催化金属表面上沉积金属镍：

$$Ni^{2+} + 2[H] \longrightarrow Ni + 2H^+$$

③ 随着次亚磷酸根的分解，其还原成磷：

$$H_2PO_2^- + [H] \longrightarrow H_2O + OH^- + P$$

④ 镍原子和磷原子共同沉积而形成 Ni-P 合金。

镍盐是镀液中的主盐，作为二价镍离子的供给源，使化学镀反应得以连续进行。一般采用的镍盐有氯化镍、硫酸镍和醋酸镍。由于硫酸镍不易结块，且价廉易得，目前多数配方采用硫酸镍。还原剂一般采用次磷酸盐，其作用是通过催化脱氢，提供活泼氢原子，把 Ni^{2+} 还原成金属，并使镀层中含有磷的成分。次磷酸盐的浓度增加，可加速 Ni^{2+} 的还原，提高镀速。镀液中加入络合剂的作用是使 Ni^{2+} 与络合剂生成稳定络合物，同时还可防止生成氢氧化物及亚磷酸盐沉淀。强络合剂对提高镀液稳定性有利，但使镀速降低，选择适当的络合剂可控制稳定性和镀速，改善镀层光亮度及耐蚀性，同时还可以改变还原反应的活化能，实现低温施镀。酸性镀液常用的络合剂有乳酸、氨基乙酸、羟基乙酸、柠檬酸、苹果酸、酒石酸、硼酸和水杨酸等；碱性镀液常用的络合剂有氯化铵、醋酸铵、柠檬酸铵和焦磷酸铵等。

在施镀过程中，因种种原因不可避免地会在镀液中产生活性的结晶核心，致使镀液自分解而失效。加入稳定剂后，可对这些活性结晶核心进行掩蔽，达到防止镀液分解的目的。现在常用的稳定剂有铅离子、硫脲、锡的硫化物、硫代硫酸盐、偏硫氢化物、钼酸盐和碘酸盐等。在施镀过程中有 H^+ 产生，使镀液 pH 值下降，影响镀速和镀层性能。缓冲剂的作用是保证镀液 pH 值在工艺要求范围内。常用的缓冲剂有柠檬酸、丙酸、乙二酸、琥珀酸及其钠盐。

2.1.2.3 化学镀铜原理

传统化学镀铜多为垂直线生产，流程各家均大同小异，一般流程为：

膨胀→去污→中和→除油→微蚀→预浸→活化→加速→化学镀铜。

主要部件为阴极和阳极。

阴极：起镀部分起始端的一对不锈钢棒具有铜制的电接触环，铜电刷被压在铜环上，以便获得良好的接触，连接到整流器的负极上。阴极通过挡水辊与药水隔绝接触。

阳极：安装在槽中的两个钛片，这两片阳极板用两根电缆直接接到整流的正极上。阳极被浸泡在药水中。

化学镀铜是在具有催化活性的表面上，通过还原剂的作用使铜离子还原析出。

还原（阴极）反应：

$$CuL^{2+} + 2e^- \longrightarrow Cu + L$$

氧化（阳极）反应：

$$R - 2e^- \longrightarrow R^{2+}$$

因此，利用次亚磷酸钠作为还原剂进行化学镀铜的主要反应式为：

$$2H_2PO_2^- + Cu^{2+} + 2OH^- \longrightarrow Cu + 2H_2PO_3 + H_2 \uparrow$$

2.1.3 热加工处理

在金属学中，把高于金属的结晶温度的加工叫热加工。现在热加工技术不仅用于金属材料，也包括非金属材料、复合材料等。热加工时将材料在一定介质中加热、保温和冷却，以改变其整体或表面组织，进行形状和性质的改变，从而改善材料的使用性能和加工性能，使其更适于工程使用。材料经热加工才能成为零件或毛坯，它不仅使材料获得一定的形状、尺寸，且更重要的是赋予材料最终的成分、组织与性能。由于热加工兼有成型和改性两个功能，因而与冷加工及单纯的材料制备相比，其过程质量控制具有更大的难度。由于对热处理后的性能要求不同，热处理的类型是多种多样的，但其过程都不外乎是加热、保温和冷却三个阶段。

表面热加工包括表面淬火和化学热处理。

（1）表面淬火

表面淬火是将刚件的表面层淬透到一定的深度，而心部仍保持未淬火状态的一种局部淬火的方法，其目的在于获得高硬度、高耐磨性的表面，而心部仍然保持原有的良好韧性。表面淬火只会改变表面层组织，而不会改变表面层化学成分。在表面淬火时快速加热，可以使钢件表面很快达到淬火的温度，热量来不及穿到工件心部就立即冷却，从而实现局部淬火。它常用于中碳钢、中碳合金钢、高碳工具钢、铸铁等，硬度比普通淬火高 2～3 HRC（洛氏硬度）。

表面淬火包括感应加热表面淬火、火焰加热表面淬火、电接触加热表面淬火等。

（2）化学热处理（渗碳、渗氮）

化学热处理是将工件置于一定温度的活性介质中保温，使介质中的一种或几种元素原子渗入工件表面以改变钢件表层的化学成分、组织和性能的热处理工艺。化学热处理可提高工件耐磨性、耐蚀性、抗氧化性以及疲劳强度。化学热处理包括渗碳、渗氮、碳氮共渗、渗硼、渗铝、渗铬、渗硅、渗硫等。

2.1.4 现代表面处理

（1）热喷涂技术

热喷涂是通过火焰、等离子等热源，将粉状或线状的金属材料加热至熔融状态，并用压缩空气以高速气流将其以雾状喷射到被加工工件表面，形成具有足够黏着强度的金属或其他材料的覆盖层或喷涂堆厚。喷涂用的金属材料很广，从低熔点的Sn，到高熔点的W等金属及其合金都可作为喷涂材料。热喷涂应用极广，无论是无机材料工件（金属、陶瓷、玻璃等），还是有机材料工件（木材、塑料、纤维等）均可通过热喷涂的方式制备涂层防护。热喷涂的优点是操作温度低、工件温升小，因而热应力也小；操作过程较为简单、迅速，被喷涂件大小不受限制。

基于上述特点，工业上热喷涂多以修复磨损机件、提供耐磨耐蚀等性能为目的，广泛应用于机械制造、建筑、造船、车辆、化工装置、纺织机械等领域。

一般可以把热喷涂方法分为火焰喷涂法、爆炸喷涂法、超声速喷涂法、电弧喷涂法、等离子喷涂法和激光喷涂法等。

(2) 热浸镀技术

热浸镀，简单地说就是将钢铁等金属材料或制体，经过适当的表面预处理后，短时间地浸渍到熔融态要镀覆的金属或合金中，随后再将镀件从镀液中提取出来，进行冷却和必要的后处理，在镀件表面上形成相应的金属镀层。最后进行必要的整形、修饰等加工处理，即得到产品。

通过热浸镀的方法，在钢铁表面涂敷适当的金属或合金防护层，能起到优良的防锈耐蚀作用。热浸镀是金属防护的一种经济和有效的方法。

目前，工业热浸镀有热浸锌、热浸铝、热浸锌铝、热浸锌镍、热浸锡、热浸锡铅合金等。

由于有不同的途径和手段实现上述工艺过程，因此形成了各有特点的几种方法，如溶剂法、氧化-还原法、无氧化法。

(3) 金属材料的激光表面改性技术

激光表面改性处理是当前最引人注目的技术之一。金属材料的激光表面处理属高能密度加热处理技术，是应用光学透镜将激光电子束、离子束聚集到$10^3 \sim 10^4$ W/cm^{2}以上的高功率密度，光束的焦斑温度达到$10^3 \sim 10^4$℃的高温，以照射各种材料表面，并获得表面硬化等特殊性能的新技术。通过激光表面改性，不仅能提高制品的性能和寿命，而且能获得极大的社会效益和经济效益。

激光表面处理是采用高功率密度的激光束，以非接触性的方式加热材料表面，借助材料的自身传导冷却，来实现材料表面改性的工艺方法。与其他表面处理技术相比，激光表面处理技术在材料加工中具有如下特点：

① 激光熔化后形成的组织化学均匀性很高，而且晶粒非常细小，因而强化了合金，结果使耐磨性大大提高；

② 激光热处理改善了合金的力学性能，所以能显著提高工具的使用寿命；

③ 在激光热处理层中，因马氏体转变而得到的残余压应力，提高了疲劳强度、硬度、耐磨性和抗腐蚀性能；

④ 与常规热处理相比，激光热处理可以在不牺牲韧性的情况下获得高硬度和高强度；

⑤ 处理部位可任意选择，例如盲孔、槽沟等特殊部位均可使用激光进行处理；

⑥ 可以处理形状复杂的工件表面，并能准确地控制处理区域的深度和形状；

⑦ 输入热量少，热变形小；

⑧ 能量密度高，加工时间短；

⑨ 激光处理后，只需少量的表面加工；

⑩ 可以局部加热，只加工必要部分；

⑪ 处理后的表面光洁，工艺过程无需真空环境、无化学污染。

主要的技术有激光淬火、激光退火、激光非晶化、激光冲击硬化、激光晶粒细化和激光固溶化处理等。

(4) 气相沉积

气相沉积是利用气相中发生的物理、化学过程，改变工件表面成分，在工件表面形成具有特殊性能的金属或化合物涂层的表面处理技术。沉积过程中若沉积粒子来源于化合物的气相分解反应，则称为化学气相沉积（CVD），否则称为物理气相沉积（PVD）。

气相沉积的基本过程包括三个步骤：

① 提供气相镀料物质　气相物质可通过两种方法产生。一种方法是使镀料加热蒸发，称为蒸发镀膜；另一种方法是用一定能量的离子轰击靶材（镀料），从靶材上击出镀料原子，称为溅射镀膜。蒸发镀膜和溅射镀膜是物理气相沉积的两类基本镀膜技术。

② 镀料向所镀制的工件（或基片）输送　气相物质的输送要求在真空中进行，目的是避免气体碰撞妨碍气相镀料到达基片。

③ 镀料沉积在基片上构成膜层　气相物质在基片上沉积是一个凝聚过程。根据凝聚条件不同，可形成非晶态膜、多晶膜或单晶膜。镀料原子在沉积时，可与其他活性气体分子发生化学反应形成化合物膜，称为反应镀。在镀料原子凝聚成膜过程中，还可同时用具有一定能量的离子轰击膜层，目的是改变膜层结构和性能，这种镀膜技术称为离子镀。

PVD 技术有真空蒸镀、溅射、离子镀等。PVD 具体的工艺有反应式物理气相沉积法、电弧涂镀法等。

真空蒸镀：在真空中加热使金属、合金或化合物蒸发，然后凝结在基体表面上的方法叫真空蒸镀。

溅射：溅射是利用高速正离子轰击某一靶材（阴极），使靶材表面原子以一定能量逸出，后在工件表面沉积的过程。

离子镀：离子镀借助于一种惰性气体的辉光放电使欲镀金属或合金蒸发离子化，并在这些荷能离子轰击基体（工件）表面同时沉积在其上形成镀膜。

真空蒸镀、溅射、离子镀三种方法的比较如下：

① 从沉积粒子能量（中性原子）来看，真空蒸镀为 0.1～1eV，溅射为 1～10eV，离子镀为 0.1～1eV（此外还有高能中性原子）。

② 从沉积速率来看，真空蒸镀为 0.1～70μm/min，溅射为 0.01～0.05μm/min（磁控溅射接近于真空蒸镀），离子镀为 0.1～50μm/min。

③ 从膜层特点看，真空蒸镀低温时密度小但表面光滑，气孔低温时多，附着性不太好，内应力为拉应力，绕射性差；溅射密度大，气孔少但混入溅射气体较多，附着性较好，内应力为压应力，绕射性差；离子镀密度大，无气孔但膜层缺陷较多，附着性很好，内应力视工艺条件而定，绕射性较好。

④ 从被沉积物质的气化方式看，真空蒸镀为电阻加热、电子束加热、感应加热、激光加热等；溅射的镀料原子不是靠加热方式蒸发，而是靠阴极溅射由靶材获得沉积原子；离子镀可以分为蒸发式或者溅射式，蒸发式为电阻加热、电子束加热、感应加热、激光加热等，溅射式进入辉光放电空间的原子由气体提供，反应物沉积在基片上。

⑤ 从镀膜的原理及特点看，真空蒸镀工件不带电，真空条件下金属加热蒸发沉积到工件表面，沉积粒子的能量与蒸发时的温度对应；溅射的工件为阳极，靶为阴极，利用氩原子的溅射作用把靶材原子击出而沉积在工件表面上，沉积原子的能量由被溅射原子的能量分布决定；离子镀的工件为阴极，蒸发源为阳极，进入辉光放电空间的金属原子离子化后奔向工件，并在工件表面沉积成膜，沉积过程中离子对基片表面、膜层与基片的界面以及膜层本身

都发生轰击作用，粒子的能量决定于阴极上所加的电压。

离子镀表面处理技术过程如下：

① 蒸发源接阳极，工件接阴极，当通以 3～5kV 高压直流电以后，蒸发源与工件之间产生弧光放电。由于真空罩内充有惰性氩气，在放电电场作用下部分氩气被电离，从而在阴极工件周围形成一等离子暗区。

② 带正电荷的氩离子受阴极负高压的吸引，猛烈地轰击工件表面，致使工件表层粒子和脏物被轰溅抛出，从而使工件待镀表面得到了充分的离子轰击清洗。

③ 接通蒸发源交流电源，蒸发料粒子熔化蒸发，进入辉光放电区并被电离。带正电荷的蒸发料离子，在阴极吸引下，随同氩离子一同冲向工件，当抛镀于工件表面上的蒸发料离子超过溅失离子的数量时，则逐渐堆积形成一层牢固黏附于工件表面的镀层。

与其他表面处理技术相比，离子镀表面处理技术在材料加工中具有如下特点：

① 可镀材料广泛：离子镀由于是利用高能离子轰击工件表面，大量的电能在工件表面转换成热能，从而促进了表层组织的扩散作用和化学反应。然而，整个工件，特别是工件心部并未受到高温的影响。因此，这种镀膜工艺的应用范围较广，受到的局限性较小。通常，各种金属、合金以及某些合成材料、绝缘材料、热敏材料和高熔点材料等均可复镀，既可在金属工件上镀非金属或金属，也可在非金属上镀金属或非金属，甚至可镀塑料、橡胶、石英、陶瓷等。

② 镀料气化方式：可以用高温蒸发，也可以用低温溅射。

③ 沉积粒子能量可调节，反应活性高：通过等离子体或离子束介入，可以获得所需的沉积粒子能量进行镀膜，提高膜层质量，通过等离子体的非平衡过程还能提高反应活性。

④ 低温型沉积：沉积粒子的高能量高活性无需遵循传统的热力学规律的高温过程，就可以实现低温反应合成和在低温基体上的沉积。一般 300～500℃ 就可以成膜，扩大了沉积基体适用范围。

⑤ 可沉积各类型薄膜：如金属膜、合金膜、化合物膜等。

⑥ 无污染，利于环境保护。

⑦ 附着性能好：高速离子能量为 3000～5000eV，当其高速轰击工件时，不但沉积速度快，而且能够穿透工件表面，形成一种注入基体很深的扩散层。离子镀膜的界面扩散深度可达 4～5μm，也就是说比普通真空镀膜的扩散深度要深几十倍，甚至上百倍，因而彼此黏附得特别牢。

⑧ 绕镀能力强：离子镀时，蒸发料粒子是以带电离子的形式在电场中沿着电力线方向运动，因而凡是有电场存在的部位，均能获得良好镀层，这比普通真空镀膜只能在直射方向上获得镀层优越得多。因此，这种方法非常适合于复镀零件上的内孔、凹槽和窄缝等其他方法难镀的部位。

⑨ 镀层质量好：离子镀的镀层组织致密、无针孔、无气泡、厚度均匀。甚至棱面和凹槽都可均匀镀履，不致形成金属瘤。像螺纹一类的零件也能镀复，由于这种工艺方法还能修补工件表面的微小裂纹和麻点等缺陷，故可有效地改善被镀零件的表面质量和物理力学性能。

⑩ 清洗过程简易：离子镀工艺自身就有一种离子轰击清洗作用，并且这一作用还一直延续于整个镀膜过程。清洗效果极好，能使镀层直接贴近基体，有效地增强了附着力，简化了大量的镀前清洗工作。

2.2 常用材料的表面处理工艺

2.2.1 钢铁、铝、锌等表面处理

2.2.1.1 磷化处理工艺过程

磷化分类方法有很多，我们可以根据需要选择相应的分类标准。如按材质可以分为钢铁件磷化、铝件磷化、锌件磷化以及混合件磷化等，按促进剂的类型主要分为硝酸盐型、亚硝酸盐型、氯酸盐型、有机氮化物型、钼酸盐型、羟胺型等类型。

磷化成膜反应完全取决于磷化液与金属表面的接触情况，若要得到良好的磷化膜就必须把金属表面的油污、脏物、锈等杂质彻底清除干净，确保磷化液与金属表面充分接触。因此对整个磷化工艺而言，除油和除锈是不可缺少的重点步骤。

传统的磷化工艺如下：除油→热水洗→冷水洗→酸洗除锈→冷洗→中和、冷水洗→活化→冷水洗→磷化→热水洗→冷水洗→钝化→烘干。

钢丝磷化一般采取浸渍磷化、在线磷化和电解磷化。一般对于直进式大连拉（直进式大连拉是一种高速、高效、无弯曲、无扭转、强冷却的连续式拉拔）所需的盘条进行集中酸洗和磷化，对于需要深加工的半成品钢丝进行在线热处理和磷化。

2.2.1.2 氧化处理工艺过程

氧化处理前，钢铁零件需要除油、酸洗。表面油脂较少而且没有腐蚀产物的零件，可以直接放进浓碱液中进行化学氧化处理。用于化学氧化的溶液，其主要成分是氢氧化钠，另外还含有氧化剂等物质，一次氧化处理是在一种槽液中完成，两次氧化处理则在溶液成分不同的两种槽液中完成。采用一次氧化处理时，生成的膜较薄，耐蚀性能也较差；采用两次氧化处理时，可获得较厚的氧化膜，其耐蚀性能也较好。氧化处理后的零件，必须经过充分漂洗，而后在肥皂水（肥皂以20g/L溶于蒸馏水）中煮沸，接着进行干燥和涂油。典型的化学氧化处理工艺规范如表2-1所示。

表2-1 钢铁的化学氧化处理工艺规范

配方	溶液成分/g	溶液温度/℃	氧化时间/min
1#	氢氧化钠 700～800 硝酸钠 200～250 亚硝酸钠 50～70 水 1L	初始 138～140 终了 142～146	20～120
2#	氢氧化钠 800～900 亚硝酸钠 80～90 水 1L	初始 140～144 终了 150～155	80～90
3#	氢氧化钠 800～900 硝酸钾 25～50 水 1L	140～145	5～10
4#	氢氧化钠 1000～1100 硝酸钾 50～100 水 1L	150～155	20～30

2.2.2 镁及其合金表面处理

目前，提高镁合金材料的耐腐蚀性能通常有两种途径：一是改变材料的种类、配比及颗

粒尺寸等提高镁合金的耐腐蚀性能；二是对镁合金进行适当的表面改性。

镁及其合金表面改性的常用工艺有：化学转化处理（化学氧化处理）、电镀和化学镀、阳极氧化和微弧氧化、激光表面处理、热喷涂、有机涂层以及表面渗层处理等。

2.2.2.1 化学转化处理

化学转化处理又称化学氧化处理，是镁合金表面改性最常用的方法之一。它通过镁合金构件与处理液接触发生化学反应，在构件表面生成一层黏结牢固的钝化膜。这层钝化膜能保护镁合金不受水和其他腐蚀介质的影响，并可以作为涂装基底改善后续涂膜的附着性。近些年镁合金化学改性工艺有铬化处理、磷化处理两种主要工艺。

（1）铬化处理

铬化处理是目前应用最多、技术最为成熟的表面化学转化处理方法之一，常用铬酸盐或重铬酸盐水溶液进行化学转化处理。其机理是镁合金表面的镁原子溶于处理液中，与处理液中的离子发生反应，并在合金表面沉积一层以铬酸盐为主的氧化膜。这层氧化膜的主要成分为 $Cr_2O_3 \cdot nCrO_3 \cdot mH_2O$、$Mg(CrO_2)_2$，以及镁、铝、锰的氧化物等。其防腐性主要来自两个方面：一是氧化膜在合金表面起惰性的屏蔽作用，隔绝空气和水分；二是氧化膜在受到磨损和破坏时能吸水膨胀，具有自修复特性。虽然铬化处理技术比较成熟，所得到的氧化膜防腐性能也远优于自然氧化膜，但是它也存在膜层较薄、显微裂纹多等问题，一般只适用于临时保护或涂装基底。此外，含铬离子都有毒，六价铬毒性最高，且处理难度大、成本高。

（2）磷化处理

涂装前磷化可增强涂装膜层（如涂料涂层）与工件间结合力，提高涂装后工件表面涂层的耐蚀性，提高装饰性；非涂装磷化则用于提高工件的耐磨性，使工件在机加工过程中具有润滑性，提高工件的耐蚀性。金属表面磷化工艺按处理温度的高低分为高温、中温、低温和常温四类。其中常温、低温磷化工艺具有低能耗、低污染和速度快等优点。

① 高温磷化（90～98℃）速度快，膜耐蚀，结合力、硬度及耐热性均高，但膜层的挥发性大，成分变化快，结晶不均匀，易形成夹杂；

② 中温磷化（50～70℃）溶液均匀，磷化速度较快；

③ 低温磷化（25～35℃）无需加热，节省能源、成本低、溶液稳定，膜耐蚀性及耐热性好，但生产率低；

④ 常温磷化（15～35℃）节约能源、一次性投资少、溶液稳定性好。

磷化液的基本平衡方程式：

$$3M(H_2PO_4)_2 \rightleftharpoons M_3(PO_4)_2 + 4H_3PO_4$$

此方程的平衡常数 $K=[M_3(PO_4)_2][H_3PO_4]^4/[M(H_2PO_4)_2]^3$，M 代表 Zn、Mn 等。从式中可以看出，常数 K 值越大，磷酸盐沉积的比率越大。而 K 值随一代和三代金属盐的金属性质、溶液温度、pH 值及总浓度有关。所以影响磷化液性能的因素至少有 pH 值、游离酸度、总酸度、温度和金属性质。

（3）其他处理

除磷酸盐转化膜外，无铬化学转化膜还包括锰酸盐转化膜、钼酸盐转化膜、锡酸盐转化膜、钨酸盐转化膜、氟锆酸盐转化膜、有机物转化膜、稀土钝化及复合转化膜。这些工艺处理液中不含有 Cr 元素，对环境污染小，但成本较铬化处理、磷化处理高。近年来，植酸被引入镁合金的环保无铬化处理中：以植酸转化膜为内层、铈基转化膜为外层，或以植酸为主要成膜剂制备防腐性能优良的无铬化转化膜。

2.2.2.2 电镀和化学镀

电镀的工艺流程：物理打磨，去除表面的锈和污垢→碱性溶液等的清洗，去除表面的有机物、油脂→硝酸、磷酸等酸性溶液的侵蚀，去除表面的氧化物→强碱性锌酸盐浸锌，防止再氧化→铜氰络合物的氰化镀铜，以提高基材与镀层的黏结力→电镀液电镀，在合金表面形成镀层保护。

镁合金电镀工艺的关键是前处理。目前，适用于工业大生产的前处理工艺有两大类：沉锌法和直接化学镀镍法。

沉锌的目的：一是溶解镁的氧化物；二是为了形成一层薄薄的氢氧化物，防止镁的进一步氧化。沉锌法的流程如下：除油→清洗→除垢→清洗→活化→清洗→沉锌（或二次沉锌）→ 清洗→镀铜→ 清洗→化学镀镍（中磷或高磷）→后续电镀铜、镍、铬（贵金属等）。

当前，在环保压力下，活化必然会向无铬活化发展，沉锌会向无氰沉锌发展，镀铜会向无氰镀铜发展，化学镀镍会向无铅无镉无汞化学镀镍发展，这是社会发展的必然趋势。

化学镀是可在镁合金表面镀上一层金属保护层的工艺，化学镀的优势在于能在不规则几何尺寸构件表面获得厚度均匀的镀层。当前镁合金化学镀应用最为广泛的方法是化学镀镍，它是在化学镀液里加入氟化物类添加剂，并控制镀液的 pH 值从而一次性得到化学镍镀层，而在此之前不需要沉锌和镀铜，当然除油、除垢和活化都是必需的。化学镀镍镀层厚度均匀、孔隙率低、硬度高，耐磨和耐蚀性优异，可焊性和可抛光性等加工性能优良。然而化学镀镍工艺条件不易控制、镀液稳定性不够好且常含有氰化物、对环境有一定污染、所得镀层使用寿命较短等问题制约化学镀镍的应用和发展。

2.2.2.3 阳极氧化和微弧氧化

阳极氧化是在电解作用下形成氧化膜涂覆于构件表面的工艺，是化学转化处理的一种特殊形式。阳极氧化所形成的氧化膜主要成分为镁的氧化物。氧化膜的组成会受到阳极氧化电流密度、合金成分、反应温度、电解质溶液组成以及浓度的影响，氧化膜的均匀性、耐磨性与耐蚀性以及在基材上的附着力会随着电压、电流等参数的变化而变化。一般而言，阳极氧化膜防护性能随着膜层厚度的增加而提高。跟化学转化处理相比，阳极氧化膜层的强度、耐磨性与耐蚀性更加优异，故而常用作中等腐蚀环境中的防腐。但是阳极氧化膜层也存在空隙大、分布不均匀的缺点，构件进行阳极氧化处理后，为使其更加美观、耐蚀，通常还需要进行着色、填充等后处理。

目前，镁合金阳极氧化工艺根据处理液的成分不同，可分为酸性阳极氧化和碱性阳极氧化两种类型。酸性阳极氧化反应温度一般在 80℃左右，成膜效果较好，但是处理液中常含有铬离子，污染环境，并且由于反应温度较高，处理液稳定性不高；碱性阳极氧化反应温度一般在 30℃左右，反应温度相对较低，克服了酸性阳极氧化中处理液稳定性不高的缺点。

阳极氧化工艺较化学氧化复杂，但阳极氧化一次成膜面积大，能够对形状复杂的构件进行处理。影响镁合金阳极氧化处理效果的关键因素是电源模式和电解液成分组成，这两个因素极大影响着氧化膜的成膜过程及氧化膜性能。通过对电解液配方、电源模式的研究，改善氧化膜的均匀性，提高耐磨性和耐蚀性，可获得耐腐蚀性能较传统工艺更为优异的防护膜层。

微弧氧化又称等离子体电解氧化，是从阳极氧化技术的基础上发展而来的，形成的涂层优于阳极氧化，是一种具有广阔应用前景的表面改性技术。微弧氧化工艺主要是依靠电解液与电参数的匹配调节，在弧光放电产生的瞬时高温高压作用下，于铝、镁、钛等金属及其合金表面生长出以基体金属氧化物为主并辅以电解液组分的改性陶瓷涂层，其防腐及耐磨性能显著优于传统阳极氧化涂层。

跟阳极氧化不同，微弧氧化需要在工作区域施加高电压，它是在高电压下热作用（局部温度可达 2000℃以上）将阳极氧化物熔附在金属表面，形成显微硬度高达 2500～3000 GPa

的陶瓷氧化膜。工作时，阴极放置不锈钢片，阳极放置待处理构件，通过冷却液调节反应温度。镁合金微弧氧化膜由表面疏松层和次表面致密层组合而成。致密层较薄，主要成分为MgO；疏松层较厚，由MgO和$MgAl_2O_4$（尖晶石）混合而成。镁合金微弧氧化膜在初期主要是向外生长形成表面疏松层，达到一定厚度后，则完全转向基体内部生长形成次表面致密层。与阳极氧化相比，微弧氧化成膜速度更快，膜层与基体结合更牢固，硬度更高，最高可达2000HV，结构更致密，同时具备高耐磨、高耐蚀、高绝缘的特性，耐高温性、装饰性能更加优异，其工艺安全环保，是发展潜力巨大的镁合金表面改性技术。然而，微弧氧化陶瓷膜存在大量的微孔、裂纹，这些微孔和裂纹直接影响了膜层的耐蚀性能。高能耗的工艺特点也制约了微弧氧化的实际应用。

2.2.2.4 激光表面处理

激光表面处理是指利用激光束对金属表面进行加工处理，使得金属表面在激光束的高能下熔化后重新凝固的工艺。激光表面处理对基体热影响小、适用范围比较广，可以通过细化表面晶粒、生成非平衡相等表面组织变化来提高合金强度。合理选用激光表面处理工艺，可以提高镁合金的耐磨性、抗氧化性以及抗疲劳性，然而并不能显著提高抗蚀性。由于激光表面处理所得涂层一般较薄，因此短期防护效果良好，但不能作为长期有效的保护层。目前镁合金常见的激光表面改性工艺有：表面重熔、表面合金化、激光熔覆等。

激光表面重熔是指不加入任何金属元素，直接利用高能激光束对金属合金表面进行连续扫描，使一定厚度（0.1～3.0mm）的金属表面瞬间熔化，再通过内层金属自身的低温使熔化层快速冷凝，从而达到表面强化效果的技术。在真空条件下用激光处理镁合金试件表面，经过表面重熔处理后，镁合金表面的显微硬度比未处理时的镁合金要低，但是耐蚀性与疲劳性能有了明显的提高。

激光表面合金化是指在进行表面重熔前对金属表面进行预涂覆或者在重熔时加入合金粉末，预涂覆层或合金粉末在熔化后跟部分基材融合冷却形成一层具有特定性能的金属薄层的工艺方法。对AZ31、AZ91两种镁合金进行激光表面合金化处理，处理后的两种镁合金表层的耐磨性能和疲劳性能都有显著提高。

镁合金的激光熔覆是将特定的涂层材料放置在构件表面，通过激光辐射使涂层材料和镁合金表面薄层同时熔化，混合后快速冷却凝固，并在镁合金表面形成冶金的表面涂层，从而达到保护镁合金目的的工艺方法。在AZ91D镁合金表面熔覆铝和硅的混合粉末后，涂层均匀致密，显微硬度较基体提高了3倍，从而改善镁合金的耐磨性能和疲劳性能。为增加熔覆层的厚度，进一步提高表面处理的有效性，可选择激光多层熔覆，即在原熔覆层上再熔覆。

2.2.2.5 热喷涂

镁合金表面热喷涂根据材料不同可分为：热喷铝、喷涂纳米材料涂层以及喷涂陶瓷材料涂层等。

2.2.2.6 有机涂层

镁合金在经过各种表面处理后，一般会再涂覆一层有机膜层，从而进一步提高耐蚀性及装饰性等。常用的镁合金有机涂层种类很多，有油、油脂、油漆、蜡、环氧树脂、聚氨酯、乙烯树脂、丙烯酸酯、橡胶、沥青等。环氧树脂具有防腐、防水性能优异，与基材黏结力强等优点，因此环氧树脂涂层应用较广。

有机涂层可根据涂层种类不同及应用的实际需要，通过刷涂、喷涂、浸渍等，或沸腾床法、喷粉法和电泳法等工艺方法获得。目前，通过有机涂层防护镁合金应用较多的工艺方法是粉末静电喷涂法。有机涂层种类多、方法多样、工艺简单，可大幅度提高镁合金的防腐性能，但通常只作为镁合金防护的辅助手段。由于有机膜层薄、有孔隙，力学性能与耐磨性较差，且与基体的结合力比较差，在高温下容易鼓泡，在强酸、强碱介质中以及冲刷、冲击等情况下易发生剥落现象。通过硅烷处理和胶黏涂层相结合的技术可显著改善AZ31镁合金表面环氧涂层的结合力与耐蚀性。

除以上所述的表面改性技术外，气相沉积、离子注入、达克罗涂层（铬锌涂层）等也是常见的镁合金表面改性技术。离子注入是在电场中将电离出的某种元素原子加速后射入镁合金表面，从而大大改善镁合金表面性能的一种离子束技术。离子在镁合金表面处于置换或间隙位置，形成了沉积相或亚稳定相，从而提高了镁合金表面的耐蚀性能。目前，该技术由于工艺成本高，在镁合金表面处理中的应用尚未推广。达克罗涂层（铬锌涂层）是通过在高温下（300～350℃）烘烤达克罗液，使六价铬被还原，生成 $n\mathrm{CrO_3} \cdot m\mathrm{Cr_2O_3}$ 与Zn相互结合，同时在铬酸的作用下氧化并牢固附着在镁合金表面而形成的。达克罗涂层具有无氢脆、无污染、耐蚀性较好、与镁合金表面结合强度高等优点。

2.2.3 铝及其合金表面处理

铝在金属材料中的产量仅次于铁，其合金材料具有比强度高的特点，但铝及其合金材料硬度低、耐磨性差、易产生晶间腐蚀，应用受到了限制。铝在自然条件下表面形成一层氧化膜，这种膜非常薄、易破损，尤其在酸（碱）性条件下会迅速溶解，极大地降低它的抗腐蚀能力。

2.2.3.1 阳极氧化法

铝的阳极氧化法是把铝作为阳极，置于硫酸等电解液中，施加阳极电压进行电解，在铝的表面形成一层致密的 Al_2O_3 膜。该膜是由致密的阻碍层和柱状结构的多孔层组成的双层结构。阳极氧化时，氧化膜的形成过程包括膜的电化学生成和膜的化学溶解两个同时进行的过程。当成膜速度大于溶解速度时，膜才得以形成和成长，通过降低膜的溶解速度，可以提高膜的致密度。氧化膜的性能是由膜孔的致密度决定的。

铝的硬质阳极氧化是在铝进行阳极氧化时，通过适当的方法，降低膜的溶解速度，获得更厚、更致密的氧化膜。常规的方法是在低温（一般为0℃左右）和低硫酸浓度（如＜10% H_2SO_4）的条件下进行，这种方法存在能耗大、成本高的缺点。当前对传统方法主要进行两个方面的改进，一种是通过改变电解液成分来实现，大多做法是往电解液中添加有机酸、多元醇等。这些添加剂的有机官能团能够使阳极氧化过程的化学和电化学行为发生变化，降低膜的溶解速度，提高膜层的生长速度，增加膜的致密度和厚度。

改善硬质阳极氧化膜的另一种方法是改变电源的电流波形。氧化膜的电阻很大，氧化过程中产生大量的热量，因此，传统直流氧化电流不宜过大，运用脉冲电流或脉冲电流与直流电流相叠加，可以极大地降低阳极氧化所需要的电压，并且可使用更高的电流密度。同时还可以通过调节占空比和峰值电压，来提高膜的生长速度，改善膜的生成质量，获得性能优良的氧化膜。

复合阳极氧化法是一种新型的阳极氧化技术，它是在铝进行阳极氧化时加入难溶性粉体，以提高氧化膜的硬度和耐磨度。由于粉体的加入，难溶粉体表面和膜层表面之间发生电化学反应，粉体沉积在膜层中，同时也有一部分粉体在机械搅拌作用下进入膜孔内，氧化膜的厚度、硬度均有很大变化。氧化膜的性能改变取决于粉体的性质和悬浮浓度。例如添加 Al_2O_3、TiO_3 可显著提高氧化膜的硬度和耐磨度；而CB（炭黑）粉体是导电体，可以降低氧化槽压。

2.2.3.2 稀土转化膜

把铝置于铬酸盐、锰酸盐、钼酸盐等溶液中数分钟，表面即可形成与铝基体表面结合良好的转化膜。其中应用最广泛的是铬酸盐转化膜，但Cr(Ⅵ)有毒且具有致癌作用，在使用上受到严格限制，稀土转化膜因为适应当前环保的要求而受到研究人员的关注。稀土转化膜是将铝合金浸泡于氯化铈或其他稀土金属氯化物溶液中，以形成铝合金稀土转化膜的方法，这种方法需要一周时间才能得到转化膜。

目前，稀土转化膜工艺大致可以分为三类：

① 含强氧化剂等成膜促进剂的化学法；

② 化学法与电化学法相结合的工艺；

③ 稀土 bohmite 层工艺（在处置液中不加氧化剂的处置技术，使铝合金先与热水在其外表构成 bohmite 层，然后再浸到稀土盐溶液中，构成含稀土的 bohmite 层）。

加入强氧化剂如 H_2O_2、$KMnO_4$、$(NH_4)_2S_2O_8$ 等可大大减少处理时间，溶液处理温度也不高，含低温短时成膜的强氧化剂的化学法工艺是最有开发潜力的；而化学法与电化学相结合的工艺处理步骤烦琐，并且溶液处理温度也在沸腾状态；稀土 bohmite 层工艺也存在处理温度较高的缺点，但优良的抗蚀性和工艺上无毒无污染的特点，使其显示出良好的应用前景。

2.2.3.3 微弧氧化

微弧氧化是在阳极氧化基础上发展的技术，当阳极氧化电压达到某一临界时，材料表面氧化层被击穿，产生弧光放电，并产生瞬间高温（≥2000℃），氧化膜在高温高压作用下熔融，等离子弧消失后，熔融物激冷而形成非金属 Al_2O_3 陶瓷层。该陶瓷层厚度达 200μm 以上，最高硬度达 3000 GPa 以上，并且耐磨、耐腐蚀、耐高温冲击等性能均优于阳极氧化膜。此外，因其工艺简单、不引入毒物、氧化膜性能优良而受到人们的重视。

2.2.3.4 激光处理

利用高能量激光器在铝合金表面进行熔覆处理是近几年发展起来的一种表面改性技术。激光处理可以提高耐磨性、耐蚀性和耐热性。

激光处理通常有两种方法：一种是对预涂覆的涂层进行激光重熔处理；另一种是直接送粉熔覆。由于铝对红外激光的高反射率，直接送粉进行激光熔覆是极为困难的，在激光辐照铝表面的同时，若送粉位置适当，在基体上方会产生等离子弧，该弧与激光束（功率密度≥5×10^4 kW/cm^2）共同作用，可成功实现陶瓷熔覆。

2.2.3.5 离子注入

离子注入法是 20 世纪 70 年代发展起来的一种表面改性技术，目前已成功地在钢、钛合金等基体表面注入 Ti、C、N 等元素，提高了基体材料的耐磨性和耐蚀性，并已投入到生产中。近几年，研究人员也进行了在铝材表面进行离子注入的研究并取得了一定进展，研究发现在 H_2SO_4 溶液中，离子注入铅的铝电极具有良好的耐腐蚀性能，这有望把铝或铝合金的应用范围推广到湿法冶金和电镀等行业。

近年来国内外学者对镍铝青铜的表面处理展开了一系列研究，镍铝青铜表面处理技术有搅拌摩擦处理、物理气相沉积技术（PVD）、超声速火焰热喷涂、激光表面处理、电沉积等。5 种表面处理技术在一定程度上均可改善表面组织结构和细化晶粒，进一步提高硬度、强度、耐腐蚀及耐疲劳性能。

2.2.4 塑料表面处理

ABS 是丙烯腈（acrylonitrile）、丁二烯（butadiene）、苯乙烯（styrene）三种单体的名称缩写。PC 是指聚碳酸酯（polycarbonate）。ABS/PC 合金是由丙烯腈-丁二烯-苯乙烯共聚物（ABS）和聚碳酸酯（PC）混合而成的热可塑性塑料，结合了两种材料的优异特性，既具有 ABS 的成型性，又具有 PC 的机械性、冲击强度、耐温等性质，可使用在汽车零部件、电子、卫浴等产品上。

ABS/PC 是为改进材料的机械强度而研发的，应用于建材、汽车和电子工业，如做电视机、办公自动化设备外壳和电话机。其中，ABS 占主要成分，PC 比例通常在 10%～40%。它在电镀工艺中应用较多。

1,3-丁二烯为 ABS 树脂提供低温延展性和抗冲击性，但是过多的丁二烯会降低树脂的硬度、光泽及流动性；丙烯腈为 ABS 树脂提供硬度、耐热性、耐酸碱盐等化学腐蚀的性质；苯乙烯为 ABS 树脂提供硬度、加工的流动性及产品表面的光洁度。由于 ABS 耐油，耐酸、碱、盐及化学试剂等性能良好，并具有可电镀性，镀上金属层后有光泽好、比重轻、价格低等优点，可用来代替某些金属。

在 ABS 树脂中，1,3-丁二烯橡胶颗粒为分散相，AS 为连续相，在电子显微镜下可以观察到丁二烯橡胶相呈球状均匀地嵌入在丙烯腈-苯乙烯树脂相中。在化学粗化时，橡胶相被氧化溶蚀，而连续的树脂相表面留下了大量微小的孔穴。正是这些孔穴，使镀层被锚固在塑料表面，以获得良好的结合力。用于电镀的 ABS 塑料要求丁二烯的含量在 18%～23% 范围。

工艺流程：上挂→预粗化（膨胀）→除油→清洗→亲水→粗化→回收→清洗→中和→清洗→表调→清洗→预浸→催化→清洗→加速→清洗→化学沉镍→清洗→转机→活化→清洗→预镀铜→清洗→活化→ 镀酸铜→清洗→微蚀→清洗→半光镍→光镍→清洗→镀铬→清洗→转机烘干→下挂→质量控制→包装。由于预粗化槽在自动电镀线外，为操作方便，上挂预粗化后上机转自动电镀线。工艺要求如下：

① 预粗化：膨胀剂 60%（体积分数），温度 45℃，时间 70～90s。浸渍时采用过滤机循环过滤，使溶液流动。

② 粗化工艺：CrO 3400g/L，H_2SO_4 390g/L，温度 68℃，时间 10min。

③ 表调：表调剂 45%（体积分数），室温，时间 90s。

④ 催化：氯化钯 20～25mg/L，温度 22～25℃，时间 90s。

⑤ 加速：解胶盐 40g/L，温度 45℃，时间 60～90s。

⑥ 化学镍：化学沉镍中次磷酸钠含量不应过高，建议为 10～12g/L，否则反应过快会影响镀层表面质量。

ABS/PC 塑料高档电镀工艺流程：塑料件检验→去应力→上挂→除油→清洗→亲水→清洗→粗化→回收→清洗→中和→清洗→超声波清洗→粗化→回收→清洗→中和→清洗→超声波清洗→浸酸→预敏化→敏化/活化→清洗→加速→清洗→化学镍→清洗→预镀铜→清洗→活化→清洗→酸铜→清洗→活化→半亮镍→亮镍→清洗→电解活化→镀铬→回收→还原→清洗→干燥→挂具退镀。

2.2.5 印刷线路板表面处理

印刷线路板（printed circuit board，PCB）是重要的电子部件，是电子元器件的支撑体，也是电子元器件电气连接的载体。表面处理是 PCB 生产的后期步骤，处理后的表面起着使产品和外部电路实现良好的电气和机械连接的作用，要求焊接部位的金属表面具有高可焊性、平整性和可靠性。

PCB 表面处理常见的有热风整平、有机涂覆、化学镀镍/浸金、浸银和浸锡这五种工艺。目前，还发展了用于保护金属表面涂层的最后保护工艺——自组装单分子工艺（self-assembled monolayer，SAM）。

（1）热风整平

热风整平又名热风焊料整平，它是在 PCB 表面涂覆熔融锡铅焊料并用加热压缩空气整（吹）平的工艺，可形成一层既抗铜氧化，又提供良好的可焊性的涂覆层。热风整平时焊料和铜在结合处形成铜锡金属间化合物。保护铜面的焊料厚度大约有 1～2mm。PCB 进行热风整平时要浸在熔融的焊料中；风刀在焊料凝固之前吹平液态的焊料；风刀能够将铜面上焊料的弯月状最小化并阻止焊料桥接。热风整平分为垂直式和水平式两种，一般认为水平式较好，主要是水平式热风整平镀层比较均匀，可实现自动化生产。热风整平工艺的一般流程为：微蚀→预热→涂覆助焊剂→喷锡→清洗。

（2）有机涂覆

它是最新的有机涂覆工艺，能够在多次无铅焊接过程中保持良好的性能。有机涂覆工艺的一般流程为：脱脂→微蚀→酸洗→纯水清洗→有机涂覆→清洗，过程控制相对其他表面处理工艺较为容易。

有机涂覆层主要是指有机可焊保护剂（organic solderability preservative，OSP）。有机可焊保护剂（OSP）在不同的应用领域有不同的成分。但是，所有的 OSP 都能与铜表面结合并形成一个保护性涂层，从而使铜表面在存储和组装过程中都能保持良好的可焊性。大多数 OSP 形成的保护层的厚度在几埃（1Å＝0.1nm）的范围，并且极易溶解在矿物油和有机溶剂中。

在诸多 OSP 中，苯并三氮唑形成的保护层的厚度最小，在需要经过多次热处理焊接才能完成的组装工艺中，它会造成保护层的损失而不能形成长久的保护。目前，用烷基咪唑替代苯并三氮唑可形成一层较厚的保护层，它能经受多次的热处理，此类 OSP 也成为这种表面处理工艺被广泛应用的基础。作为下一代的 OSP 技术，主要在以下两个方面进行改进：进一步提高 OSP 薄膜在高温热处理工艺下的稳定性；增强 OSP 薄膜阻挡氧分子渗透的能力。后一种技术的关键在于提高 OSP 薄膜交联的能力，这将使铜在经历多次热处理工艺后仍然保持良好的表面状态和可焊性。

（3）化学镀镍/浸金

化学镀镍/浸金（electroless Ni/immersion Au，ENIG）工艺不像有机涂覆那样简单，化学镀镍/浸金好像给 PCB 穿上厚厚的盔甲；另外化学镀镍/浸金工艺也不像有机涂覆作为防锈阻隔层，它能够在 PCB 长期使用过程中保持有效性并实现良好的电性能。化学镀镍/浸金是在铜面上包裹一层厚厚的、电性良好的镍金合金，可以长期保护 PCB；同时，它也具有其他表面处理工艺所不具备的对环境的忍耐性。镀镍的原因是金和铜间会相互扩散，而镍层能够阻止金和铜间的扩散；如果没有镍层，金将会在数小时内扩散到铜中去。化学镀镍/浸金还有一个好处是镍的强度优势，仅仅 5μm 的镍就可以限制高温下 Z 方向的膨胀。此外化学镀镍/浸金也可以阻止铜的熔解，这将有益于无铅组装。

化学镀镍/浸金工艺的一般流程为：酸性清洁→微蚀→预浸→活化→化学镀镍→化学浸金，主要有 6 个化学槽，涉及近 100 种化学品，因此过程控制比较困难。

（4）浸银

浸银工艺介于 OSP 和化学镀镍/浸金之间，工艺较简单、快速。浸银不是给 PCB 穿上厚厚的盔甲，即使暴露在热、湿和污染的环境中，仍能提供很好的电性能和保持良好的可焊性，但会失去光泽。因为银层下面没有镍，所以浸银不具备化学镀镍/浸金所有的好的物理强度。

浸银是置换反应，它几乎是亚微米级的纯银涂覆。有时浸银过程中还包含一些有机物，主要是防止银腐蚀和消除银迁移问题，一般很难量测出来这一薄层的有机物，分析表明有机体的重量占比少于1%。

(5) 浸锡

由于目前所有焊料是以锡为基础的，所以锡层能与任何类型的焊料相匹配，从这一点来看，浸锡工艺极具发展前景。但以前的PCB经浸锡工艺后易出现锡须，在焊接过程中锡须和锡迁移会带来可靠性问题，因此限制了浸锡工艺的采用。后在浸锡溶液中加入了有机添加剂，使锡层结构呈颗粒状结构，它克服了之前的问题，而且还具有好的热稳定性和可焊性。

浸锡工艺可以形成平坦的铜锡金属间化合物，这个特性使得浸锡具有和热风整平一样的好的可焊性而没有热风整平令人头疼的平坦性问题，也没有化学镀镍/浸金金属间的扩散问题，只是浸锡板不可以存储太久。

(6) 自组装单分子工艺

表面处理能很好的维持PCB板良好的表面状态，但是在恶劣环境的影响下，依然会降低其处理表面抗腐蚀的能力，有一种后处理化学工艺是根据自组装单分子的原理选择需要的材料，然后将其通过滴涂、旋涂等工艺涂覆在PCB板上。为了在PCB表面形成自组装单分子，需要制备形成单分子层材料的无机溶液，然后这种材料被涂覆在经过表面处理的PCB板表面上。这种材料的一个固有性能是疏水。当水接触经SAM处理的表面时，水不能像在未经SAM处理的表面上那样铺开，而是形成一个水滴，从而阻止水对表面的腐蚀。

2.2.6 其他非金属材料表面处理

2.2.6.1 碳纤维表面处理

为使碳纤维表面由憎液性变为亲液性，需对其表面进行处理，提高层间剪切强度，以满足设计要求。目前常用的表面处理方法，都是在其表面发生一系列物理化学反应，增加其表面形貌的复杂性和极性基团的含量，从而提高碳纤维与基体树脂的界面性能，实现提高复合材料基体力学性能的最终目的。

(1) 阳极氧化法

阳极氧化法又称为电化学氧化表面处理，是以碳纤维作为电解池的阳极，石墨作为阴极，在电解水的过程中利用阳极生产的“氧”氧化碳纤维表面的碳及其含氧官能团，将其先氧化成羟基，之后逐步氧化成酮基、羧基和二氧化碳的过程。

阳极氧化法对碳纤维的处理效果不仅与电解质的种类密切相关，并且增加电流密度与延长氧化时间是等效的。此表面处理方法可以通过改变反应温度、电解质浓度、处理时间和电流密度等条件进行控制。表面处理后，使碳纤维表面引入各种功能基团而改善纤维的浸润和黏接等特性，显著增加碳纤维增强复合材料的力学性能。阳极氧化法的特点是氧化反应缓和、易于控制、处理效果显著、可对氧化程度进行精确控制。

(2) 液相氧化法

液相氧化法是采用液相介质对碳纤维表面进行氧化的方法。常用的液相介质有浓硝酸、混合酸和强氧化剂等，其中浓硝酸是液相氧化中研究较多的。液体氧化法相对较为温和，一般不使纤维产生过多的起泡和裂解。但是其处理时间较长，与碳纤维生产线匹配难，多用于间歇表面处理。

(3) 气相氧化法

气相氧化法是将碳纤维暴露在氧化性气体（如空气、氧气和臭氧等）中，在一定温度和催化剂等特殊条件下使其表面氧化成如羟基和羧基等一些活性基团的方法。氧化处理后，碳纤维表面积增大，官能团增多，可以提高复合材料界面的黏接强度和材料的力学性能。

碳纤维经过臭氧氧化法表面处理后，表面羟基或醚基官能团的含量提高，其与环氧树脂制成复合材料后的ILSS（层间剪切强度）提高35%。碳纤维分别在400℃空气氧化处理1h和450℃处理1h后，制成了三维编织碳纤维/环氧复合材料，其力学性能（冲击强度除外）随处理温度的升高而增加。

（4）等离子体氧化法

等离子体是具有足够数量，而且电荷数近似相等的正负带电粒子的物质聚集态。用等离子体氧化法对纤维表面进行改性处理，通常指利用非聚合性气体（可以是活性气体，也可是惰性气体）对材料表面进行物理和化学作用的过程。

等离子体表面处理时，电场中产生的大量等离子体及其高能的自由电子撞击碳纤维表面晶角、晶边等缺陷处，促使纤维表层产生活性基团，它们在空气中氧化后生产羰基、羧基等基团。将碳纤维预浸芳基乙炔进行空气等离子处理，使芳基乙炔接枝在碳纤维上，碳纤维/芳基乙炔复合材料的ILSS最大可提高12.4MPa，而碳布接枝了丙烯酸单体以后，ILSS最大可提高到51.27MPa。此表面处理方法可在低温下进行，避免高温对纤维的损伤；处理时间短，经改性的表面厚度薄，可做到使材料表面性质发生较大的变化，而本体的性质基本保持不变，且经等离子体处理的纤维干燥、干净，免去了后续处理工艺。但是等离子体的生产需要一定的真空环境，设备复杂，因此，给连续、稳定和长时间处理带来一定的困难。

（5）表面涂层改性法

表面涂层改性法是将某种聚合物涂覆在碳纤维表面，改变复合材料界面层的结构与性能，使界面极性等相适应以提高界面黏结强度，并提供一个可塑界面层，以消除界面内应力的方法。例如，用热塑性PPQ（聚芳醚醌）作为涂覆剂，涂层处理碳纤维表面增强环氧树脂，可使CFRP（碳纤维增强环氧树脂基复合材料）的层间剪切强度由64.4MPa提高到78.9MPa。

气液双效氧化法是指先用液相涂层，后用气相氧化，使碳纤维的自身抗拉强度及其复合材料的层间剪切强度均得到提高的方法。研究表明用此方法对碳纤维表面进行处理，羰基的质量分数由13.6%提高到16.0%，层间剪切强度由70.0MPa提高到96.6MPa，拉伸强度的提高幅度为6%～19%。该方法兼具液相补强和气相氧化的作用，是新一代的碳纤维表面处理方法。但它存在与气相氧化法相同的缺点，即反应激烈、反应条件难以控制。

2.2.6.2 塑料件涂装前的表面处理

汽车用的内外装饰件大部分为热塑性塑料，如保险杠、仪表板等；有的内装饰件为热固性塑料，如烟灰缸等；汽车的外饰件如保险杠和内饰件如仪表板等，用的材料主要为聚丙烯(PP)；尾翼、中控面板、把手用的材料主要为ABS塑料。塑料件上的有机硅脱模剂、油污和手汗，会严重影响塑料件上涂层的附着力，涂装前必须彻底清除。此外，汽车用的塑料不导电、表面张力低、有静电、湿润性较差，这些因素都会影响涂膜的附着力。因此，汽车塑料件涂装极为重要。

（1）碱液清洗处理法（脱脂处理）

汽车上用的塑料件主要采用注塑工艺成型，注塑模具内涂覆了一层以有机硅和脂肪酸类为主要成分的脱模剂。脱模剂会严重影响塑料件上涂层的附着力，容易造成漆面缩孔等缺陷，在涂装前必须彻底清除。

化学除油后应彻底清洗工件表面残留碱液，用纯水清洗干净，晾干、吹干和烘干。工艺流程为：上件→预脱脂→脱脂→水洗1［去除工件表面80%～90%的残留脱脂剂，使用普通工业自来水即可（无需纯水，降低成本），避免大量碱性物质带入后续纯水槽，延长纯水使用寿命］→水洗2［进一步去除水洗1后残留的微量碱液，减少后续纯水洗的负荷，通常仍使用工业自来水，但需控制水质（如悬浮物含量＜10mg/L，避免水中杂质附着工件］→纯水洗→新鲜纯水洗→吹干→烘干（60℃）→强冷。

（2）用酸溶液进行处理

在塑料件涂装前采用酸溶液进行表面处理，是提升涂层附着力与涂装质量的关键预处理手段，其核心作用是解决塑料表面惰性高、极性低导致的涂层易脱落问题。塑料［如PP、PE（聚乙烯）、PA（聚酰胺）等］表面分子链多为非极性结构，且部分塑料（如PP）表面张力极低，直接涂装时涂层难以润湿和锚定。酸溶液处理通过化学刻蚀与极性改性双重作用实现表面优化。

① 化学刻蚀（微观粗糙化）：酸的强氧化性或腐蚀性会对塑料表面进行轻微“腐蚀”，去除表面低分子污染物（如脱模剂、油污）的同时，在微观层面形成微小凹坑或沟槽（肉眼不可见），增大表面比表面积，为涂层提供物理“锚点”，减少涂层与基材的剥离风险。

② 极性官能团引入：酸溶液（尤其是氧化性酸）可断裂塑料表面部分C—C键，氧化生成羟基（—OH）、羧基（—COOH）等极性官能团。这些官能团能与涂料中的树脂（如环氧树脂、聚氨酯）发生化学结合（如氢键、共价键），从分子层面提升涂层与基材的结合力，而非单纯的物理附着。

（3）有机溶剂热处理法

和化学处理法相比，具有工艺简单、操作方便、不需要大的设备投资、能耗低、效率高的特点；但对环境和人体健康有一定的影响，且属于易燃易爆产品，需要做好安全防范工作。

常用的有机溶剂有溶剂汽油、无水乙醇、二甲苯50%和乙醇50%混合物、异丙醇、甲苯、丙酮、丁酮等。丙酮、无水乙醇溶剂适用于聚苯乙烯及其改性品种，如ABS和AS等；异丙醇、溶剂汽油适合于清洗PP、PE、PS（聚苯乙烯）等。特别是异丙醇，由于处理效果较好，在很多公司得到广泛应用。有机溶剂处理的方法比较简单，即用干净抹布蘸取溶剂，在塑料件的喷漆表面擦拭2遍左右，使油污、脱模剂彻底清除干净。

（4）火焰处理法（又称火焰氧化法）

塑料表面极性低、张力小，如不进行恰当的处理，涂装后漆膜的附着力就达不到工艺要求。采用火焰处理法对塑料表层进行加氧极性化处理，使塑料表层分子带上—CO、—COOH等亲水基团，可显著提高塑料表面的极性，提高对涂料的润湿性和铺展性，燃料为天然气。火焰处理的温度高达1000～2000℃，可瞬间改变塑料表面的性能。火焰处理效果比较彻底，环境污染小。

（5）等离子处理法（简称为静电处理）

等离子设备主要由等离子发生器、气体输送系统、等离子喷头等组成。其工作原理是安装一台静电离子发生器（产生离子风），通过摩擦、感应、剥离、挤压的作用使空气产生大量的正负电荷，形成一股正负电荷的气流，以消除塑料件表面的静电，将带有电荷的粉尘吸附掉，风速为0.25m/s。

2.2.6.3 塑料标牌的表面处理

汽车标牌不仅要求造型美观、字迹图案流畅，而且表面应具有金属的美感，同时其耐蚀性和耐候性也必须符合汽车外装饰件的要求。目前绝大多数汽车标牌都采用塑料立体标牌，其制造工艺流程大体为：注塑成型→表面处理→后处理→背面粘贴双面压敏胶带→包装。

其中，常用的汽车塑料标牌表面处理工艺主要有三大类型：湿法电镀工艺＋喷漆、真空镀膜工艺＋喷漆、烫印工艺。

（1）塑料电镀工艺

根据TL-VW528/B标准要求，汽车外饰件的装饰防蚀性镀层的镀层体系为：Cu≥30μm，Ni≥15μm，Cr≥0.8μm；铬镀层应为微裂纹铬，其微裂纹数应为250～800条/cm。

该镀层应通过标准环境温度，30min→－40℃，4h热循环试验；耐蚀性应通过腐蚀膏试验（DIN 50958标准）5×16周期，耐潮湿性应通过DIN 50017KFW标准48h，镀层外观应均匀、光泽度高。

目前，市场上一些汽车标牌电镀采用铜镍铬工艺，镀层厚度低于TL-VW528/B标准，其工艺流程为：消除内应力→除油→水洗→化学粗化→水洗→还原→水洗→胶体钯活化→水洗→解胶→水洗→预镀镍→水洗→酸性光亮镀铜→水洗→除膜→光亮镍→水洗→镀铬→水洗→烘干→局部喷黑色油漆→烘干。

电镀标牌的优缺点如下：

① 镀层光亮，耐磨性优良，采用双镍加微裂纹铬镀层体系，镀层耐蚀性可通过TL-VW528/B标准。表面可采用镀铬或镀金等工艺，装饰性好。

② 对环境污染严重，工艺复杂，一次合格率不够高，生产成本比较高；镀层花式比较单调，很难镀出有均匀丝纹的亚光镀层；镀层上局部喷漆的附着力欠佳，在使用中经常出现局部漆膜脱落现象。

③ 电镀标牌一般多用于高档轿车的前标志上。但如果镀层结构不严格执行TL-VW528/B标准而采用厚铜薄镍的单层镍电镀工艺，镀层往往在长期使用中起皮起泡，产生绿锈，严重损害整车的造型。

（2）真空镀膜工艺

应用于汽车塑料标牌表面装饰的真空镀膜主要有真空蒸发镀膜与磁控溅射镀膜两种工艺。真空蒸发镀膜由于绕射性、膜层附着力和蒸发源温度偏高等因素的制约，在汽车塑料标牌上的应用面不及磁控溅射工艺，下面仅就磁控溅射工艺进行探讨。

工艺流程：

① 透明硬质塑料标牌内侧装饰镀膜工艺：注塑成型→除去油污→清洗→24.0℃热处理（清除水分，消除内应力）→局部遮蔽→上夹具→溅射成膜→卸夹具→去遮蔽→喷面漆。

② 普通塑料标牌外侧装饰镀膜工艺：注塑成型→除油→清洗→热处理→喷底漆→溅射成膜→喷面漆。

影响溅射质量的主要因素：

① 镀前作清洗处理并脱水，工件表面吸附的水分和油污不仅会破坏真空度，而且其分解产物也会以杂质形式渗入镀层，影响附着强度。

② 底、面漆的选择：用于真空镀膜的油漆必须具备与基材塑料及底、面漆之间都不相咬；真空条件下不放气；质地坚硬耐候性好；固化温度低，固化时间短；漆膜流平性好，光亮。某种意义上讲，溅射镀膜的质量主要取决于油漆的施工质量。

③ 溅射工艺参数的影响：对于汽车标牌溅射工艺而言，溅射时工作真空度高一些，溅射速度慢一些，溅射粒子入射角尽量接近直角，都有利于提高镀膜的反射率和降低内应力。

磁控溅射工艺的优缺点及应用：

① 工艺本身无污染，仅底面漆的喷涂对环境有污染。

② 设备投资和占地面积比电镀工艺小，深镀能力比电镀工艺好，工艺简单，一次合格率较高，生产成本较低，可用作铝、铜、铬、不锈钢等的镀膜；配合镀后着色，可获得多种色泽的外观。

③ 真空镀膜工艺是在塑料基片上或喷漆的底面上直接溅射一层耐蚀性能良好的铬或不锈钢，上面又有一层面漆保护，因此具有良好的耐蚀性。同时由于真空镀膜层薄且存在着孔隙，在其上喷漆，漆膜可透过镀膜的孔隙与基体交联，显示出良好的附着性，不像电镀层在冷热交变过程中易出现起泡、脱皮等疵病。

④ 磁控溅射工艺主要用于透明塑料不与外界接触的背面。

(3) 烫印工艺

烫印工艺可以说是真空镀膜技术的延伸。在聚酯薄膜表面蒸镀一层铝或其他金属薄膜，进而在镀膜表面涂上一层胶黏剂和保护层，即为常用烫印箔。将烫印箔平铺在塑料标牌表面上，通过烫印板耐热橡胶提供的温度与压力，在热压作用期间，烫印箔上的热溶性有机硅树脂脱落层和胶黏剂受热熔化；有机硅树脂熔化后，粘接力减少，使真空镀膜层与聚酯基膜剥离，而热敏性胶黏剂则将真空镀膜层粘接在塑料表面；在热压板分离后 0.5～1.0s，胶黏剂由热熔状态转为冷却固化状态，使真空镀膜层牢固地转印在被烫零件表面上。烫印工艺分为平烫、滚烫、仿形烫、注塑烫印和同时烫印等工艺。在汽车标牌生产中应用最多为平烫工艺，其次为仿形烫工艺。

烫印箔种类繁多，有金属镀膜箔、木纹箔、颜色箔、磁性箔、激光箔等。金属镀膜箔中又有电化铝箔和铬箔之分；从外观上区分，有光亮箔与拉丝（亚光）箔之分。目前汽车外饰标牌多采用光亮铬箔与亚光拉丝铬箔，少数低档汽车标牌也有使用电化铝箔的，但后者耐磨性、耐蚀性均不如前者。

烫印标牌的工艺流程为：注塑成型→擦拭被烫表面→烫印→软毛刷刷去边缘残留的镀膜碎屑→粘贴双面压敏胶。

影响烫印质量的因素有：注塑件毛坯不得有缩瘪、裂纹等缺陷；烫印表面要清洁，烫印表面要垫平；烫印的温度、压力与压印时间三者要协调。

烫印工艺的优缺点及应用如下：

① 工艺简单，自动化程度高，生产效率极高。一次合格率高，成本低对环境无污染，设备投资少，占地面积小。

② 可选择不同烫印箔，获得不同的装饰效果，如光亮、亚光或激光等不同颜色。

③ 烫印标牌的耐蚀性强，尤其是不锈钢箔或铬箔耐冷热变化性能好。

④ 可以进行套色烫印，取得更加丰富的装饰效果，也可在不同颜色塑料标牌上，经一次烫印，即可获得正面为金属膜、侧面为所需塑料颜色的镀膜，免去电镀和真空镀膜标牌必需的喷漆工艺，省工省料，而且不会出现漆膜脱落的现象。

⑤ 对塑料的材料与注塑工艺条件要求比塑料电镀和真空镀膜宽。

⑥ 烫印膜的耐磨性不及电镀层，在长期使用中由于烫印膜的磨损，其易露出基体影响外观；对异形面难于实施烫印工艺。

⑦ 烫印标牌在中、低档轿车和卡车标牌上应用最广。

电镀工艺对塑料材质及注塑工艺要求严格，电镀后往往需要喷漆作补充处理，工艺复杂、合格率较低、成本高、污染严重，但镀层的耐候、耐磨性好，多用于高档轿车的标牌生产。

真空镀膜标牌对塑料材质及注塑工艺要求不严格，工艺较简单、合格率较高、成本较低、深镀能力优良，可以处理图案复杂的标牌装饰，对环境污染较轻，多用于透明塑料标牌的制作。

烫印工艺对塑料材质及注塑工艺要求不严格，工艺简单、合格率高、成本低、对环境无污染，但镀膜耐磨性低，难于在复杂表面进行烫印，多用于中、低档轿车与卡车标牌生产。

2.3 表面处理设备

表面处理设备包括表面处理剂制备设备、金属与非金属材料表面处理设备，表面处理剂制备设备一般为反应釜。依据材料表面处理需要，本节分别介绍了喷砂机、磷化设备、钝化设备、发黑设备、电化学抛光设备、电镀设备、化学镀设备等。

2.3.1 喷砂机

喷砂是采用压缩空气为动力，以形成高速喷射束，将喷料（石榴石砂、铜矿砂、石英砂、金刚砂、铁砂、海南砂等）高速喷射到需要处理的工件表面，使工件表面的外表面的外观或形状发生变化。

主要应用范围：

① 工件涂镀、工件粘接前的喷砂能把工件表面的锈皮等一切污物清除，并在工件表面建立起十分重要的基础图式（即通常所说的毛面），而且可以通过调换不同粒度的磨料（比如飞展磨料磨具的磨料）来达到不同程度的粗糙度，大大提高工件与涂料、镀料的结合力，或使粘接件粘接更牢固，质量更好。

② 铸造件毛面、热处理后工件的清理与抛光喷砂能清理铸锻件、热处理后工件表面的一切污物（如氧化皮、油污等残留物），并将工件表面抛光以提高工件的光洁度；能使工件露出均匀一致的金属本色，工件外表更美观、好看。

③ 机加工件毛刺清理与表面美化喷砂能清理工件表面的微小毛刺，并使工件表面更加平整，消除了毛刺的危害，提高了工件的档次。并且喷砂能在工件表面交界处打出很小的圆角，使工件显得更加美观、更加精密。

④ 改善零件的机械性能。机械零件经喷砂后，能在零件表面产生均匀细微的凹凸面，使润滑油得到存储，从而使润滑条件改善，并减少噪声提高机械使用寿命。

⑤ 光饰作用是喷砂在表面处理领域中兼具功能性与美观性的重要应用，尤其针对有特殊外观或光学需求的工件，可通过调整喷砂工艺参数，精准控制表面微观形态实现不同的反光与亚光。如不锈钢工件、塑胶的打磨，玉器的磨光，木制家具表面亚光化，磨砂玻璃表面的花纹图案加工，以及布料表面的毛化加工等。

喷砂机（图 2-1）是磨料射流中应用最广泛的产品，喷砂机一般分为干喷砂机和液体喷砂机两大类，干喷砂机又可分为吸入式和压入式两类。

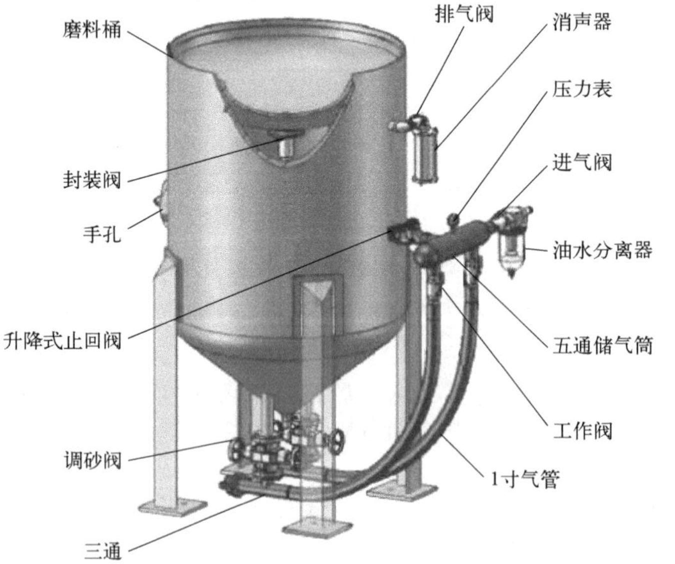

图 2-1 喷砂设备

（1）吸入式干喷砂机

组成：一个完整的吸入式干喷砂机一般由六个系统组成，即结构系统、介质动力系统、管路系统、除尘系统、控制系统和辅助系统。

原理：吸入式干喷砂机是以压缩空气为动力，通过气流的高速运动在喷枪内形成的负压，将磨料通过输砂管吸入。

吸入喷枪并经喷嘴射出，喷射到被加工表面，达到预期的加工目的。在吸入式干喷砂机中，压缩空气既是供料动力，又是加速动力。

（2）压入式干喷砂机

组成：一个完整的压入式干喷砂机工作单元一般由四个系统组成，即压力罐、介质动力系统、管路系统、控制系统。

原理：压入式干喷砂机是以压缩空气为动力，通过压缩空气在压力罐内建立的工作压力，将磨料通过出砂阀排出。

磨料被压入输砂管并经喷嘴射出，喷射到被加工表面以达到预期的加工目的。在压入式干喷砂机中，压缩空气既是供料动力，又是加速动力。

（3）液体喷砂机

液体喷砂机相对于干式喷砂机来说，最大的特点就是很好地控制了喷砂加工过程中的粉尘污染，改善了喷砂操作的工作环境。

组成：一个完整的液体喷砂机一般由五个系统组成，即结构系统、介质动力系统、管路系统、控制系统和辅助系统。

原理：液体喷砂机是以磨液泵作为磨液的供料动力，通过磨液泵将搅拌均匀的磨液（磨料和水的混合液）输送到喷枪内。压缩空气作为磨液的加速动力，通过输气管进入喷枪，在喷枪内，压缩空气对进入喷枪的磨液进行加速，并经喷嘴射出，喷射到被加工表面以达到预期的加工目的。在液体喷砂机中，磨液泵为供料动力，压缩空气为加速动力。

2.3.2 磷化设备

在金属工件的磷化处理设备中，有两个方面的问题需要研究和改进。一是磷化渣的生成是不可避免的，而且生成的磷化渣很难除去，它不仅影响了磷化膜的质量，而且带来了极大的经济损失。二是磷化液的温度对磷化膜的影响很大，这就需要严格控制磷化液的温度，也就是需要一套合理的换热设备。因此，磷化处理设备（图 2-2）关键部件为磷化除渣设备与磷化换热设备。

（1）磷化除渣设备

金属工件磷化处理中，磷化渣的生成是不可避免的，必须设计一套比较理想的除渣设备，以保证能够正常生产。本设计方案是采用循环过滤和高位自然沉降相结合的方法来除渣的。在正常工作的同时，用循环泵 H2 把磷化液打到安装有过滤网的过滤槽中进行过滤除渣，过滤后的磷化液再经过循环泵 H4 打到板式换热器中进行加热，然后喷淋到工件表面进行磷化处理；在每天工作结束后，用泵 H2 将磷化液打到高位沉淀槽内进行自然沉降滤渣，第二天工作之前将高位沉淀槽内澄清的磷化液打回磷化槽，剩下的浑浊磷化液经过滤机过滤处理。

（2）磷化换热设备

磷化液的换热设备采用的是板式换热器。此设备和传统的加热管组换热设备相比，解决了加热管组换热的加热不均匀导致磷化渣增多和磷化渣沉在加热管上而使加热管散热不良而烧坏的问题。板式换热器采用的换热介质是热水，温度控制在 70～80℃之间。通过自动控

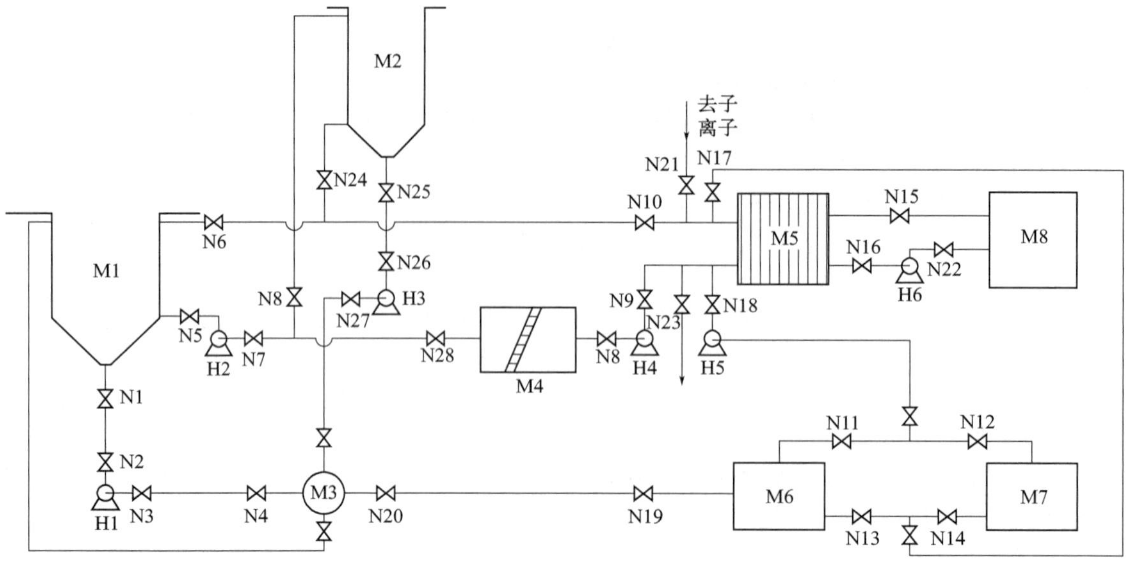

图 2-2　磷化设备的原理示意图

M1—磷化槽；M2—高位沉淀槽；M3—过滤机；M4—过滤槽；M5—板式换热器；
M6—稀 HNO_3 储存槽；M7—水洗槽；M8—热水炉；H1～H6—循环泵；N1～N28—阀门

制仪，对热水循环泵 H6 的启停进行控制，从而控制磷化液的温度。采用板式换热器能够大大提高磷化液的化学稳定性和温度均匀性，有利于得到质量较好的磷化膜。板式换热器是一种先进、高效、节能的换热设备，最适合作为磷化液的换热设备。

（3）板式换热器和管路中磷化渣的清洗

磷化液在板式换热器和管路中进行流动时，无疑也会生成一些磷化渣，这些磷化渣日积月累，到达一定程度势必造成管路堵塞并影响磷化液的换热效果，因此必须及时清理这些磷化渣。设备采用稀 HNO_3 进行清洗。在每天工作结束后，启动循环泵 H5，此时阀门 N9、N10、N12、N14、N15、N16、N19、N20、N21、N23 必须全部关闭，使酸洗槽内的稀硝酸在板式换热器和管路内循环流动，来清洗其中的磷化渣。清洗大约 5min，关闭阀门 N11 和 N13，打开阀门 N12 和 N14，用水洗槽中的自来水清洗残留液，最后用去离子水彻底清洗板式换热器和管路。

2.3.3　钝化设备

钝化设备由槽体、机架、输送行车、管路系统、油水分离系统、磷化过滤设备（压滤机）、吸雾系统、加热系统、电气控制系统等组成。

依据操作形式钝化设备分为手动钝化设备和自动钝化设备。

手动钝化设备：根据客户的工艺和产能要求确定设备的大小和配置，在槽体的上方架设导轨，安装 1～2 台手动葫芦，控制工件在各槽体间的运转。钝化设备的温度和液位控制均为电气柜自动控制。钝化设备优点是投入成本较低；缺点是在生产过程中，各槽之间的工艺时间和生产节拍难以保证，磷化出来的产品质量不够稳定。

自动钝化设备：根据客户的工艺和产能要求确定设备的大小和配置，在槽体的两侧架设导轨，根据产量安装 1～2 台龙门式行车，钝化设备由 PLC（programmable logic controller，可编程序逻辑控制器）控制行车按照设定的工艺顺序和时间对各槽体内的吊具或者滚筒进行转换，温度和液位均为自动控制，在各槽边和上下料装置安装电机，控制滚筒的旋转。钝化设备优点是自动化程度高，生产过程严格按照工艺顺序和时间完成，充分保证磷化产品的质量；缺点是设备投入成本高。

按钝化成膜体系分类，主要有锌系、锌钙系、锰系三种使用较多的钝化剂。锌系钝化剂广泛应用于喷涂前打底、涂层附着结合；锌钙系钝化剂广泛应用于涂层防腐和附着结合、防腐蚀及冷加工减磨润滑；锰系钝化剂广泛应用于防腐蚀及冷加工减磨润滑。

按钝化处理温度划分钝化可分为低温钝化、中温钝化、高温钝化。

2.3.4 发黑设备

传统发黑设备污染很重，脏、乱、差且发黑效果不好。工件经发黑氧化处理后，工件表面斑迹很多且工件内孔丝等发黑完成后内孔丝夹杂很多药品，储藏时间很短。采用超声波发黑流水线可以对形状复杂（盲孔、凹槽、多孔等）零件内外表面油污、积碳及其他污物和锈斑实现良好的清洗。这是其他清洗工艺所不能替代的。在超声波作用下，清洗速度比传统清洗方法提高 5～10 倍，而且容易实现清洗过程中的自动化。发黑处理（如碱性氧化发黑、常温发黑）后，采用超声波热水皂化工序使工件表面的内孔、凹槽、内丝等“盲孔/缝隙区域”的发黑药剂（如碱性氧化剂、金属盐、表面活性剂）深度清除，工件发黑效果好。

氧化槽内采用热电偶、温控系统，使槽内液体温度更准确，氧化效果更好。该工艺具有极优的环保性能：使用环保型弱碱水基、弱酸水基清洗剂，代替传统强碱、强酸、汽油、柴油等溶剂，既环保又安全。

钢铁常温发黑具有节能、高效、设备简单、操作方便和基本无环境污染等特点，发黑流程见图 2-3。从小件到面积较大、形状复杂、不同钢种的工件均可应用。但前处理难，钢铁常温发黑前处理主要是除油和除锈，一般采用化学除油、盐酸腐蚀，且发黑前工件表面要求全润水，才能有效地保证黑膜的牢固度，否则再好的发黑剂也不能出合格产品。

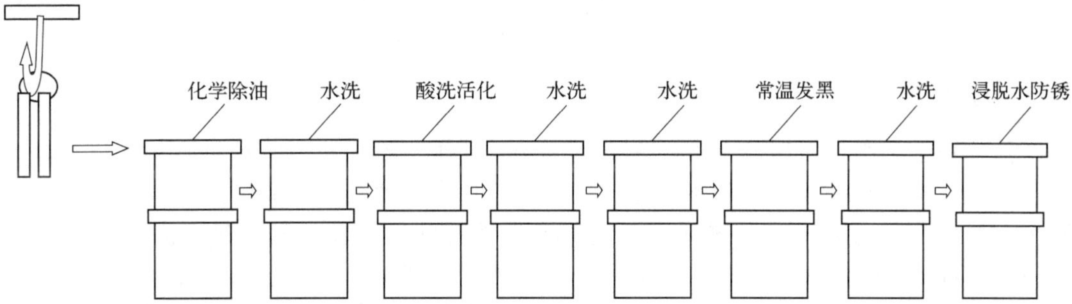

图 2-3　常温发黑流程

钢铁常温发黑槽体的要求：

① 槽体可用玻璃钢、聚丙烯板（PP 板）、聚氯乙烯板（PVC 板）、聚四氟乙烯板（PTFE 板）等耐酸碱腐蚀的材料制作；除油槽需安装加热设备，一般采用电加热管、蒸汽管等加热。槽体是不锈钢材质的，也可采取炭火、蜂煤、焦炭、块煤等加热。有条件的可安装温度控制设备和除浮油设备。

② 槽底应设置便于清洗的排水阀，水洗槽应设置进水阀和溢流口。

③ 浸脱水防锈油槽应设置离槽底 10～20cm 高的网状或孔状隔层（或挡板），排水阀应设在隔层底下。槽上面可增设一个沥油回收台，回收工件带出的脱水防锈油。

④ 槽体尺寸大小根据客户工件尺寸大小、处理能力决定。常温发黑槽的长、宽、高分别为 120cm、800cm、1200cm。

2.3.5 电化学抛光设备

电化学抛光设备包含六个部分，分别为：

（1）电源

电源可选用双相220V，三相380V。

（2）整流器

电解抛光对电源波形要求不是太严格，可以选用可控硅整流器或高频整流器。整流器空载电压为0～20V，负载电压（工作电压）为8～10V，工作电压低于6V，则抛光速度慢，光亮度不足；整流器电流根据客户工件大小而定。

（3）电解槽及配套设施（电极棒）

电解槽可选用硬聚氯乙烯板材焊接而成。在槽上装三根电极棒，中间为可移动的阳极棒，连接电源阳极（或正极），两侧为阴极棒，连接电源阴极（负极）。

（4）加热设施及冷却设备

① 加热可选用石英加热管、钛加热管。

② 冷却可选用盘管（盘管可加热也可冷却）。

（5）挂具

最好选用钛做挂具，因为钛较耐腐蚀，寿命长，钛离子对槽液无影响。最好不要用铜挂具，因为铜离子进入会在不锈钢表面沉积一层结合力不好的铜层，影响抛光质量。铜裸露部位可用聚氯乙烯胶烘烤成膜，在接触点刮去绝缘膜。

（6）阴阳极材料

阴阳极棒应用铜棒或铜管，铜管长是电解槽长加20cm，阴极板应用铅板，铅板固定在阴极棒上，铅板长为槽高加10cm，铅板宽根据槽长而定，一般为10cm、20cm规格。

电解抛光主要针对不锈钢工件的表面光亮处理。不锈钢工件又分为200系列、300系列、400系列材质，各系列材质必须用针对性电解抛光液。

2.3.6 电镀设备

镀前处理工艺中，所用的主要设备有磨（抛）光机、刷光机、喷砂机、滚光机和各类固定槽。电镀处理是整个生产过程中的主要工艺。根据零件的要求，有针对性地选择某一种或几种单金属、合金电镀工艺对零件进行电镀或浸镀等加工，以达到防蚀、耐磨和美观的目的。电镀处理过程中所用的设备主要有各类固定槽、滚镀槽、挂具、吊篮等。镀后处理是对零件进行抛光、出光、钝化、着色、干燥、封闭、去氢等工作，根据需要选用其中一种或数种工序使零件符合质量要求。镀后处理常用设备主要有磨（抛）光机、各类固定槽等。

按工艺要求完成电镀加工，仅有电源和镀槽是不够的，还必须要有一些保证电镀正常生产的辅助设备，包括加温或降温设备、阴极移动或搅拌设备、镀液循环或过滤设备，以及电镀槽的必备附件如电极棒、电极导线、阳极和阳极篮、电镀挂具等。

（1）加温或降温装置

由于电镀液需要在一定温度下工作，因此要为镀槽配备加温设备。比如镀光亮镍需要镀液温度保持在50℃，镀铬需要的温度是50～60℃，而酸性光亮镀铜或光亮镀银又要求温度在30℃以内。这些工艺的温度要求需要用热交换设备加以满足，加温一般采用直接加热方式。

（2）阴极移动或搅拌装置

有些镀种或者说大部分镀种都需要阴极处于摆动状态，这样可以加大工作电流，使镀液发挥出应有的作用（通常是光亮度和分散能力），并且可以防止尖端、边角镀毛、烧焦现象的发生。

有些镀种可以用机械或空气搅拌代替阴极移动。机械搅拌是用耐腐蚀的材料做的搅拌机进行的，通常是电机带动，但转速不可以太高。空气搅拌则采用经过滤去除了油污的压缩空气。

（3）镀液循环或过滤设备

为了保证电镀质量，镀液需要定期过滤。有些镀液还要求能在工作中不停地循环过滤。过滤机在化学工业中是常用的设备，有行业标准，不过也是以企业自己的标准为主。可根据镀种情况、镀槽大小以及工艺需要来选用过滤机。

（4）电镀槽必备附件

电镀槽必须配备的附件包括阳极和阳极网篮或阳极挂钩、电极棒、电源连接线等。有些工厂为了节省投资，不用阳极网篮，用挂钩直接将阳极挂到镀槽中，这种做法也可以，但至少要套上阳极套。

阳极篮大多数采用钛材料制造，少数镀种也可以用不锈钢或其他钢材制造。

电极棒是用来悬挂阳极和阴极并与电源相连接的导电棒。通常用紫铜棒或黄铜棒制成，比镀槽略长，直径依电流大小确定，但要在 5cm 以上。

电源连接线的关键是要保证能通过所需要的电流。最好是采用紫铜板，也有用多股电缆线的，这时一定要符合对其截面积的要求。

（5）挂具

挂具是电镀加工最重要的辅助工具。它是保证被电镀制品与阴极有良好连接的工具，同时也是对电镀镀层的分布和工作效率有着直接影响的装备。已经有专业挂具生产和供应商提供行业中通用的挂具并根据用户需要设计和定做挂具。

（6）镀前清洗设备

超声波清洗对电镀前处理工艺非常重要。一般的传统工艺使用酸液对工件进行处理，对环境污染较重，工作环境较差，同时，最大的弊端是结构复杂零件酸洗除锈后的残酸很难冲洗干净。工件电镀后，时间不长就会沿着夹缝出现锈蚀现象，破坏电镀层表面，严重影响产品外观和内在质量。超声波清洗技术应用到电镀前处理后，不仅能使物体表面和缝隙中的污垢迅速剥落，而且使电镀件电镀层更牢固，不会返锈。

利用超声波在液体中产生的空化效应，可以清洗掉工件表面黏附的油污，配合适当的清洗剂，可以迅速地对工件表面进行高清洁度的处理。

电镀工艺对工件表面清洁度要求较高，而超声波清洗技术是能达到此要求的理想技术。超声波清洗技术可以替代溶剂清洗油污、替代电解除油、替代强酸浸蚀去除碳钢及低合金钢表面的铁锈和氧化皮。

2.3.7 化学镀设备

化学镀设备是实现化学镍规范化工业生产的重要因素之一，其生产线包括配电、供热、传质、工件夹持、物流等系统。设备的设计、制造或选择，原则上同其他湿法表面处理工艺相似。化学镀设备的不同之处主要集中于施镀槽及相关设备上，如镀槽、加热器及搅拌设备、供水和循环过滤系统、补充调整和自动控制等部分。

（1）渡槽

渡槽衬里（内槽）必须由耐热、化学稳定性好、不污染化学镀镍溶液的材料制成。设计制造时应注意结构强度、热应力的影响等因素。设计尺寸上应尽可能使渡槽装载量处于正常操作范围内。渡槽应成对使用，以便一只渡槽施镀，另一只渡槽清理预备待用，这样有利于镀液转槽过滤。渡槽附近一般有硝酸储槽，内盛 50%（体积浓度）的硝酸，采取高位自流或泵送方式，方便渡槽清洗和钝化。

（2）加热器及搅拌设备

化学镀过程对温度十分敏感，加热方式对镀液稳定性影响极大。酸性浴化学镀有明确的操作温度要求，水溶液的热容又比较大，热能消耗高，因此化学镀溶液的加热方式、升温时间、控温精度、绝热技术等直接关系到镀溶液的寿命、镀层质量和生产成本。

（3）供水和循环过滤系统

化学镀溶液必须用纯水。在蒸馏水成本较高的情况下，一般采用去离子水。纯水质量因工件技术要求的苛刻程度而异；通常电阻值范围在 1～18 MΩ。

去离子水制备装置包括 1μm 滤径的预过滤器、活性炭过滤器、阴离子型和阳离子型交换树脂混装式流动床去离子器，以除去自来水中的杂质。还应设滤径为 0.5μm 的末道过滤器，除去有害固体微粒。现代规范化的化学镀操作是在施镀过程中连续循环过滤镀液，因此，对循环过滤设备的要求很高。循环过滤系统主要由循环泵和过滤器两部分组成。循环泵必须耐高温、耐硝酸，且不污染镀液。

2.3.8 离子镀设备

离子镀设备主要由真空室、排气系统、蒸发系统、离子化系统及电控系统组成，其主要设备及沉积示意图见图 2-4。多弧离子镀真空镀膜设备，见图 2-5。

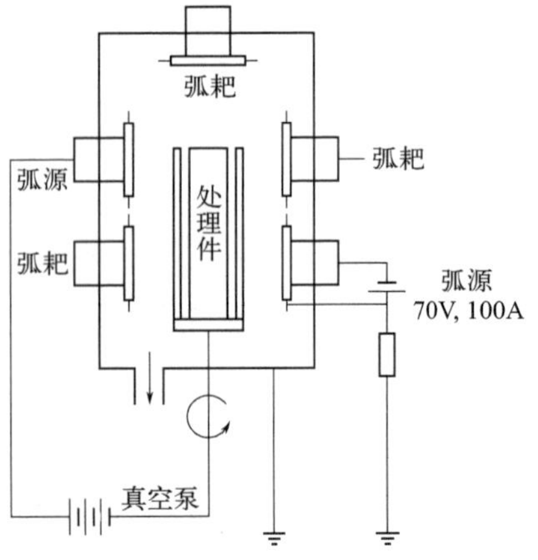

图 2-4 真空电弧离子沉积示意图

图 2-5 全自动多弧离子镀膜设备

3 黑色金属表面处理与防锈剂

3.1 黑色金属表面处理概述

黑色金属有三种：铁、锰与铬。纯铁、纯锰是银白色的，铬是银灰色的，因为铁的表面常常生锈，覆盖着一层黑色的四氧化三铁与棕褐色的三氧化二铁的混合物，所以呈现黑色。常说的“黑色冶金工业”，主要是指钢铁工业。而最常见的合金钢是锰钢与铬钢，因此，人们把锰与铬也算成是“黑色金属”了。黑色金属的产量约占世界金属总产量的95%。

金属腐蚀造成的损失是十分惊人的。全世界因腐蚀而损耗的金属每年占金属年产量的20%～30%。据工业发达国家的调查统计，每年因腐蚀破坏造成的巨大经济损失占国民经济总产值的2%～4%。目前我国每年由于腐蚀造成的直接经济损失至少五百亿元。其实腐蚀所造成的损失与危害远不止是金属材料或制品本身的损坏，因腐蚀而增加的设备设计、制造、维修与保护的费用，由于设备与管道的泄漏、产品的污染，局部乃至全局性的停产，甚至发生灾难性的事故等，所造成的损失与危害远远大于材料本身的价值。腐蚀不仅造成宝贵资源与能源的浪费，而且可能污染环境。

3.1.1 黑色金属防蚀涂层

腐蚀是指包括材料（或构件）和环境介质两者在内的一个具有多相反应的体系。防止腐蚀（也称防蚀）可以从三方面着手：一是控制材料本身，二是控制环境，三是控制界面。因此金属防腐蚀的途径主要有以下几个方面：

（1）材料方面

① 选择适合在腐蚀环境中工作的耐腐蚀材料；

② 金属材料成分、组织的均质化；

③ 耐蚀合金的改良和开发；

④ 复合材料的研究和开发。

（2）环境方面

① 严格控制工艺条件；

② 除去介质中有害成分；

③ 降低气体介质中的水分；

④ 调节介质的pH值；

⑤ 选择适宜的缓蚀剂；

⑥ 水质处理。

（3）界面方面

① 表面防腐蚀处理；

② 电化学保护；

③ 电化学保护与涂料联合防蚀；

④ 电化学保护与缓蚀剂联合防蚀。

黑色金属表面的化学处理方法分为：氧化、钝化、磷化。其目的在于提高金属的防腐防锈能力和增加金属与漆层的黏附力。

3.1.2 黑色金属表面化学处理

钝化处理与发蓝处理相似，都是保护金属，防止腐蚀的，钝化处理液的主要成分是铬酸盐及少量的磷酸、硫酸或硝酸等。磷化与发蓝在实际生产中应用极为广泛，这两种工艺有着不同的生成机理和应用范围，因为它们在某些方面都能够用于机械零件的防腐蚀，所以在选择表面处理工艺时容易混淆。

3.1.2.1 发蓝与磷化生成机理差别

发蓝与磷化两种工艺的生成机理、膜层结构与厚度、适用范围等方面存在差异性。

（1）发蓝生成机理

钢铁件的氧化处理俗称发蓝或发黑，因氧化膜呈深蓝或黑色而得名。其生成机理为：钢铁在热的浓碱液中与氧化剂反应生成亚铁酸盐，亚铁酸盐继续氧化成铁酸盐，亚铁酸盐与铁酸盐相互作用后生成磁性氧化铁（Fe_3O_4），一些未反应完全的铁酸盐易发生水解生成含水氧化铁（$Fe_2O_3 \cdot mH_2O$），含水氧化铁在高温下局部脱水。一般认为这种氧化是一种化学过程，也有人认为它是一种电化学过程。

① 氧化膜化学生成机理　当钢铁零件浸入溶液后，在碱和氧化剂的作用下，零件表面就生成四氧化三铁氧化膜。其成膜过程大致由三个过程组成：

a. 碱、氧化剂和铁反应首先生成亚铁酸钠：

$$3Fe + 5NaOH + NaNO_2 \longrightarrow 3Na_2FeO_2 + H_2O + NH_3 \uparrow$$

b. 由亚铁酸钠氧化成铁酸钠：

$$6Na_2FeO_2 + NaNO_2 + 5H_2O \longrightarrow 3Na_2Fe_2O_4 + 7NaOH + NH_3 \uparrow$$

由反应方程式可以看出金属表面附近的亚铁酸钠（Na_2FeO_2）浓度不断增加，并向着浓度较低的溶液内部扩散，又因为生成亚铁酸钠时，消耗了亚硝酸钠（$NaNO_2$），故在金属表面附近的亚硝酸钠浓度低于溶液内部的浓度，于是向金属附近扩散，同 Na_2FeO_2 相遇，进一步反应生成铁酸钠（$Na_2Fe_2O_4$）。

c. 亚铁酸钠和铁酸钠相互作用生成四氧化三铁并沉积在钢铁零件表面上形成氧化膜：

$$Na_2FeO_2 + Na_2Fe_2O_4 + 2H_2O \longrightarrow Fe_3O_4 + 4NaOH$$

在 Fe_3O_4 生成的同时，$Na_2Fe_2O_4$ 易发生水解而转变成氢氧化铁（即含水氧化铁），在较高温度下，容易脱去部分结晶水。其在浓碱中溶解度很小，故容易在溶液中或零件表面上沉淀，出现所谓的“红霜”。

② 氧化膜电化学生成机理　钢铁的化学氧化还可从电化学的观点来讨论，因为任何金属表面都不是绝对均匀的，所以钢铁氧化过程也不单纯是化学过程。与此同时，在铁的微阳极区发生氧化反应：

$$Fe \longrightarrow Fe^{2+} + 2e^-$$

在强碱并有氧化剂的溶液中，二价铁离子按下式转化成三价的铁氢氧化物；接着，氢氧化铁在微阴极区还原，在氧化处理的温度下，发生中和脱水反应，很容易氧化成四氧化三铁。所以氧化过程的速度取决于亚硝基化合物氧化二价铁离子的速度。

$$Fe^{2+} + OH^- + O_2 \longrightarrow FeOOH + HFeO_2^- \longrightarrow Fe_3O_4 + OH^- + H_2O$$

③ 氧化膜的成长　由于 Fe_3O_4 在金属表面上成核和长大的速度不同，氧化膜的质量也不同。氧化物的结晶形态符合一般结晶理论，Fe_3O_4 晶核能够长大必须符合总自由能减小的规律，否则晶核就会重新溶解。Fe_3O_4 在各种饱和浓度下都有自己的临界晶核尺寸，

Fe_3O_4 的过饱和度越大，临界晶核尺寸越小，能长大的晶核数目越多，晶核长大成晶粒并很快彼此相遇，从而形成的氧化膜比较细致，但厚度比较薄。反之，当过饱和度较小时，晶核的临界尺寸较大，单位面积上晶核数目少，氧化膜结晶粗大，膜比较厚。因此所有能够加速形成四氧化三铁的因素都会使膜厚减小，能够适当减缓四氧化三铁形成速度的因素将会使膜厚增加。可见，适当控制四氧化三铁生成的速度，是钢铁化学氧化的关键。

（2）磷化膜生成机理

钢铁零件在含有锌、锰、钙、铁或碱金属磷酸一代盐溶液中进行化学处理，在其表面上形成一层不溶于水的磷酸盐膜的过程叫做磷化处理法。根据基体材质、零件表面状态、磷化液组成及工艺条件，可得到不同组成、不同结构、不同厚度、不同用途的磷化膜。磷化机理都认为是电化学反应过程，具体反应如下：

$$Me^{2+} + 2H_2PO_4^- \longrightarrow Me(H_2PO_4)_2$$

$$Me(H_2PO_4)_2 \longrightarrow MeHPO_4^- + H_3PO_4$$

$$3MeHPO_4^- \longrightarrow Me_3(PO_4)_2\downarrow + H_3PO_4$$

磷化膜形成总的反应如下：

$$3Me^- + 6H_2PO_4^- \longrightarrow Me_3(PO_4)_2\downarrow + 4H_3PO_4$$

3.1.2.2 发蓝与磷化表面处理的差别

（1）前处理方法不同

镀层的某些性质与表面状态直接影响基体金属与镀层的结合力，去除锈蚀和油污是任何表面处理前必不可少的一个环节，除此之外，还必须根据不同的情况进行不同的前处理。

磷化和发蓝对于工件表面光洁度的要求是不一样的，工件表面光洁度愈高，磷化膜质量愈差；而发蓝膜正相反，表面光洁度愈高，发蓝膜质量愈好。

两种工艺的前处理：磷化为喷砂→金刚石砂布打磨→除油、酸洗（根据情况可任选）；发蓝为除油→酸洗。

（2）膜层结构与厚度不同

磷化膜可分为细结晶、中结晶和粗结晶 3 种。细结晶磷化膜厚度为 1～4μm，粗结晶磷化膜厚度可达 9～12μm。发蓝膜厚度一般为 0.5～1.5μm。

（3）后处理方法不同

防锈用磷化和发蓝都必须对膜作封闭处理，以增强工件的耐蚀性。磷化采用肥皂、锭子油或防锈油、重铬酸钾等后处理；发蓝采用肥皂、锭子油或防锈油等填充处理。

（4）防锈能力不同

① 磷化膜在高温（500℃）及低温（－75℃）下，其膜层结构不变；发蓝膜只适合常温。

② 磷化膜在大气、润滑油、汽油以及其他各种气体介质中均可防止钢铁零件的锈蚀。虽然发蓝膜在这些介质中的耐蚀性较差，但发蓝膜在水、海水、氢氧化钠、氨等介质中比磷化膜耐蚀性好。

3.1.2.3 氧化膜的性能特点

钢铁化学氧化膜的厚度一般为 0.5～1.6μm，这种厚度的氧化膜对被处理件的尺寸和粗糙度没有影响，但耐蚀性较差。厚度在 2μm 以上的膜，外观暗淡无光，呈黑色或黑灰色，膜层具有一定的弹性和润滑性，但不耐磨；膜层具有很好的吸附性，经过涂油、涂蜡或涂漆后，其抗盐雾腐蚀性能可增加几倍至几十倍。

影响氧化膜质量的因素较多，如处理液的组分、浓度、温度和基体的合金成分等。

（1）氢氧化钠的浓度

从上述成膜机理可知，氢氧化钠的浓度与反应有密切关系。提高氢氧化钠浓度，四氧化三铁的过饱和度变小，晶核临界尺寸随之变大，最后形成的氧化膜厚度变大。由扩影作用离开金属表面的亚铁酸钠也相对会增多，形成氧化膜的时间就长。虽然碱浓度增加可提高膜层厚度，但如果氢氧化钠浓度过高，氧化膜容易变成多孔或疏松，以及产生红色沉淀物。当氢氧化钠超过 1100g/L 时，Fe_3O_4 的溶解度显著提高，不能继续在金属表面呈结晶析出，甚至不能形成氧化膜。

（2）氧化剂

提高氧化剂的浓度可使反应加速进行。由于亚铁酸钠和铁酸钠浓度提高，相应反应也随之加快，Fe_3O_4 的过饱和度增大，生成晶核的数目增多，导致氧化膜结晶细密，但膜层较薄。当氧化剂浓度达到一临界值时，继续增加其浓度，氧化膜的厚度保持不变。这可能是因为氧化膜孔隙底部的钢基体被氧化剂钝化。适当控制氧化剂的含量，不仅可以加快氧化速度，而且可以得到致密、牢固的氧化膜。

（3）溶液温度

提高溶液温度，会使反应速度加快，因而生成的氧化膜层薄。此外在钢铁表面容易生成红色挂灰，导致氧化膜的质量降低。化学氧化处理通常是在沸腾状态下进行的，沸点温度愈高，相应碱的浓度也愈高。因此，在高浓度碱液中氧化时，铁溶解速度比较快，易出现“红霜”。

（4）溶液中铁的含量

溶液中含少量的铁有利于生成紧密的氧化膜，而过量的铁则会妨碍氧化过程的正常进行，一般以 1.0g/L 为宜。当溶液用久后，颜色逐渐加深，含铁量愈来愈高，所得氧化膜呈半透明褐色，说明溶液中铁含量过高必须及时除去。氧化溶液中的铁以 $Na_2Fe_3O_4$ 和 Na_2FeO_2 的形式存在，其溶解度是随氢氧化钠浓度的降低而减小，在稀碱溶液中几乎全部以 $Fe(OH)_3$ 的形式沉淀析出，因此可以采用稀释沉降的方法将铁除去。

（5）钢铁的成分

碳钢中的碳含量增加，即阴极表面增加，阳极铁的溶解过程加速，促使氧化膜生成的速度加快。故在同样温度下氧化，高碳钢所得到的膜厚一定比低碳钢的薄。不同钢种经碱性氧化处理后，所得氧化膜的颜色也不同：

① 碳素钢及一般低合金钢按正常温度处理，其氧化膜的颜色呈黑色；温度稍低，则呈淡黑色。

② 铬硅钢按正常温度处理，其氧化膜的颜色呈红棕色，若提高温度，则得棕黑色。

③ 高速钢按正常温度处理，其氧化膜的颜色呈棕褐色，温度稍高一些，可得黑褐色。

④ 铸铁按正常温度处理，可得紫褐色氧化膜。

3.1.2.4 磷化膜的性能特点

磷化膜与基体结合好、硬度高、耐腐蚀，对有机高分子材料具有良好的吸附性；磷化膜的多孔结构可以储存润滑油，具有润滑性；磷化膜不导电，有较高的电绝缘性，磷化膜还具有不黏附熔融金属（Sn、Al、Zn 等）性能。

影响磷化膜质量的因素较多，如基体表面、处理液的组分、温度和基体的合金成分等。

钢铁材料表面越粗糙，应力越大，或经过表面调整剂处理表面能量越高，磷化反应就越容易，形成磷化膜的晶核数量就越多，成膜速度就越快。磷化液的成分是影响磷化膜形成速度的重要因素。为了加快常温磷化反应速度，通常在磷化液配方中加入磷化促进剂。促进剂的种类主要有氧化促进剂、金属离子促进剂、有机促进剂和复合促进剂等。为了实现常温磷化膜和改进磷化膜的性能，一般常温磷化液中均同时含有氧化促进剂、金属离子促进剂和有机促进剂等，同时加入几种促进剂的磷化液称为复合促进磷化液。

磷化膜的组成物相不同、厚度不同、晶粒大小不同，颜色也不同。随着基体材料和磷化配方、磷化工艺的不同，磷化膜的外观呈浅灰色至灰黑色、黑色。一般来说，在锌-锰系、锌-锰-钙系、锰-钙系磷化液中添加 Cu^{2+}、Ni^{2+} 及氧化性促进剂并进行中、高温磷化，即可获得灰黑色、黑色的磷化膜。

目前，磷化处理正朝着低成本、低能耗、低毒、无污染、磷化膜均匀致密、膜薄且耐蚀及装饰性能好的方向发展。磷化研究应主要侧重于如下几个方面：

① 处理温度由高、中温向常温方向发展，磷化膜的形成更容易控制。

② 磷化液的浓度由高浓度转向低浓度，有利于降低成本，减少沉渣。

③ 采用复合促进剂替代亚硝酸盐及重金属离子、降低操作液对环境和操作人员的有害性、提高磷化液的稳定性等。

④ 随着对环保要求的提高，积极开发少排放或无排放的磷化液。

⑤ 磷化与发黑相结合，使结合力、耐蚀性与装饰性都得到提高。

3.1.3 环保型硅烷金属表面处理

国内用于金属表面处理的主要方法是磷化法，硅烷处理技术正在不断地被研发和应用。硅烷处理技术可以有效地用于铁、铝、铜、锌、镁及合金的防护。

(1) 硅烷处理与传统的磷化法相比具有的优点

① 无有害重金属离子，不含磷，无需加温且硅烷处理过程不产生沉渣，处理时间短，控制简便。

② 可省去表调工序，槽液可重复使用；有效地提高了涂料对基材的附着力。

③ 可共线处理铁板、镀锌板、铝板等多种基材。

因此，新型的环保、节能、低排放、低使用成本的硅烷金属表面处理技术成为国内外技术人员研究的重点。

(2) 硅烷偶联剂及在金属表面的成膜过程

硅烷偶联剂是一类具有有机官能团的含硅化合物。其分子式可用通式 $Y(CH_2)_nSiX_3$ 表示，其中：$n=0$，1，2，3；X 通常是氯基、甲氧基、乙氧基、甲氧乙氧基、乙酰氧基等，这些基团水解时即生成硅羟基，可与无机物质结合，形成硅氧烷；Y 是乙烯基、氨基、环氧基、甲基丙烯酰氧基、巯基或脲基，这些有机官能团可与有机物质反应。

硅烷表面处理技术充分利用了硅烷偶联剂的特殊性能，其在金属表面的成膜过程为：

① 硅烷偶联剂经水解后，形成具有疏水和亲水结构的硅醇；

② 通过分子间脱水缩合形成有序的低聚物；

③ 低聚物与金属表面上的羟基形成氢键；

④ 由于分子内脱水，部分形成共价键后，紧密排列在金属表面，形成一层致密的硅烷膜。

(3) 硅烷表面处理技术的不足与解决措施

该工艺还存在一定不足：硅烷金属表面处理剂 pH 值升高虽有利于硅醇缩聚反应的进行，但 pH 值的升高会导致其产生絮凝，进而导致处理剂失效，使得工业上的大规模应用受限。

解决措施是：结合电沉积法，在金属表面施加阴极电位后，电极表面局部溶液的 pH 值升高，使其不会影响本体溶液的稳定性，从而使有机硅烷附着在金属表面，得到更厚、更均匀、更致密的硅烷膜层，使涂层的防护性能更好。此外，还可以通过对沉积过程电化学参数的控制，研究其对硅烷膜结构及耐蚀性的影响，实现硅烷膜的可控制制备。

3.1.4 离子液体在黑色金属表面处理中的作用

目前，Eugénio 等研究了 Cr(Ⅲ) 在 Cr(Ⅲ)-[BMIM]BF_4 体系中的电化学行为及在碳钢、不锈钢和铜片上的电沉积行为，发现在电沉积温度为 85℃、电解液浓度为 0.36mol/L、恒电势条件下，金属铬的还原过程是一步还原过程。随着沉积电势的增加（－2.0～－1.5V），钢片和铜片上所得金属铬镀层表面从针状结构变为微粒状结构；沉积电势为－1.5V，电解液浓度为 0.4mol/L，恒电势条件下金属铬的还原过程是两步还原过程。电沉积温度为 30℃、50℃和 85℃时，在铜片上得到的金属铬镀层为定形纳米级金属铬氧化物、氢氧化物和金属铬。85℃下，在碳钢、不锈钢和铜片上得到的金属铬镀层为纳米级的无定形金属铬，经过真空退火得到尺寸为 (17.1±2.2)nm 的 Cr_2O_3 晶体。

采用 [BMIM]BF_4 离子液体电解液研究金属铁的电沉积发现，离子液体作为电解液可得到外观均匀、光亮的银白色铁镀层。循环伏安和稳态极化测试表明：在离子液体 [BMIM]BF_4 中，Fe^{2+}/Fe 电对产生了一定的不可逆性，铁在离子液体中的电沉积是受扩散控制的非可逆过程。与水溶液中铁镀层比较，离子液体电沉积铁镀层晶粒细小，镀层表面平整均匀，离子液体电解液得到的铁镀层结晶发生明显择优取向。

3.2 防锈剂

3.2.1 海洋环境防锈脂

配方：见表 3-1。

表 3-1 海洋环境防锈脂原料配比

组分	质量份配比范围
钙基润滑脂	50.0～77.0
油溶性缓蚀剂	2.0～10.0
填充剂	20.0～40.0
抗氧剂	0.3～1.0

油溶性缓蚀剂为石油磺酸钙、氧化石油脂钡皂、羊毛脂镁皂、司盘-80（山梨糖醇酐单油酸酯）或咪唑啉。填充剂为碳酸钙、滑石粉或膨润土。抗氧剂为2,6-二叔丁基对甲酚或二苯胺。

制备方法：在反应釜中加入全部成分，常温下搅拌均匀即可。或将全部的羊毛脂镁皂或氧化石油脂钡皂加入反应釜中，并加热到 85～90℃；待其熔化后，加入 1/3 钙基润滑脂，搅拌均匀后，冷却；冷却至室温后，加入其余钙基润滑脂和其他成分，搅拌均匀即可。

配方应用：主要应用于途经海洋运输的出口机械、设备的封存防锈，还可以用于海洋环境中钢铁包覆防蚀的内层涂敷。

配方特点：属于冷涂型防锈脂，制备工艺相当简单，易于操作；原料易得，成本低廉；依据此处理方法制备的防锈脂防锈性能优异，施工方便。

3.2.2 高铁道岔防锈油

配方 1：高铁道岔防锈油，见表 3-2。

表 3-2　高铁道岔防锈油原料配比

组分	质量份配比范围
基础油	40.0～60.0
防锈剂	5.0～25.0
成膜剂	1.0～20.0
司盘-80	1.0～5.0
增黏剂	1.0～6.0
抗氧剂	0.1～2.0

基础油是经深度精制不含芳香烃（芳香烃含量<0.5%）的正构烷烃、异构烷烃、聚-α-烯烃（PAO）中的1～2种。基础油是低黏度的，40℃的黏度小于1.5mm^2/s。防锈剂是石油磺酸钡、石油磺酸钠、环烷酸锌、中性二壬基萘磺酸钡、十二烯基丁二酸、苯并三氮唑中的2～4种。成膜剂是沥青、石蜡、对叔丁基苯酚甲醛树脂中的1～2种。增黏剂是凡士林、聚异丁烯、乙丙共聚物（OCP）中的1～2种。抗氧剂为2,6-二叔丁基对甲酚、含噻二唑衍生物复合剂中的1种。

制备方法：

① 将60%～80%基础油加入反应釜中加热搅拌，至100～140℃加入防锈剂；

② 加入成膜剂、增黏剂和抗氧剂，继续搅拌，冷却至30～50℃；

③ 加入司盘-80和余量的基础油，继续搅拌1～3h过滤后，即得成品，获得防锈油成品的闪点50～60℃，40℃的黏度20.0～50.0mm^2/s。

配方应用：主要应用于高铁道岔防锈。使用时可采取喷涂、刷涂和浸涂的方法，在涂敷前应用工具抹去尘土和浮锈。

配方特点：

① 采用多种防锈剂复合增加其防锈性。

② 使用合成的、低黏度的基础油辅以分散剂和司盘-80（山梨糖醇酐单油酸酯）增强其渗透性，使防锈剂能透过锈蚀层到达金属表面，从而使油膜全覆盖于金属表面。经过多次筛选基础油和各种添加剂的复合比例使该油品黏度控制在20.0～50.0mm^2/s（40℃），既保证良好的渗透性，又能在1～2h内干燥，保持金属在露天存放，经受风雨、日晒的恶劣环境下有良好的防锈性能。并且该油品属于硬膜防锈油，干燥后露天存放，可减少灰尘的黏附，保证产品外观美观。

③ 无毒、不污染环境。现有防锈油品含有易挥发的轻油馏分，不断散发在车间空气中，具有刺激性气味，污染大气环境，操作工人长期接触轻馏分中的芳烃，会在人体内形成积累型损害。本品采用的基础油经过高压加氢脱掉芳香烃，可以最大限度保证人体健康，尽可能降低对于操作环境的污染。

④ 如果防锈油的黏度不够，形成的膜薄，难以形成对锈层和金属表面的全覆盖，防锈效果不好；如果防锈油黏度过大，油品在短时间内还没有浸透锈层，就已经形成硬膜，堵住了锈层中的氧气和水分，致使锈蚀继续并扩大，甚至使防锈油膜剥落。本品防锈油成品的黏度适当，防锈效果更好。

配方2：室外黑色金属物防腐防锈剂，见表3-3。

添加剂为一氯醋酸57份、碳酸钠26份、氯化铵17份。

表 3-3 室外黑色金属物防腐防锈剂原料配比

组分	质量份配比范围
热固性酚醛树脂	35.0～40.0
次品油	1.0～15.0
氧化铝	7.0～10.0
黏土	8.0～10.0
石膏粉或滑石粉	10.0～15.0
环烷酸铝	10.0～12.0
铝银粉	15.0～18.0
添加剂	5.0～10.0

机理：一是选用能与黑色金属接触时能络合的，而且能产生金属螯合的材料，这类材料能促使防锈剂膜层成为冶金型结合，同时增厚防锈膜层，隔绝空气侵入金属体。二是防锈剂具备黏度大、黏结力强、密度大、成膜率高、膜层致密、隔绝气相、水分的功能。防锈膜层能遇水脱水，遇潮湿脱潮湿，从而分离水分潮湿。

制备方法：先将氧化铝、石膏粉或滑石粉、黏土研磨成 350～40 目粉末；再将次品油、添加剂、环烷酸铝、氧化铝、黏土、石膏粉或滑石粉等在不断搅拌中逐项地配入反应釜中，搅拌混合反应 10min 后成络合混合物；边搅拌边将热固性酚醛树脂滴配进去，搅拌反应 20min 后，成粗糙防锈剂半成品；将半成品移置到三辊球磨机上，连续球磨 2～3 次后得棕色或棕黑色黏稠乳膏状防锈剂成品。

配方应用：主要应用于公路、铁路、桥梁、矿山井下、地铁、地下室、水中、潮湿区等设施设备的黑色金属的长期防腐防锈。

配方特点：涂装的黑色金属在露天日晒雨淋情况下防锈 20 年，在水中井下防锈 10 年。该配方不生锈、不腐蚀、不氧化、不燃烧、无环境污染，产品用途极广。

3.2.3 多功能除锈防锈剂

配方 1：多功能除锈防锈剂，见表 3-4。

表 3-4 多功能除锈防锈剂原料配比

组分	质量份配比范围
磷酸	48.0～58.0
铝粉	0.6～1.2
动物胶	0.2～0.7
明矾	0.2～0.6
熟料粉	0～0.8
水	加至 100

制备方法：

① 将磷酸与铝粉小心混合并快速搅拌，使其充分反应，至铝粉全部溶解，冷却至室温，得到半成品备用液。

② 将动物胶、明矾和足量的水混合后加热，至全部熔融，注意保持水量，缓慢加入上述半成品备用液，搅拌均匀，即得到乳白色或微灰黑色的除锈防锈剂，pH=1，即可使用。

③ 在此除锈防锈剂中可以按规定比例加入少量的熟料粉，混合均匀后使用，能够产生

更好的除锈效果。

配方应用：主要适用于金属表面的除锈防锈处理。

配方特点：

① 无毒、无臭、无氧化性，敞放一年以上不会变质；不存在会造成环境污染的酸雾，也不会引起金属的氢脆（一般酸洗除锈后会存在引起氢脆的可能性）；使用时不会灼伤皮肤，对人的腐蚀性小，使用安全。

② 此配方除锈防锈剂的成分简单，原料普通易得，成本低廉，单位质量可处理的金属表面积大，使用方法灵活多样，易于操作。

配方 2：除油除锈防锈剂，见表 3-5。

表 3-5　除油除锈防锈剂原料配比

组分	质量份配比范围
磷酸（浓度 85%）	200～300
硝酸（浓度 65%）	0～20
盐酸（浓度 36.5%）	10～30
柠檬酸钠	50～100
亚硫酸钠	20～30
乌洛托品	5～20
十二烷基苯磺酸钠	20～50
硫酸锌	50～100
水	加至 1L

制备方法：依据比例将各原料混合均匀即可。

配方应用：可做除锈剂、渗透油、防锈剂、清洗剂等使用。

配方特点：表面处理后使用寿命长久。

3.2.4　防水型阻锈剂

配方：见表 3-6。

表 3-6　防水型阻锈剂原料配比

组分	质量份配比范围
改性有机硅材料	10.0～20.0
氨基醇	10.0～30.0
自来水	60.0～70.0

改性有机硅材料为烷基烷氧基硅烷，$R'Si(OR_3)_3$，其中 R′和 R 表示烷基。氨基醇可为乙醇胺、*N*-甲基乙醇胺、*N*,*N*-二甲基乙醇胺、三乙醇胺、对羟基环己胺、对羟基 *N*-甲基环己胺、对羟基 *N*,*N*-二甲基环己胺中的任意一种或一种以上的混合物。

制备方法：

① 将改性有机硅、乙醇胺、*N*-甲基乙醇胺、三乙醇胺、对羟基 *N*-甲基环己胺等混合；

② 加入自来水进行搅拌，搅拌均匀后即制得防水型阻锈剂。

配方应用：主要应用于海港工程、沿海建筑、民用建筑等新拌钢筋混凝土结构。

配方特点：烷基烷氧基硅烷从结构性能关系上看可分为两部分：一部分是防护基团，在此为碳链 R′—；另一部分是结合基团，在此为$—Si(OR_3)_3$，是基材上发生成膜作用的部分。

① 首先，改性有机硅与水发生水解反应脱去醇，形成三维交联有机硅树脂，其羟基与无机硅酸盐材料（如混凝土、砖、瓦等）有很好的亲和力，从而使它牢固地和基材连接起来，使非极性的有机基团向外排列形成憎水层，改变这些硅酸盐材料的表面特性，既对水稳定又能起疏水作用；改性有机硅可溶于乙醚、乙醇等有机溶剂，由于没有封闭基材的毛细管道通道，不妨碍水汽由里向外扩散，使基材具有较好的透气性；其分子量较小，渗透性强，可在基层内 2～10mm 的毛细孔内壁形成一层均匀致密且明显的立体憎水结构网络，使材料表面形成永久的保护层，降低有害离子的渗透速度，防止钢筋锈蚀并能提高材料的耐候和耐腐蚀性能。

② 对混凝土凝结时间、混凝土强度无负面影响，具有用量低、阻锈性能高的特点。对混凝土结构自防水和防止钢筋锈蚀具有显著功效，并同时兼有减水、引气、保塑以及防腐蚀功能，可同时作为混凝土泵送剂、防水剂、阻锈剂使用的外加剂。

3.2.5 钢筋混凝土阻锈剂

配方 1：见表 3-7。

表 3-7　钢筋混凝土阻锈剂配方 1 原料配比

组分	质量份配比范围
葡萄糖酸锌	3.0～7.0
硅酸锂	25.0～35.0
苯甲酸铵	10.0～18.0
低分子量（醇）胺类	17.0～25.0
水	27.0～35.0

机理：硅酸根和葡萄糖酸根在阳极区与阳极溶解产物（Fe^{2+} 和 Fe^{3+}）形成难溶盐和螯合物的沉积膜，抑制了阳极的溶解；Zn^{2+} 与阴极反应的产物（OH^-）作用生成难溶的氢氧化锌，它们在阴极区域沉积使得氧难以到达阴极，降低了阴极过程的反应速度；低分子量（醇）胺类中以电负性较大的 N、O 原子为中心的极性基团吸附在钢筋表面，改变了钢筋在混凝土的双电层结构，从而起着抑制钢筋腐蚀的作用。因此，本品是一种混合型缓蚀剂，能有效抑制钢筋腐蚀过程中的阳极和阴极反应。

制备方法：将各组分溶于水混合均匀即制得配方产品。

配方应用：主要应用于水利、铁路、民用建筑等钢筋混凝土结构。

配方特点：能显著缓解氯离子对钢筋钝化膜的破坏，具有环保、无碱、用量低、与水泥适应性好，并能适当改善混凝土性能等优点。它是一种高效混凝土钢筋阻锈剂，可用于水利、铁路、民用建筑等钢筋混凝土结构。

配方 2：见表 3-8。

表 3-8　钢筋混凝土阻锈剂配方 2 原料配比

组分	质量份配比范围
钼酸钠	0.01～0.05
二乙烯三胺	0.90～4.50
烯丙基硫脲	0.08～0.19
1,4-丁炔二醇	0.15～0.75
水	加至 100

制备方法：将各组分溶于水中，搅拌混合均匀即制得本品。

配方应用：主要用作钢筋混凝土阻锈剂。

配方特点：能有效减缓和阻止钢筋混凝土中钢筋的腐蚀；能够阻止或延缓氯离子对钢筋钝化膜的破坏；配方具有用量少，减少单一阻锈剂用量等优点。

配方 3：见表 3-9。

表 3-9　钢筋混凝土阻锈剂配方 3 原料配比

组分	质量份配比范围
氨基醇	10.0～20.0
酸	10.0～30.0
自来水	加至 100mL

氨基醇可为一乙醇胺、*N*-甲基乙醇胺、*N*,*N*-二甲基乙醇胺、三乙醇胺、对羟基环己胺、对羟基 *N*-甲基环己胺、对羟基 *N*,*N*-二甲基环己胺中的任意一种或一种以上的混合物。酸为盐酸、硝酸、硫酸、磷酸、乙酸、苯甲酸、柠檬酸、酒石酸等，可以为任意一种或一种以上的混合物。水为饮用水。

制备方法：将各组分原料加入自来水中进行搅拌，搅拌均匀即制得本品阻锈剂。

配方应用：主要应用于海港工程、沿海建筑、民用建筑等新型钢筋混凝土结构。

配方特点：对混凝土性质无任何负面影响，且具有高效的钢筋阻锈性能。

3.2.6　钢铁表面防锈剂

配方：见表 3-10。

表 3-10　钢铁表面防锈剂原料配比

组分	质量份配比范围
磷酸	1.0～90.0
硼酸	0.5～4.0
铬酸	0.08～0.19
十二烷基苯磺酸（钠）	1.0
水	加至 100

制备方法：

① 称取铬酸加 5 份水，溶解后，滴加过氧化氢，使其显示出绿色；

② 称取硼酸加 10 份水，加热搅拌使其尽量溶解；

③ 称取十二烷基苯磺酸（钠），用 10 份热水溶解；

④ 将上述三种溶液加到磷酸中，分别用水洗净容器，洗液并入主液中，最后用水稀释到 100 制成本产品，此产品称为原液。

使用时可根据需要，将原液和水按 1∶3 体积稀释。

配方应用：可广泛用于各种钢铁表面的处理。先用湿抹布抹去钢铁件上的灰尘和砂土，对氧化皮、铁锈和微量油污的部件可浸入其中或循环喷淋。使用时按体积一份原液加三份水，可以在常温（＜30℃）使用，也可以在中温（50～60℃）使用。部件处理完毕后，未干时应避免叠放，应放在通风良好处晾干，有条件时可用热风扇吹，以加速干燥。

配方特点：

① 能使钢铁表面上的微量油污脱去，随后立即去掉处理件的氧化皮和铁锈，不经冲洗

形成一种薄膜，这个薄膜就是一种良好的防腐保护层涂料，此涂料对涂漆和喷塑有很好的附着力。它的最大优点就是排除大量“盐”的成分，从根本上消除了钢铁工件经涂漆后的隐患，经处理后的工件一般在半年内不会锈蚀，不改变材料的力学性能。

② 可大大减少以往钢铁表面的前处理工艺流程，节省厂房面积，减轻劳动强度，减少环境污染。

3.2.7 高效除锈防锈剂

配方 1：高效除锈防锈剂，见表 3-11。

表 3-11 高效除锈防锈剂原料配比

组分	质量份配比范围
磷酸（浓度 85%）	15.0～70.0
氢氧化铝	2.5～4.0
动物胶	0.01～0.1
明矾	0.1～0.5
磷酸锌	0.5～2.0
柠檬酸	0.1～1.0
乙醇	0.5～2.5
二邻甲苯硫脲	0.01～0.1
辛基酚聚氧乙烯醚	0.01～0.1
水	加至 100

配方中磷酸为除锈成分；氢氧化铝和磷酸锌为主要的防锈成分；采用氢氧化铝替代铝粉，氢氧化铝来源广，价格低廉，可直接同磷酸反应，生成磷酸二氢铝，该反应安全可靠无污染；减少动物胶用量，既能保证成膜光滑、致密、减少流挂，又能降低成本，提高干燥速度和膜层耐温，取消添加高铝熟料粉；添加磷酸锌可增强防锈膜抗水抗温能力；微量的动物胶提高了防护膜同金属基体的附着力，改善了防护膜隔潮和隔绝空气的性能；明矾可防止动物胶质变，提高防护膜的防护性能；柠檬酸作为络合剂；乙醇可提高膜层光滑性和加速膜层干燥，添加柠檬酸和乙醇，可减少工件表面流挂及防止溶液沉淀；微量的辛基酚聚氧乙烯醚作为渗透剂，可提高除锈速度和清除少量油迹，增加处理剂的渗透性，提高除锈速度；二邻甲苯硫脲为缓蚀剂，可防止工件表面的过腐蚀。

制备方法：

① 将磷酸和氢氧化铝混合均匀，适当加热，至溶液澄清，趁热加入二邻甲苯硫脲，搅拌至溶解，得 A 液。

② 将动物胶、明矾、适量的水混合，加热溶解，得 B 液。

③ 将 A 液和 B 液混合并依次加入磷酸锌、柠檬酸、乙醇、辛基酚聚氧乙烯醚和水，搅拌至全部溶解，配制成的处理剂略带棕色，pH 值约为 1～2，相对密度约为 1.2～1.4。

配方应用：可广泛用于金属构件涂装前的预处理。

配方特点：化学性质稳定，适用于涂刷或浸泡处理金属构件，除锈速度快、质量高、并能自干成裂。该膜坚韧致密，与金属基体附着力强，可作底漆使用。经处理的金属构件有较好的中远期防锈效果，并能与涂层、镀层良好附着。该处理剂成本低、配制简单安全，无“三废”污染。

配方 2：钢铁常温快速除锈剂，见表 3-12。

表 3-12 钢铁常温快速除锈剂原料配比

组分	质量份配比范围
磷酸（浓度 85%）	2.3
盐酸（浓度 33%）	51.0
草酸	0.6
脂肪醇聚氧乙烯醚	0.6
十二烷基硫酸钠	0.5
六亚甲基四胺	0.5
水	44.5

制备方法：按配方将各组分加入水中，搅拌均匀，即得本剂。

配方应用：将钢铁浸入放有本品的除锈槽中，约浸 10min，取出冲洗干净即可。对多次使用后的除锈剂应进行检测，当测得其酸度低于 14%时，应添加除锈剂，一般添加槽液的 1/3 左右即可恢复使用。除锈剂经长时间使用后应进行过滤。钢铁表面除锈，一般用加热硫酸处理法，但耗能多，金属产生氢脆，使钢材失重，处理过程产生酸雾。

配方特点：除使用少量酸外，添加了缓冲剂及酸雾抑制剂，具有很强的除金属氧化物的能力，并且能减轻对钢铁的腐蚀及抑制酸雾。

配方 3：高效钢铁除锈剂，见表 3-13。

表 3-13 高效钢铁除锈剂原料配比

组分	质量分数范围/%
无机酸	10～40
有机酸	5～20
络合剂	2～6
增渗剂	2～5
缓蚀剂	1～10
表面活性剂	0.1～0.5
水	17.5～79.9

制备方法：在装有搅拌装置的反应器中加入一定量的水，边搅拌边加入缓蚀剂 1 和缓蚀剂 2 使其充分溶解，必要时可稍微加热，再加入表面活性剂 1 和表面活性剂 2，待完全溶解后，依次加入增渗剂、已溶解的络合剂 1 和络合剂 2，充分乳化分散后静置一段时间，再慢慢加入已溶解的有机酸和无机酸，补足余量的水，混合搅拌 30～40min，再加入混合完全的固体部分，调至所需的黏度，即可得高效钢铁防锈剂。

配方应用：用于钢铁防锈，配方使用指标参数如下。

① pH 值：0.5～2.5；

② 除锈时间：1～120min；

③ 除锈方法：浸渍、涂刷、喷淋均可；

④ 除锈厚度：锈厚最大可达 10mm；

⑤ 对基材的腐蚀速度小于 0.003g/(min · m^2)。

配方特点：

① 除锈剂配方的组成为无机酸、有机酸、络合剂、增渗剂及增稠剂等，各组分协同作用组成一个高度活性的分散体系；

② 高效快速去锈、不燃不爆、不挥发、对底材腐蚀轻、价格低、使用方便，既可用于水平面施工也可用于垂直面施工；

③ 产品的原料易得，制造简便，用途广泛，具有较高的经济效益、社会效益和工业开发价值。

3.2.8 硅钢片剪口防锈剂

配方：见表 3-14。

表 3-14 硅钢片剪口防锈剂原料配比

组分	质量份配比范围
水杨酸	4.0～6.0
苯并三氮唑	8.0～15.0
N,*N*-二甲基甲酰胺	30.0～45.0
磷酸	7.0～12.0
曲拉通 X-100	2.0～5.0
非离子型表面活性剂（如达尔美洗洁净剂）	2.0～4.0
无水乙醇	加至 1L

制备方法：按配方先用 *N*,*N*-二甲基甲酰胺将苯并三氮唑进行溶解，待全部溶解后，加入水杨酸，然后加进无水乙醇，搅拌均匀，顺序加入曲拉通 X-100、非离子型表面活性剂（如达尔美洗洁净剂）、磷酸后，搅拌 1～2min，即得防锈剂。

配方应用：主要用于硅钢片剪口防锈。

配方特点：一种特效的接触型单效硅钢片防锈剂，干速快（30～40s 即干），涂层薄，不改变原有叠片件的几何形状；不黏结，不渗透，防锈期长，在沿海地区防锈长达 1～3 个月；硅钢片剪口断面不生锈，对变压器油质量无影响，并能达到和超过生产厂家车间工序间的传递周转期的要求；防锈剂涂刷操作简单方便，不受气候及温度的影响；该防锈剂生产工艺简单、无毒、无排放、不污染环境。

3.2.9 气相防锈剂

配方 1：黑色金属气相防锈剂，见表 3-15。

表 3-15 黑色金属气相防锈剂原料配比

组分	质量份配比范围/%
磷酸氢二铵	17.0～19.0
碳酸氢钠	5.0～6.0
亚硝酸钠	27.0
水	加至 100

制备方法：

① 按配方量将水加热至 30～40℃，加入碳酸氢钠，搅拌溶解后，逐渐加入磷酸氢二铵；

② 加入亚硝酸钠，搅拌至全部溶解。可采用浸渍或刷涂本剂于防锈物后再包装密封。

配方应用：用于黑色金属的防锈处理。

配方特点：能有效将成本、效果结合在一起，配方本身挥发出的气体在密闭的条件下能对黑色金属起到保护作用。

配方 2：气相防锈粉剂，见表 3-16。

表 3-16　气相防锈粉剂原料配比

组分	质量份配比
尿素	100
亚硝酸钠	100
碳酸氢钠	100

制备方法：

① 将尿素与亚硝酸钠混合均匀，研细后加入碳酸氢钠，混匀；

② 研磨成粉状即可，用干燥、密封的容器包装。

配方应用：广泛用于铁制空桶、空缸、空管等的防锈，小型钢铁零件亦可采用。

配方特点：能防止铁器长期存放时引起的生锈；由于气相防锈剂在常温下挥发，在密封钢铁容器内，其与铁器表面接触，形成保护膜，防止生锈。

配方 3：刀具用气相防锈剂，见表 3-17。

表 3-17　刀具用气相防锈剂原料配比

组分	质量份配比
苯甲酸铵	10.0
亚硝酸钠	20.0
碳酸氢钠	3.0
甘油	5.0
水	62.0

制备方法：将各组分混合均匀。

配方应用：用于刀具的防锈。将工件放在亚硝酸钠-碳酸钠的热溶液中清洗后，浸涂本液 3s 取出，用纸包好即可。

配方特点：能防止刀具长期存放时生锈，可形成保护膜。

配方 4：气相防锈油，见表 3-18。

表 3-18　气相防锈油原料配比

组分	质量份配比范围
石油磺胺钠	0.1～10.0
辛酸二环己胺	0.1～15.0
低黏度油	75.0～99.8

制备方法：将各组分混合均匀。

配方应用：低黏度油作为基础载体，能使其他成分均匀分散并附着在金属表面；石油磺酸钠是油溶性防锈剂，可在金属表面形成吸附膜，起到直接防锈作用；辛酸二环己胺属于气相缓蚀剂，具有一定挥发性，在密闭空间中能持续释放缓蚀成分，吸附在金属表面形成保护膜，对金属件的复杂结构、缝隙等部位也能起到防锈保护；三者搭配可兼顾直接防锈和气相防锈效果，适用于多种黑色金属制品的防锈保护场景。

配方特点：对钢、铜、铸铁防锈较好，可形成保护膜。

配方 5：Z-55 黑色金属水基气相防锈液，见表 3-19。

表 3-19　Z-55 黑色金属水基气相防锈液原料配比

组分	质量份配比范围
复合苯甲酸盐	20.0
尿素	8.0
多功能缓蚀剂	2.0
助溶剂	3.0
水	加至 100

制备方法：将各组分混合均匀。

配方应用：既可以用于制作气相防锈纸，又可用于工序间和内腔防锈。

配方特点：本气相防锈液对普通碳钢和硅钢均具有优越的防锈性。

3.2.10　防锈喷雾剂

配方：见表 3-20。

表 3-20　防锈喷雾剂原料配比

组分	质量份配比范围
黏结剂	10.0～25.0
稀释剂	65.0～85.0
铝粉	2.0～12.0
银粉	0.33～1.77
镁粉	1.33～4.0

制备方法：

① 将黏结剂、稀释剂分别过 140～180 目筛网，除去粗渣、污物待用；

② 将铝、银、镁等金属制成的粉末过 140～180 目的筛网，除去粗渣待用；

③ 按上述配比将过筛后的黏结剂、稀释剂、铝粉、镁粉、银粉在常温、常压下放入调料机内自动搅拌均匀即为金属防锈喷雾剂，搅拌不能停止，保证灌装时黏度均匀。

配方应用：用于工业中金属焊接面打磨后的防锈，各种金属表面防锈、防腐，铁、木、塑家具的防锈、防腐及装修喷漆。

配方特点：使用方便、灵活，对于打磨出金属光泽等待施焊的焊接面喷涂一层该喷雾剂可以长时间保存不锈蚀，焊接前不需要处理，适合各种施焊方法，节省人力物力。

3.2.11　水基防锈剂

配方 1：见表 3-21。

表 3-21　水基防锈剂配方 1 原料配比

组分	质量份配比
三乙烯四胺	20.0
癸二酸	50.0
三异丙醇胺	30.0

制备方法：

① 将 2 份三乙烯四胺和 5 份癸二酸在反应釜中混合，升温至 130～150℃；

② 40min 后，向反应釜中加入 3 份的三异丙醇胺，均匀搅拌 10min，得到目标处理剂。

配方应用：用于机械加工制造行业黑色金属的防锈。

配方特点：不含对人体有害的亚硝酸盐，不会造成对人体健康的损害；防锈性能达到亚硝酸盐型水基防锈剂的技术性能水平；生产工艺简单，加工成本低，使用效果好。

配方 2：见表 3-22。

表 3-22　水基防锈剂配方 2 原料配比

合成物	组分	质量份配比范围
组分 A	山梨醇	38.0～44.0
	三乙醇胺	25.0～30.0
	苯甲酸	12.0～18.0
	硼酸	15.0～22.0
组分 B	组分 A	28.0～34.0
	碳酸钠	4.0～8.0
	自来水	加至 100

制备方法：

① 组分 A 制备方法：将山梨醇加热，使之完全熔化；将三乙醇胺加入熔化后的山梨醇中，搅拌均匀；在上述混合物中缓慢加入苯甲酸，同时进行搅拌，并加热至 80～110℃，使苯甲酸完全溶解；在上述混合物中缓慢加入硼酸，同时进行搅拌，加热至 110～120℃，使硼酸完全溶解；对上述混合物继续搅拌和加热，当温度达到 120℃±10℃时，恒温反应 2h，然后停止加热，继续搅拌，直至温度降至 100℃时，停止搅拌，此合成物即为组分 A。

② 组分 B 制备方法：当合成物组分 A 的温度降至 80℃左右时，向其中加入规定量的自来水，同时进行搅拌，使组分 A 完全溶解于水中；向上述组分 A 的水溶液中缓慢加入碳酸钠，同时进行搅拌，直至碳酸钠完全溶解；用 pH 精密试纸或 pH 计测试上述溶液 pH 值，使其 pH 值达到 7.0～8.0，取样 500mL 留检，得到的组分 B 液即为本品原液。

配方应用：用于铸铁、钢件等金属表面防锈。使用浓度为 10%～40%。

配方特点：具有防锈性能好、消泡性好、节能、无毒环保及使用方便等优点。

配方 3：水基长效防锈剂，见表 3-23。

表 3-23　水基长效防锈剂原料配比

组分	质量份配比范围
C_8～C_{10} 羧酸盐	5.0～30.0
乙醇胺	5.0～15.0
硼酸类	3.0～8.0
聚乙二醇	0.0～5.0
水	42.0～87.0

C_8～C_{10} 羧酸盐为其钾盐、钠盐或铵盐，以钠盐较好；乙醇胺为一乙醇胺、二乙醇胺、三乙醇胺中的 1～2 种；硼酸类为硼酸或硼酸铵，以硼酸为宜。

制备方法：常温或加温使原料溶于水中即可。

配方应用：主要用于金属材料表面的防锈处理。

配方特点：对一般碳钢、铸铁都有良好的防护效果，使用时不会在金属表面形成白斑，无流痕并保持金属表面原有色泽；稳定性好，在高温和低温等条件下都能保持稳定，不分层、无沉淀；产品及原料安全，在配制和使用时对人体无损害、对环境无污染，是一种环保、无污染的长效金属防锈剂。

配方 4：高效、无毒、节能水基防锈净洗剂，见表 3-24。

表 3-24　高效、无毒、节能水基防锈净洗剂原料配比

组分	质量份配比范围
磷酸钠	8.0～10.0
碳酸钠	10.0～12.0
油酸三乙醇胺	9.0～11.0
聚乙二醇辛基苯乙醚	4.0～6.0
平平加	6.0～8.0
烷基酚聚氧乙烯醚	7.0～9.0
聚乙二醇	6.0～7.0
水	加至 100

制备方法：各组分混合均匀。

配方应用：可用于清洗钢铁及其合金、汽车及机械零配件等。

配方特点：具有无毒、高效、不污染环境、节能、节油、防锈、防腐蚀等特点。

3.2.12　乳化型金属防锈剂

配方：见表 3-25。

表 3-25　乳化型金属防锈剂原料配比

组分	质量份配比范围
二元酸	2.0～2.5
三乙醇胺	6.0～6.5
一乙醇胺	1.0～1.5
合成硼酸酯	5.0～6.5
十二烯基丁二酸	8.0～10.0
N-油酰肌氨酸十八胺盐	4.5～6.0
苯并三氮唑	0.1
水	66.9～73.4

二元酸为十一碳二元酸、十二碳二元酸或者上述两者的混合物。

制备方法：

① 将反应量的二元酸加入反应釜中，再加入反应量的三乙醇胺和一乙醇胺进行反应，保持温度 40～42℃反应 3.5～4.5h，加入反应量苯并三氮唑，搅拌 0.5～1.5h，再加入反应量水即形成水溶性防锈剂。

② 将反应量的 *N*-油酰肌氨酸十八胺盐加入反应釜中，75～80℃搅拌反应 35～45min。

③ 再将反应量的合成硼酸酯和十二烯基丁二酸加入反应釜中，75～85℃搅拌反应 0.5～1.5h，降至室温后即得到乳化型防锈剂成品。

配方应用：主要应用于金属防锈。

配方特点：

① 防锈期可达 1～4 个月。

② 利用防锈剂与金属间很强的吸附作用，将残余的油污置换脱离金属表面，使金属表

面吸附上憎水保护膜。经本防锈剂处理后的金属表面没有油渍残留，不易沾染灰尘，可直接使用，且成分中不含亚硝酸盐，使用安全、环保。

③ 可喷淋也能浸泡使用，显著提高零部件防锈工序的工作效率；原液可直接使用或者根据实际需要稀释 2～30 倍使用，经济实惠，并且其制备所用原料来源广泛，有效降低生产成本，尤其适合大规模的工业生产。

3.2.13 镍钢壳防锈处理剂

配方：镍钢壳防锈处理剂，见表 3-26。

表 3-26 镍钢壳防锈处理剂原料配比

组分	质量份配比
硅酸锂	200
硅酸钠	30
聚醚改性聚二甲基硅氧烷	50
聚乙二醇	10
去离子水	加至 1L

制备方法：以去离子水为溶剂，硅酸锂、硅酸钠、聚醚改性聚二甲基硅氧烷和聚乙二醇的质量浓度分别为 200g/L、30g/L、50g/L 和 10g/L 混合搅拌，即得镍钢壳防锈处理剂。

配方应用：用于镍钢壳表面防锈，具体步骤如下。

① 将防锈处理剂用去离子水稀释至质量分数为 0.6‰，得到处理液，并将其加热至 75℃；

② 将经过常规清洗除油的预镀镍钢壳浸入加热后的处理液中，搅拌 5min 后捞出；

③ 将捞出的预镀镍钢壳置于 175℃下烘 20min，得到处理完成的钢壳。

配方特点：

① 可同时实现封闭保护和提高达因值的改性效果；

② 硅酸锂和硅酸钠易于在钢壳表面反应成膜，聚醚改性聚二甲基硅氧烷和聚乙二醇能增强钢壳表面的润湿性和延展性，因而有利于提升钢壳的防锈抗腐蚀能力以及水性石墨乳的喷涂附着；

③ 表面处理剂有望与水性石墨乳共同在碱锰电池产业中实现大规模应用，促进钢壳表面石墨乳喷涂的技术转型，推动碱锰电池产业的绿色可持续发展。

3.3 磷化液

3.3.1 黑色磷化液

配方 1：常温黑色磷化液，见表 3-27。

表 3-27 常温黑色磷化液原料配比

组分	质量份配比范围
磷酸（浓度 85%）	60.0～100.0
氧化锌	10.0～40.0

续表

组分	质量份配比范围
铜盐	1.0～8.0
硒盐	1.0～8.0
钼酸铵	2.0～15.0
EDTA（乙二胺四乙酸）钠盐	1.0～10.0
次亚磷酸钙	0.05～0.5
多羟基化合物	0.1～3.0
水	加至 1L

铜盐可以是硫酸铜或碳酸铜；硒盐可以是亚硒酸钠或二氧化硒；多羟基化合物可以是多羟基磷酸酯，如单宁、聚乙烯醇磷酸酯、氧化聚乙烯醇磷酸酯、氧化淀粉磷酸酯或接枝淀粉磷酸酯。

制备方法：

① 用 300mL 水稀释磷酸，缓慢加入氧化锌搅拌使其全部溶解，然后逐次加入亚硒酸钠、硫酸铜、钼酸铵、次亚磷酸钙和 EDTA 钠盐；

② 加入单宁溶液混合均匀，即得到本液。其中单宁溶液是将单宁加入 100mL 水中，煮沸，滤去不溶物，再用水稀释至 1L 即可。

配方应用：主要用于金属的磷化。将除油、除锈、清洗处理过的工件在室温下浸入磷化液中 3min，即完成对工件的磷化和发黑，处理后的工件可用水冲洗或不冲洗。

配方特点：发黑温度低，工作性能稳定，形成磷化膜呈均匀黑色，板块状致密结晶，耐蚀性强，对基材附着力好，适宜于钢材涂装前处理。

配方 2：高耐蚀性黑色磷化液，见表 3-28。

表 3-28　高耐蚀性黑色磷化液原料配比

组分	质量份配比范围
磷酸（浓度 85%）	120.0～135.0
氧化锌	25.0～35.0
硝酸锌	100.0～150.0
硝酸	5.0～8.0
柠檬酸	3.0～5.0
酒石酸	0.5～1.0
硝酸镍	5.0～10.0
蒸馏水	加至 1L

制备方法：向槽中加入三分之一的蒸馏水，将磷酸、硝酸、柠檬酸、酒石酸、硝酸镍依次加入并搅拌均匀，再将氧化锌用水调成糊状后加入槽内；待完全溶解后加入计量的硝酸锌，再加蒸馏水到规定的体积，搅拌均匀，调整酸度后即可使用。

配方应用：用于金属表面的磷化处理。磷化液在高耐蚀性黑色磷化生产工艺中应用，具体使用方法如下。

① 钢制零件顺次经有机溶剂除油：在温度 20℃用干净的汽油，也可以是其他有机溶剂，将钢制零件浸泡 4min，对于其他油污较多的螺纹或细槽状的零件可用细的毛刷刷去油污，除油后让零件自然干燥或用压缩空气吹干。

② 化学除油：将钢制零件放入化学溶剂中在温度为 80℃时浸泡 6min，除化学除油外还

可采用喷砂方式。化学除油中的化学溶剂是按35g/L的工业纯氢氧化钠、25g/L的工业纯碳酸钠、60g/L的工业纯磷酸钠的浓度比配制，根据所需的溶液体积量计算出氢氧化钠、碳酸钠、磷酸钠的用量，向槽中加入三分之一的蒸馏水，先加入氢氧化钠溶解，再依次加入溶解后的碳酸钠、磷酸钠后，加自来水到规定的体积，搅拌均匀，制备而得。

③ 水洗：用流动的水冲洗。

④ 活化。

⑤ 水洗：用流动的水冲洗。

⑥ 磷化，即将清洗后的待处理钢制零件立即放入温度在70℃上述制备好的磷化液中浸泡22min，该磷化液的游离酸度控制在16点，总酸度控制在150点。

⑦ 水洗：用流动的水冲洗。

⑧ 干燥。

配方特点：钢件的磷化膜结晶细腻、附着牢固、黑度好、耐蚀性强，特别适合光学仪器的钢制零件使用。

3.3.2 超低温快速“四合一”磷化液

配方：见表3-29。

表3-29 超低温快速“四合一”磷化液原料配比

组分	质量份配比范围
磷酸（浓度85%）	8.0～19.0
酒石酸	1.5～4.0
平平加	3.0～6.0
硫酸锌	2.0～5.0
硫脲	0.2～1.0
氯化镁	3.0～7.0
烷基磺酸钠	4.0～10.0
XD-1催化剂	0.5～3.0
XD-2乳化剂	1.0～3.0
XD-3低温成膜剂	1.5～3.5
水	加至100

制备方法：将各组分溶于水混合均匀即可。

配方应用：主要用于钢铁构件的磷化。

配方特点：对钢铁构件的处理可在≥－10℃的温度环境中进行；除油、除锈、磷化、钝化同步进行，除油除锈效果好，无残渣，磷化钝化速度快，不易剥落，对工件涂装漆膜无破坏作用，具有节省工序、操作方便、投资省、成本低的优点。

3.3.3 复合磷化液

配方：见表3-30。

表3-30 复合磷化液原料配比

组分	质量份配比范围
磷化液基础液	200（体积）
氧化锌	3.0～6.0

续表

组分	质量份配比范围
碳酸钠	5.0～19.0
工业硝酸	14.0～21.0
工业磷酸	2.0～9.0
硫酸铜	0.2～0.4
添加剂	6.0～11.0
自来水	加至1L

制备方法：

① 将一定量烘干的磷化渣加入反应器，往反应器中加入蒸馏水，然后在混合液中加入过量30%～50%的工业磷酸，在70～90℃的条件下搅拌，反应时间为20～30min，待磷化渣充分溶解后过滤，滤液即为磷化液的基础液；

② 将磷化液基础液、工业磷酸、工业硝酸在耐酸容器中搅拌均匀，缓慢加入经水调节的氧化锌溶液，边加边搅拌；

③ 然后再依次加入硫酸铜、添加剂及自来水，搅拌至完全溶解；

④ 用碳酸钠调节溶液的酸度后，即得复合磷化液。

配方应用：主要用于金属的磷化。

配方特点：含有磷化液基础液、硝酸、磷酸、氧化锌、碳酸钠、硫酸铜和添加剂，这样配制的复合磷化液磷化速度快，磷化膜均匀、连续、致密和附着牢固；复合磷化液无毒环保，不含有害物质；提供一种切实可行的磷化渣处理方法，将固废磷化渣回收利用，减轻环境污染。

3.3.4 涂漆磷化液

配方：见表3-31。

表3-31 钢铁表面涂漆磷化液原料配比

组分	质量份配比范围
磷酸（浓度85%）	5.0～48.0
单宁酸	0.01～25.0
氧化锌或磷酸锌	0.02～7.0
钼酸铵或钼酸钠	0.001～4.0
硫脲或乌洛托品	0.01～4.0
烷基苯磺酸钠、烷基磺酸钠或OP-10乳化剂	0.01～5.0
磷酸三钠或焦磷酸钠	0.01～5.0
水	加至100

配方还可加入适量含单宁的物质进行调整，以改善磷化膜的综合性能。

制备方法：将各组分溶于水混合均匀即可。

配方应用：

① 用于库存钢材的表面防腐刷涂液，也适用于无须涂装的钢铁容器的防腐涂液，还可用于轧材氧化铁皮的清除。

② 一步磷化工艺流程：将待处理的钢铁构件浸入盛有本品一步磷化液的槽内，在10～90℃范围内浸泡1～8min，即可以除掉全部锈迹，浸泡7～30min即可完成除油、除锈、磷

化、钝化全部过程，然后取出在室温下自然干燥5～24h即可。

③ 一步磷化工艺除槽浸外，也可采用喷射和刷涂。

④ 经调解可再生使用。

配方特点：可一步完成除油、除锈、磷化、钝化全过程，并在钢铁件表面形成4～9μm的防腐膜；硫酸铜检验指标为3～14min用3%的氯化钠溶液浸泡8h无锈迹，室内存放一年半无锈迹；与油漆的附着力达一级。

3.3.5 除锈磷化液

配方1：钢铁除锈磷化液，见表3-32。

表3-32 钢铁除锈磷化液原料配比

组分	质量份配比范围
磷酸	49.0～60.0
硝酸	20.0～30.0
铝粉	0.5～5.0
氧化锌	1.0～5.0
明胶	1.0～5.0
酒石酸	0.5～2.0
六亚甲基四胺	0.5～2.0
水	加至100

制备方法：将各组分溶于水混合即可。

配方应用：用于钢铁表面除锈磷化。用砂纸或纱布对生锈的钢铁部件表面进行初步的打磨，带锈涂刷本品料液或浸取本品料液，放置于空气中即可。处理后的钢铁表面形成一层平整光洁致密的磷化层，膜层稳定，除锈防锈效果极佳。

配方特点：在常温下对钢铁制品及零部件进行表面处理，特别是对已生锈的钢铁部件表面进行处理，即可除掉铁锈，处理后的金属表面形成一层平整光洁致密的磷化层，以达到防止金属腐蚀的效果；硫酸铜浸渍点滴实验表明该膜层稳定，除锈防锈性能良好，将该磷化层作为防锈底漆，效果也极佳。

配方2：钢铁低温快速除锈磷化液，见表3-33。

表3-33 钢铁低温快速除锈磷化液原料配比

组分	质量份配比范围
磷酸	2.0～3.0
硝酸	1.0～2.0
氯化镁	1.0～2.0
氧化锌	1.0～2.5
硫脲	0.1～0.2
十二烷基磺酸钠	0.05～0.15
水	加至100

制备方法：将磷酸和硝酸先后加入10份水中搅拌均匀；再将氧化锌用水调成糊状后，缓慢加入上述混合酸液中，边加边搅拌，使其充分反应，生成磷酸二氢锌和硝酸锌溶液；然后依次加入氯化镁、硫脲、十二烷基磺酸钠，边加边搅拌使其溶解，混合均匀；最后加足

水，搅拌均匀，静置数小时即可使用。

配方应用：主要用于钢铁表面处理。

配方特点：

① 组方和工艺均得到简化，但功能齐全；材料和工艺成本有所降低，性能价格比得到提高。

② 在12～35℃低温条件下使用，只需0.5～3min即可快速成膜。膜为赭石色，膜厚1～3μm，膜重1～6g/m^2，室内存放一年不生锈，耐盐雾性优异。

③ 成膜速度快，防锈性能好，性价比高，低温快速防锈磷化液的性能进一步得到了提高。

3.3.6 中低温高耐蚀黑色磷化液

配方：见表3-34。

表3-34 钢铁表面中低温高耐蚀黑色磷化液原料配比

组分	质量份配比范围
磷酸二氢锰	40.0～50.0
硝酸锌	60.0～70.0
硝酸镍	1.0～2.0
乙酸	3.0～4.0mL
柠檬酸铵	2.0～3.0
钼酸铋	1.0～2.0
自来水	加至1L

制备方法：将各组分溶于水混合均匀即可。

配方应用：用于钢铁表面磷化处理。在进行磷化处理时，将钢铁工件浸入60～65℃的磷化液，控制成膜时间为20min，即可在工件表面生成18～22μm的磷化膜。

配方特点：

① 锌锰离子比例合适，生产的磷酸盐沉淀致密均匀，钼酸根离子和铋离子在溶液中形成深色磷钼酸盐和铋盐沉积在金属表面，可得到均匀致密的深黑色磷化膜，外观色泽和感官性状良好。

② 所用水为自来水，与其他磷化液中所用去离子水相比，方便而且成本低廉。

③ 在60～65℃条件下即可生成高耐腐蚀性磷化膜，大大降低了能耗。

④ 硫酸点滴实验发现，耐腐蚀时间大于5min，高于国家标准的3min，具有较好的耐腐蚀性。

⑤ 沉渣大量减少，改善了工作条件；对环境的污染也大大减少。

3.3.7 常温磷化液

配方1：见表3-35。

表3-35 常温磷化液配方1原料配比

组分	质量份配比范围
磷酸	2.0～4.0
氧化锌	0.4～0.6

续表

组分	质量份配比范围
硝酸锌	0.5～1.5
硝酸镍	3.0～5.0
硝酸锰	2.0～4.0
硼氟酸钠	0.2～1.0
氯酸钠	2.0～3.0
柠檬酸	0.5～2.0
钼酸铋	1.0～2.0
软化水	加至 100

由于加入了复合加速剂和复合钝化剂：硝酸镍、硝酸锰、硼氟酸钠和氯酸钠，磷化膜与工件的结合速度快，结合更牢固。同时磷化液磷化速度加快，成膜强度变大。

制备方法：

① 将氧化锌用少量水混合润湿，加入磷酸，溶解完全；

② 加入其他原料，搅拌均匀即可。

配方应用：主要用于金属表面的磷化处理。

配方特点：被处理工件先要经预处理、脱脂、表调等工艺，确保使用工件表面无油、无锈、无脏物，然后采用浸渍或喷淋方法施工，在常温下处理 3～5min 即可，无需加热，方法简单，节省能源，操作方便；被处理的工件成膜致密、均匀、连续，成膜时间短，成膜强度大，能够满足汽车等工件的要求。

配方 2：见表 3-36。

表 3-36　常温磷化液配方 2 原料配比

组分	质量份配比范围
磷酸	2.0～8.0
氧化锌	0.4～6.0
硝酸锌	0.5～5.0
硝酸镍	3.0～5.0
硼氟酸钠	0.2～7.0
氯酸钠	2.0～8.0
柠檬酸	0.5～2.0
亚硝酸钠	1.0～4.0
软化水	40.0～60.0

制备方法：称量软化水，加入磷酸、氧化锌，完全反应后再加入硝酸锌、硝酸镍、硼氟酸钠、氯酸钠、柠檬酸、亚硝酸钠等，待完全溶解后静置 1h，即可包装。

配方应用：主要用于金属表面的磷化处理。具体表面处理工艺如下。

① 脱脂：脱脂的目的在于清除工件表面的油脂、油污，包括机械法、化学法两类。机械法主要是手工擦刷、喷砂抛丸、火焰灼烧等。化学法主要是溶剂清洗、酸性清洗剂清洗、强碱液清洗、低碱性清洁剂清洗，化学法除油脂工艺介绍如下：a. 溶剂清洗：溶剂法除油脂，一般是用非易燃的卤代烃蒸气法或乳化法，最常见的是采用三氯乙烷、三氯乙烯、全氯乙烯蒸气除油脂。蒸气脱脂速度快、效率高、脱脂干净彻底，对各类油及脂的去除效果都非

常好。在氯代烃中加入一定的乳化液，不管是浸泡还是喷淋效果都很好。b.碱性液清洗：碱性液除油脂是一种传统的有效方法。它利用强碱对植物油的皂化反应，形成溶于水的皂化物，达到除油脂的目的。纯粹的强碱液只能皂化除掉植物油脂而不能除掉矿物油脂。因此人们通过在强碱液中加入表面活性剂（一般是磺酸类阴离子活性剂），利用表面活性剂的乳化作用达到除矿物油脂的目的。

② 酸洗：酸洗除锈、除氧化皮的方法是工业领域应用最广泛的方法，利用酸对氧化物的溶解以及腐蚀产生氢气的机械剥离作用达到除锈和除氧化皮的目的。酸洗中使用最为常见的是盐酸、硫酸、磷酸。盐酸酸洗适合在低温下使用，不宜超过45℃，使用浓度10%～45%，还应加入适量的酸雾抑制剂。

③ 磷化：配方涉及的常温磷化液使用温度为15～35℃，按体积比配制即可使用。体积比是磷化液∶水=1∶50，完全互溶后方可使用，磷化时间为15～20min。

④ 槽液管理：本配方的常温磷化液槽液管理非常简便，影响因素主要为磷化液的总酸度、游离酸度。而对槽液的浓度和酸比的控制，可以根据经验和实际产量均匀添加，并通过定期的中和滴定判定槽液参数是否需要适当调整。

⑤ 水洗：经过磷化后的部件用冷水洗，再进行热水洗，然后用热风吹干。

配方特点：

① 在15～45℃下进行，不需要能源，对自然环境有很好的保护作用；

② 工艺简便、易于操作、稳定性好、成膜强度大；

③ 生成的磷化膜中不掺杂沉淀物，耐蚀性强，膜层细密微孔均匀，优于其他普通磷化膜。

配方3：见表3-37。

表3-37　常温磷化液配方3原料配比

组分	质量份配比范围
硝酸	0～500
氧化锌或锌粉	10～400
磷酸	300～1500
硝酸锰、碳酸锰或硫酸锰	5～80
硝酸镍或硫酸镍	15～80
HF或HF的盐	20～60
硫酸锌或硝酸锌	20～490
水	4000

HF的盐是指NaF或NH_4F。

制备方法：常温下，将原料依次加入水中，搅拌使全部溶解即可。

配方应用：用于金属的磷化。以15倍体积比（或者12倍质量比）稀释、浸泡、喷淋或者擦拭均可以，施工时间为3～40min，使用温度为15～40℃。

配方特点：

① 具有磷化液稳定性好、成膜时间长、成膜强度大、耐蚀性强等优点。

② 应用范围广泛，可以说所有钢铁产品，包括工业和民用行业都可以使用，如空调和散热器及其配件、汽车及其配件、电力设备等；且常温磷化不受自然条件所限，可以节省时间和能源。

配方4：见表3-38。

表 3-38　常温磷化液配方 4 原料配比

组分	质量份配比范围
磷酸（浓度 85%）	12.6～50.7
氧化锌（浓度 99.5%）	1.88～11.5
$(HOC_2H_4)_3N$（浓度 90%）	2.4～4.0
Na_2MoO_4（浓度 98.8%）	0.5～1.5
$C_6H_8O_7$（浓度 99.5%）	0.5～1.5
NaF（浓度 99.5%）	0.5～1.5
OP 乳化剂	0.1～0.2
水	加至 1L

原理：

① 主盐的作用：采用综合性能较好的磷酸盐体系，即由磷酸和氧化锌反应构成磷化反应的主体。过量的磷酸用以维持磷化液的酸度，促进磷化过程中基体的溶解，加快磷化速度，使之迅速形成磷化保护膜。

② 复合促进剂的作用：钢铁在磷化反应中，随着 $ZnPO_4$、$ZnFe(PO_4)_2$ 和 $Fe_3(PO_4)_2$ 的析出，会不断产生新的磷酸，使 pH 不断降低，而磷酸只有一小部分与钢铁直接反应消耗掉，所以常温磷化需要经常调整 pH。本品由 Na_2MoO_4、$(HOC_2H_4)_3N$、$C_6H_8O_7$ 及 NaF 组成复合促进剂，既能缓冲平衡溶液的 pH 值，又能加速磷化过程和增强磷化膜的耐蚀性。

③ Na_2MoO_4 的作用：Na_2MoO_4 在磷化过程中能同时起到氧化剂、缓蚀剂、络合剂和降低膜层质量的作用。它的电极电位比铁高，可以通过化学反应沉积在钢铁表面，从而增加阴、阳极面积比，加速常温下磷化膜的形成过程。

Na_2MoO_4 还有一个重要特性：MoO_4^{2-} 可以通过氧的多面体的共点或共棱缩合形成多种多样的缩合多酸根离子。在钼的多酸根阴离子结构里，基本结构单元是八面体型的 MoO_6，当它与磷化液中的正磷酸盐反应，PO_4^{3-} 正四面体立即被 MoO_6 八面体包围。杂多酸具有很强的氧化能力和比它们各组分单独的含氧酸更强的酸性，有利于促进溶液中某些元素，特别是还原性化合物发生化学转化，并能迅速将金属/溶液界面反应溶解出来的 Fe^{2+} 氧化成 Fe^{3+}，使之与 PO_4^{3-} 反应形成稳定的磷酸盐沉积膜，而其自身变为还原状态，还原产物为钼蓝。钼蓝是一个体积较大的阴离子，在还原状态下仍保持缩合结构，空气中仅有的氧很容易将被还原的杂多酸再氧化，使其活性复原。所以钼酸盐作为氧化促进剂不仅有利于常温下磷化反应的自发进行，而且比其他氧化剂更有利于溶液的稳定。当杂多酸根离子吸附在磷酸盐沉积膜上时，可增强膜的阳离子选择性；与 Fe^{3+} 作用形成有保护作用的钼酸盐络合物，可弥补磷酸盐沉积膜的不完整性和不致密性，阻止 Fe^{2+} 向溶液的迁移，减少其基体金属的腐蚀，促进成膜过程和钢铁的钝化。

④ NaF 和 $C_6H_8O_7$ 的作用：NaF 和 $C_6H_8O_7$ 已广泛用作常温磷化加速剂、活化剂和络合剂。F^- 电负性很大，对电子有较大的亲和力，易形成 HF（1～6 的缔合物），从而稳定溶液的 pH 值，形成均匀细腻并且有抗碱腐蚀性能的磷化膜。$C_6H_8O_7$ 与磷酸的协同效应也能为磷化的结晶过程提供成核的活性点，从而提高磷化速度、降低膜厚、增强膜与基体的结合力。$C_6H_8O_7$ 和 Fe^{3+}、Fe^{2+} 及 MoO_4^{2-} 反应生成稳定的螯合物，还能防止酸性溶液中析出 H_2MoO_4 或 $MoO_3 \cdot 2H_2O$ 沉淀，起到稳定槽液的作用。

虽然 NaF 和 $C_6H_8O_7$ 对铁的侵蚀能力很强，但是用量过多会使成膜反应停止，用量太少又达不到加速和络合的目的，因而不容易掌握。最大的缺陷还在于 $C_6H_8O_7$ 只使结晶变细，并不增加晶体数目，以致膜覆盖不完全。本品引入既有协同络合、又有缓蚀增效作用的 $(HOC_2H_4)_3N$，弥补了 NaF 和 $C_6H_8O_7$ 的不足。

⑤ $(HOC_2H_4)_3N$ 的协同作用机理可由下列几方面加以解释：$(HOC_2H_4)_3N$ 是一种配位能力较强的配位体，在磷化液中首先通过醇胺基团的中心原子 N 与活性 H^+ 配位形成鎓离子 $(HOC_2H_4)_3NH^+$，并在钢铁表面的阴极区作局部的物理吸附，阻碍 H^+ 向钢铁表面接近而抑制 H^+ 的还原反应，进而与具有未共用电子对的中心原子 N 和 O 对钢铁表面金属原子或离子进行全面的化学吸附，形成稳定的五元环螯合物吸附在磷化膜的表层或膜的孔隙内，使原先裸露部分由螯合难溶膜覆盖，从而使钢铁溶解过程受到强烈的抑制，阻止阳极溶解产物 Fe^{2+} 向溶液扩散。带正电荷的鎓离子 $(HOC_2H_4)_3NH^+$ 吸附了溶液中 PO_4^{3-}、MoO_4^{2-} 后，又进一步与 $Fe(H_2PO_4)_2$ 和 $Zn(H_2PO_4)_2$ 作用，在钢铁表面生成带有机基团的复合磷酸盐膜。

醇胺基团与含氧酸根阴离子形成多元弱酸弱碱的大分子有机化合物，并与简单配位化合物产生协同效应。溶液或钢铁表面上配位数比较高的中心离子与体积比较小的无机配位体 F^- 形成未饱和络合物后，再与有机络合物 $C_6H_8O_7$ 和 $(HOC_2H_4)_3N$ 结合，形成简单配位化合物和多元络合物。体积小的无机化合物可以填补或占据体积大的有机化合物分子间的空隙或未覆盖的区域，使游离 H^+ 的移动受到抑制。钢铁表面与游离酸反应后，表面 pH 值迅速上升，形成众多的磷酸盐晶核，使成膜速度也受到一定的限制，从而形成均匀致密且薄而耐蚀的磷化膜。

⑥ OP 的作用：本品加入少量的 OP 乳化剂，用以改善磷化液对工件表面的润湿性能，降低对前处理的要求。同时它还可以提高阴极极化作用，有利于获得结晶细密的磷化膜。

制备方法：

① 常温下，在容器内加入少量水，并按各组分的含量加入磷酸和 $(HOC_2H_4)_3N$，充分搅拌至完全反应；

② 加入用水调成糊状的氧化锌，搅拌至完全溶解；

③ 按下列顺序加入 Na_2MoO_4、$C_6H_8O_7$、NaF、OP 乳化剂，最后补足水量，每样药剂加入后充分搅拌使全部溶解后，再加入下一项即可。

配方应用：主要用于金属的磷化。

配方特点：

① 在以 Na_2MoO_4 作为氧化加速剂、NaF 和 $C_6H_8O_7$ 作为成膜促进剂的磷酸锌盐体系中，引入 $(HOC_2H_4)_3N$ 使之与磷化液组分产生协同效应，不仅加速作用显著，溶液性能稳定，而且形成的简单配位体化合物或多元络合物、螯合物及杂多酸络合物，还能参与形成薄而致密且耐蚀性强的复合磷酸盐保护膜。

② 不含 NO_2^-、NO_3^-、ClO_3^-、Ni^{2+}、Mn^{2+} 等有害离子；集表调、磷化、钝化于一体，无特殊的前后处理要求，工序简单，操作方便，药剂品种只需 7 种原料，而且价廉易得，综合成本低。

③ 工作范围宽、生产效率高，大大减少磷化槽的清理次数及废水处理费用，降低工人的劳动强度和环境污染。

配方 5：除油除锈无渣常温磷化液，见表 3-39。

表 3-39 除油除锈无渣常温磷化液原料配比

组分	质量份配比范围
草酸	0.2～0.5
磷酸二氢钠	0.5～1.5
磷酸	10.0～40.0
六偏磷酸钠	0.2～0.5
柠檬酸	0.1～0.3
硫脲	0.05～1.0
TX 非离子型表面活性剂	0.5～1.0
添加剂（镍氧化促进剂）	0.4～0.6
水	100

制备方法：常温下，将各组分溶于水中混合均匀即可。

配方应用：主要用于钢铁工件涂装前的表面处理。

配方特点：工序简单、操作方便；常温下除油、除锈、磷化同步进行，设备投资省，成本低，不产生残渣，无环境污染，无废液排放；磷化液组分浓度容易维护和控制，而且不影响金属材料性能；磷化膜对涂装漆膜无破坏作用，不易剥落，防锈性能好等优点。

3.3.8 超低温多功能除锈磷化防锈液

配方 1：钢铁超低温多功能除锈磷化防锈液，见表 3-40。

表 3-40 钢铁超低温多功能除锈磷化防锈液原料配比

组分	质量份配比范围
磷酸	8.0～19.0
柠檬酸	1.5～4.0
磷酸锌	2.0～5.0
磷酸二氢锌	2.0～5.0
氯化镁	3.0～7.0
柠檬酸钠	1.0～2.0
烷基磺酸钠	3.0～6.0
聚氧乙烯烷基苯	0.2～1.0
XD-3 低温成膜剂	1.5～3.5
OP-10 乳化剂	1.0～3.0
水	加至 1L

制备方法：按照磷酸、柠檬酸、磷酸锌、磷酸二氢锌、氯化镁、柠檬酸钠、烷基磺酸钠、聚氧乙烯烷基苯、XD-3 低温成膜剂顺序将各物质逐一加入少量的水溶液当中，每加一种搅拌均匀后再加另一种，如此类推。为了搅拌的方便，加水量逐渐增大，最后加入 OP-10 乳化剂，并加足水搅拌均匀，即得到配方的成品。

配方应用：主要用于钢铁表面处理。

配方特点：

① 配方合理、功能全面、价格低廉、工艺简化、无污染排放、性能优异等。

② 在低温下可以工作，冬季也不必加温，蒸发损失少，既环保又节能。

配方 2：超低温多功能磷化液，见表 3-41。

表 3-41　超低温多功能磷化液原料配比

组分	质量份配比范围
磷酸	130.0～350.0
磷酸二氢盐	5.0～70.0
促进剂	1.0～10.0
添加剂	0.01～10.0
酒石酸	2.0～15.0
OP-10 乳化剂	1.0～10.0
水	加至 1L

磷酸二氢盐为磷酸二氢锌、磷酸二氢钠、磷酸二氢钙、磷酸二氢镍或磷酸二氢钴。促进剂为氯酸钠、间硝基苯磺酸钠或硝酸钠。添加剂为黄血盐、钼酸铵、三乙醇胺、硫脲或柠檬酸铵。该磷化液的游离酸度为 180～520 点，总酸度为 450～1400 点，工作温度为－15～40℃，工作时间为 0.5～15min。

制备方法：将原料加入水中，搅拌使全部溶解均匀后加入 OP-10 乳化剂，即制成本品磷化液。

配方应用：主要用于金属的磷化。使用及涂敷方法十分简便，可用喷、涂等方法一次涂敷在工件表面上，对普通碳素钢不用水洗，合金钢可用水洗，然后采用自然干燥或热风干燥。磷化液使用期间，当游离酸度低于一定值时，补加新鲜磷化液使游离酸度保持在一定值以上，便可继续使用而无废液排放。

配方特点：

① 选择不同的添加剂、促进剂，可以将高酸度磷化液的工作温度下降到－15～0℃，不需加热，大量节约能量，简化了工序，缩短了生产周期，提高了生产效率。

② 不含铬酸盐、亚硝酸盐等有害物质，在 25℃以下工作，一般无气泡或气泡很少，不会产生酸雾，无三废、无污染问题，改善了工作环境，为联动作业创造了条件。

③ 在低于 10℃时对合金钢工件的表面磷化有特殊优越性，一般磷化液中此温度下不能成膜，而本品成膜性能好，室内防锈期可在半年以上，还可避免氢脆，因此可代替化学氧化，不需涂漆和涂防锈油保存。

④ 在较大范围内调整配方及添加剂而得到广泛用途的产品，可以作为“二合一”“三合一”“四合一”磷化液使用，也可以是铁系膜或锌系膜产品。

配方 3：低温多功能金属磷化液，见表 3-42。

表 3-42　低温多功能金属磷化液原料配比

组分	质量份配比范围
氧化锌	50.0～75.0
硝酸	3.0～6.0mL
磷酸	180.0～230.0
柠檬酸	1.3～2.1
硝酸锌	240～280
亚硝酸钠	1.2～1.8
重铬酸钾	0.3～0.5
氟化钠	3.5～4.4

续表

组分	质量份配比范围
钼酸铵	0.7～1.4
氯化镁	30.0～40.0
三乙醇胺	4.0～7.0
AES表面活性剂	8.0～12.0
OP-10乳化剂	4.5～6.3
蒸馏水或去离子水	加至1L

制备方法：

① A溶液的配制：将氧化锌加适量的蒸馏水或去离子水调成糊状，再加入硝酸，然后在搅拌下缓慢加入磷酸，并加热至沸腾使之完全溶解透明。

② B溶液的配制：在容器内放入所需水量的2/3，在搅拌条件下加入钼酸铵、亚硝酸钠、氟化钠、氯化镁、硝酸锌、柠檬酸或重铬酸钾，使之全溶。

③ 全溶液的配制：将配制好的A溶液缓慢加入配制好的B溶液中，搅拌混合均匀后再加入三乙醇胺、AES表面活性剂和OP-10乳化剂，使之全溶均匀，澄清透明，即制成本品磷化液。

配方应用：主要用于金属的磷化处理。处理金属工件操作温度为25～35℃，在同一槽液中处理20～30min即可一次性完成除油、除锈、磷化和钝化等综合功能。

配方特点：操作工序少，只需3～4道工序就可代替常规磷化工艺的23～27道工序，大大减少设备的投资和作业面积，且易于实现机械化和自动化。工件经本品的磷化液处理后，所形成的磷化膜结晶均匀致密、排列整齐，其膜重在4～30g/m^2可控，抗蚀性和绝缘性高，对涂料结合力强，使用过程溶液性能稳定，用后沉渣少，易于治理和再生。

3.3.9 钢铁防锈磷化液

配方1：低温化防锈磷化液，见表3-43。

表3-43 低温化防锈磷化液原料配比

组分	质量份配比范围
磷酸	300～400
磷酸二氢锌	30～120
亚铁氰化钾	2.0～5.0
苯甲酸钠	1.0～5.0
酒石酸	2.0～5.0
多聚磷酸钠	1.0～3.0
水	加至1000

制备方法：将各组分溶于水混合均匀即可。

配方应用：用于汽车车厢、集装箱、开关箱等金属构件，尤其适合大型、特大型钢铁制品的预处理。以自然温度5～50℃除锈磷化，可完全省去加热，有显著节能效果，对一般轻锈（1～2级）无需预处理除锈，直接磷化。对小型工件采用浸渍法，对大型工件采用涂刷法，一般涂刷三遍（第二遍在第一遍未干之前进行，第三遍在第二遍未干之前进行），工作温度为5～50℃，膜重在3～10g/m^2。

配方特点：钢铁经本品处理后，在其表面的锈蚀原电池消除，并将表面的氧化铁锈逆转生成具有防锈性能的磷化膜，因此能长期有效地保护金属免受锈蚀；磷化后与油漆的结合力增强，与未磷化直接涂漆相比，结合力提高 2～10 倍；本配方施工方便，使用中无需检测，无排放，对环境保护极为有利。

配方 2：钢铁低温发蓝磷化液，见表 3-44。

表 3-44　钢铁低温发蓝磷化液原料配比

组分	质量份配比范围
磷酸	100～200
磷酸二氢盐	200～240
加速剂	6～10
络合剂	6～10
钝化剂	0.2～1.0
水	加至 1L

加速剂可加快铁基体的溶解，使金属与溶液界面处铁离子浓度增加，而氢离子浓度减小，从而加快转化膜的形成。目前使用的加速剂主要有以下几种：

① 镍盐：Ni^{2+} 是一种活化剂，能使成膜速度增加一倍，且转化膜晶格排列完整，耐蚀性提高。

② 铜盐：Cu^{2+} 在阴极上的还原形成微电池，促进阴极极化，加快铁的溶解，有利于转化膜的形成。

③ 氟化钠：它是一种活化剂，可降低氢的过电位，加快成膜。

④ 亚硝酸盐：它是一种最广泛和最有效的加速剂，能有效加快铁的溶解。

配方应用：用于发蓝工艺，由于转化膜颜色难以形成均匀的蓝黑膜，用于漆前磷化工艺，比中温磷化有更多的优越性。主要表现在基体金属与涂层有良好的结合力及良好的综合防腐蚀性能。具体处理方法如下。

将浓缩液稀释 20～30 倍得工作液；钢材在试验之前一律进行除油、除锈处理；游离酸度为 2～5 点，总酸度为 13～20 点，工作温度为 4～38℃，时间为 38min。

配方特点：

① 低温性：工作液使用温度 4～38℃；

② 低渣量：生产中基本无沉渣；

③ 速度快：处理时间 15min；

④ 低成本：每公斤磷化剂处理工件 $33m^2$；

⑤ 稳定性：工作液游离酸度（FA）：2～5 点，总酸度（TA）：13～20 点，变化范围宽，调整方便；

⑥ 该配方应用于发蓝工艺，由于转化膜颜色难以形成均匀的蓝黑膜而有一定的不足；

⑦ 该配方应用于漆前磷化工艺，比中温磷化工艺有更多的优越性，主要表现在基体金属与涂层有良好的结合力及良好的综合防腐蚀性能。

3.3.10　低温无毒磷化液

配方 1：低温无毒磷化液，见表 3-45。

表 3-45　低温无毒磷化液原料配比

组分	质量份配比范围
磷酸	12.0～18.0mL
硝酸	10.0～15.0mL
硫酸羟胺（HAS）	2.0～4.0
$NaClO_3$	0.8～1.3
氧化锌	8.0～12.0
$CuSO_4 \cdot 5H_2O$	0.6～1.0
$Na_2MoO_4 \cdot 2H_2O$	0.03～0.05
$C_6H_8O_7 \cdot H_2O$	2.0～3.0
自来水	加至 1L

制备方法：

① 将氧化锌放入自来水中溶解；

② 将磷酸、硝酸依次缓慢倒入上述浊液中，并不断搅拌；

③ 溶液完全溶解后，依次加入主促进剂 HAS 和添加剂 $CuSO_4 \cdot 5H_2O$、$Na_2MoO_4 \cdot 2H_2O$、$NaClO_3$、$C_6H_8O_7 \cdot H_2O$ 并不断搅拌；

④ 用自来水稀释定容；

⑤ 用 Na_2CO_3、HNO_3 调节游离酸度至 2.0 点，总酸度至 20 点。

配方应用：主要用于金属的磷化。

配方特点：以硫酸羟胺 HAS 为主促进剂，与其他添加剂复配，无亚硝酸盐、镍离子，减少了环境污染，有利于工人健康；在低温下操作，可节约能源；沉渣形成时间长，沉渣量少；磷化液用自来水配制。

配方 2：含植酸的低温快速磷化液，见表 3-46。

表 3-46　含植酸的低温快速磷化液原料配比

组分	质量份配比范围
磷酸	10.0
氧化锌	1.8～2.0
磷酸二氢钠	15.0
草酸	0.2
柠檬酸	0.2
六偏磷酸钠	0.3
磷酸氢二铵	3.0
硫脲	0.02
对苯二酚	0.5
植酸	0.2～0.5
去离子水	加至 1L

制备方法：按照配方将各组分溶于水混合均匀即可。

配方应用：主要用于金属的低温快速磷化。磷化液 pH 值为 2～3，稀释倍数 10～15，磷化温度 20～35℃，磷化时间为 5～15min。

配方特点：本品含植酸，可在低温条件下快速磷化金属。经磷化处理，磷化膜的主要性能指标为耐硫酸铜时间≥300s，膜重 2.0～3.4g/m^2。

3.3.11 锰系含钙磷化液

配方：见表 3-47。

表 3-47 锰系含钙磷化液原料配比

组分	质量份配比范围
磷酸	20.0～31.0
硝酸	0.5～4.0
碳酸锰	9.0～16.0
氢氧化钙	0.3～4.0
水	加至 100

制备方法：

① 先向反应釜内加入 40 份清水，然后添加磷酸，搅拌均匀。

② 向反应釜内添加碳酸锰 15 份，该碳酸锰为含锰 44%左右的粉状碳酸锰，将碳酸锰均匀搅拌，充分溶解。

③ 先用一个容器加入 10 份清水，将浓度为 90%左右的硝酸加入，再将氢氧化钙缓慢加入，使其完全溶解后加入反应釜中，即形成锰系含钙磷化液成品溶液。

配方应用：主要用于金属磷化。

配方特点：

① 金属表面形成一种黑色、致密、结晶闪烁的磷化膜，并且该磷化膜内还存在有钙离子晶核，从而进一步提高了该磷化膜的性能；

② 该含钙磷化膜可有效提高金属表面的耐磨性、防黏性和抗咬合性，并且有一定的防锈性；

③ 配方性能稳定，各种组分及配制科学合理，调控工作液比较简单，成本低，省去了镀铜等工艺，可进行产业化生产，是现有锰系磷化液的换代配方。

3.3.12 锰系磷化液

配方 1：见表 3-48。

表 3-48 锰系磷化液配方 1 原料配比

组分	质量份配比范围
磷酸	2.0～8.0
马日夫盐	1.0～10.0
硝酸钠	2.0～8.0
硝酸锌	0.5～5.0
硝酸镍	3.0～5.0
双氧水	0.5～6.0
亚硝酸钠	1.0～4.0
软化水	45.0～60.0

制备方法：准备软化水，加入磷酸、马日夫盐、硝酸钠、硝酸锌、硝酸镍、亚硝酸钠、双氧水，待完全溶解后静止 1h，即可包装。

配方应用：用于改善机械零件的减磨性，特别适合于改善齿轮的跑合性能，提高抗磨损性能，延长齿轮的使用寿命。磷化工艺温度90～96℃。

配方特点：

① 易于生产。配方中的磷化液为配伍型产品，不需要合成，工艺简便，节省了大型设备和厂房，易于操作。

② 成膜强度大。所生成的磷化膜中不掺杂沉淀物，膜层细密、微孔均匀，优于其他普通磷化膜。

③ 耐蚀性强。膜层细密、微孔均匀，可以获得优于普通磷化膜的耐腐蚀性，用 $CuSO_4$ 滴定在5min以上，经封闭处理后耐中性盐雾试验72h以上。

④ 磷化液稳定性好。通常的磷化液不稳定，易产生沉淀，难以维护。该配方中的磷化液沉渣少，有较好的稳定性。

⑤ 磨合性好。所形成的锰基磷化膜层抗磨损性能好，用SHELL四球机试验，磷化膜的卡咬负荷大于3500N。

配方2：见表3-49。

表3-49 锰系磷化液配方2原料配比

组分	质量份配比范围
磷酸	5.0～15.0
硝酸	1.0～18.0
磷酸二氢锰	5.0～20.0
氢氧化钙	0.1～3.0
氧化锌	0.2～5.0
酒石酸	1.0～5.0
水	加至100

制备方法：

① 先向反应釜内加入30份水，将2份浓度为85%的磷酸加入，搅拌均匀后再加入17份磷酸二氢锰，搅拌均匀；

② 将氧化锌用水调成糊状，并搅拌均匀，具体方法为将5份水缓慢加入3份氧化锌，边搅拌边加水；

③ 用一容器加入15份水，将7份浓度为68%左右的硝酸和6份85%的磷酸加入混合后，再缓慢加入糊状氧化锌，边加边搅拌，直至全部溶解后加入反应釜内；

④ 用一容器加5份水和5份浓度为68%的硝酸，再缓慢加入2份氢氧化钙，使其完全溶解后加入反应釜内；

⑤ 将3份酒石酸加入反应釜中，即形成含锌钙锰系磷化液成品溶液。

配方应用：主要用于金属磷化。

配方特点：

① 磷化膜内存在锌、钙组分，具有较高的硬度、附着力和耐蚀性，在油井管上卸扣过程中可有效改进螺纹表面摩擦性能，从而提高该磷化膜的耐磨性能、抗黏性能，配方磷化液用于管接箍后，卸扣次数可达8～10次。

② 传统的锰系磷化液往往含有有毒物质亚硝酸盐，此磷化液不含有毒物质，并且因含有络合剂酒石酸而性能稳定，减少了沉渣。

③ 该磷化液采用浸渍方式，通过对磷化液中离子成分的控制，在金属表面形成一种致密、黑色结晶磷化膜；生产中简化操作、方便维护，可有效应用于实际工业化生产。

④ 传统的锰系磷化液处理温度高，一般≥95℃，处理时间长，一般要在 25min 以上，而且沉渣多。本品处理温度降至 85～95℃之间，并将处理时间缩短至 15～20min，减少了能源消耗。

3.4 钝化液

3.4.1 不锈钢钝化液

配方：不锈钢零件表面钝化液，见表 3-50。

表 3-50 不锈钢零件表面钝化液原料配比

组分	质量份配比范围
硝酸锌	1.4～1.8
磷酸二氢钡	0.8～1.2
氨基三亚甲基膦酸	0.9～1.5
硫脲	0.1～0.3
去离子水	95.4～96.6

制备方法：按配方的配比称量各组分，在 20～40℃温度去离子水中，分别加入其余组分，加入顺序为氨基三亚甲基膦酸、硝酸锌、磷酸二氢钡、硫脲，混合均匀，保持温度在 20～40℃，搅拌 0.5～1.0h，冷却，得到钝化处理液。

配方应用：主要应用于对马氏体不锈钢零件表面进行钝化。对马氏体不锈钢零件机械抛光、除油、酸浸后进行钝化，钝化条件为，温度 20～40℃，时间 0.5～1.0h；然后进行封闭处理、脱水烘干，即完成全部工艺流程。除钝化处理方法外其他步骤与现有工艺相同。

配方特点：

① 不含硝酸和铬酸盐，有利于保护从业人员的健康，对环境友好。

② 钝化温度低、时间短，降低了从业人员劳动强度，减少了能源消耗。

③ 钝化处理的马氏体不锈钢零件表面形成强耐腐蚀的氧化膜，通过 240h 的盐雾试验而不生锈，表面抛光度不受影响。

④ 成本低廉，质量稳定。

3.4.2 常温高效除油除锈磷化钝化液

配方 1：钢铁常温高效除油除锈磷化钝化液，见表 3-51。

表 3-51 钢铁常温高效除油除锈磷化钝化液原料配比

组分	质量份配比范围
氧化锌	7.34～7.36
磷酸	104～106
硝酸	4.6～4.8
氯酸钠	1.0～3.0
二氧化锰	0.14～0.16
柠檬酸	1.154～1.156
水	130

制备方法：将氧化锌加入20份水中，磷酸加入40份水中，将氧化锌、磷酸两组水溶液搅拌混合均匀后依次加入硝酸、氯酸钠、二氧化锰、柠檬酸，每加入一种均需搅拌均匀后再加入下一种，最后将水加足搅拌均匀装入塑料桶成为成品入库，存放一夜后可销售使用。

配方应用：主要用作常温高效除油除锈磷化钝化液。

配方特点：

① 成分简单、容易得到、价格低廉。

② 生产工艺简单；按规定组分加足水搅拌均匀即可得合格产品，工艺成本极低。

③ 使用性能好，技术先进。

配方2：高效除锈钝化剂，见表3-52。

表3-52 高效除锈钝化剂原料配比

组分	质量份配比范围
磷酸	45.0～48.0
磷酸二氢锌	3.0～4.0
草酸	3.0～5.0
硝酸锌	7.0～9.0
聚乙二醇单辛基苯基醚	5.0～8.0
六亚甲基四胺	2.0～2.5
水	25.5～35.0

制备方法：将各组分依据比例混合均匀即得到成品。

配方应用：用于汽车、电器、金属橱柜、门窗、各种形状的钢管、薄壁冲压件、中空封闭等复杂工件及类似机器制造业的金属表面处理。

配方特点：具有除油、除锈、防锈作用，其pH值为1.8～2.0。

3.4.3 镀锌钢板钝化液

配方：见表3-53。

表3-53 镀锌钢板钝化液原料配比

组分	质量份配比范围
硝酸铈	15.0～25.0
硝酸镧	0.5～2.0
双氧水	20.0～40.0mL
硼酸	0.5～4.0
水	加至1L

制备方法：将各组分溶于水混合均匀即可。

配方应用：用于镀锌钢板的钝化。在清洁的镀锌钢板表面涂敷γ-氨丙基三乙氧基硅烷水溶液，热风吹干后，浸入到钝化液溶液，最后用热风吹干。γ-氨丙基三乙氧基硅烷水溶液含量优选10～100mL/L，使用时将其温度保持在20～60℃为佳，热风吹干的温度为40～80℃，钝化液温度优选45～55℃，在钝化液中浸渍时间优选55～65s。

配方特点：

① 选用γ-氨丙基三乙氧基硅烷水溶液这一含特定功能团的硅烷溶液，涂敷在镀锌钢板

上，其分子经水解后能在锌表面有序、紧密排列形成单分子硅烷膜，该膜与锌基体结合牢固且有利于油漆、树脂等再次涂装。

② 经本品钝化工艺处理后的镀锌钢板耐蚀性能显著提高，耐中性盐雾实验时长达 60h 以上；此外，该工艺钝化处理后的镀锌钢板对油漆等的附着力良好；本品钝化工艺简单，无需大型设备，投资小，对环境及人体友好。

3.4.4 电解金属锰表面处理钝化液

配方：见表 3-54。

表 3-54 电解金属锰表面处理钝化液原料配比

组分	质量份配比范围
乙二胺四乙酸二钠	3.12～4.74
硫酸羟胺	2.6～3.95
柠檬酸	0.52～2.37
四硼酸钠	1.04～2.77
水	80.0～110.0

乙二胺四乙酸二钠是在电解金属锰表面形成钝化膜的螯合剂，即它能在电解金属锰表面形成螯合物的钝化膜，该钝化膜不受水硬度和 pH 值的影响，性能十分稳定。硫酸羟胺具有优异的促进作用，是较好的室温促进剂，它能够进一步增强电解金属锰表面钝化膜的保护性；硫酸羟胺与四硼酸钠、柠檬酸协同作用后，可以进一步提高钝化膜的耐蚀性和加快钝化速度。

制备方法：

① 首先准备 38～50℃、80%～90%配比量的水；

② 把硫酸羟胺、柠檬酸和四硼酸钠加入准备的水中，混合搅拌，直至完全溶解；

③ 然后依次把乙二胺四乙酸二钠、38～50℃的余量水加入上述得到的溶液中，充分搅拌至完全溶解；

④ 冷却到室温备用。

配方应用：主要用于金属锰表面的钝化，具体的处理方法如下。

① 将达到电解周期后沉积了电解金属锰的阴极从电解槽中取出，沥干电解液；

② 将沥干电解液的电解金属锰放入盛有钝化液的钝化槽中，完全浸没，浸泡 10～60s 后，取出电解金属锰并沥干钝化液；

③ 将钝化后的电解金属锰用 35～55℃的热水冲洗；

④ 将冲洗干净的电解金属锰放进烘烤房中，在 80～110℃下烘烤。

配方特点：

① 能在电解金属锰表面形成一层钝化膜，使其具有良好的防腐蚀性能；

② 在电解金属锰表面钝化膜中既不含铬，也不含磷，更加有利于环境保护；

③ 膜中不含硅，所以能达到降低电解金属锰产品中硅含量的目的，对提高电解金属锰产品的质量十分有利。

3.4.5 钝化成膜液

配方 1：见表 3-55。

表 3-55　钝化成膜液配方 1 原料配比

组分	质量份配比范围
钛盐	0.05～0.5
氟化物	10～15
硝酸	2.5～7.5
水	加至 100

钛盐采用氯化钛、硫酸钛、硫酸氧钛、硝酸氧钛、钛酸钠、钛酸钾等其中的至少一种。氟化物采用氟化铵、氟氢化铵、氟化钠、氟氢化钠、氟化钾、氟氢化钾中的至少一种。硝酸可以由浓硝酸稀释获得，也可以由可溶于水的硝酸盐，如硝酸铵、硝酸钠或硝酸钾，调节溶液 pH 获得。

制备方法：将各组分溶于水混合均匀即可。

配方应用：主要应用于钢铁表面钝化处理，具体应用步骤如下。

① 将钢铁表面进行脱脂处理后用去离子水漂洗；

② 对钢铁表面进行除锈处理后用去离子水漂洗；

③ 使用该水溶液在钢铁表面进行转化处理，使用时温度控制在 1～40℃，pH 为 0.1～0.5，与钢铁表面的接触时间为 5～60min；

④ 将转化处理后的钢铁表面用去离子水清洗后，自然干燥，即在钢铁表面形成色泽均匀的钝化膜。

配方特点：

① 不含会导致水体富营养化的磷酸盐、致癌物六铬价（铬酸盐）以及有毒的金属离子，不仅对环境的污染大大减轻，而且成本大幅度降低。

② 充分利用了稀硝酸的氧化性和强酸性，将钢铁表面的铁氧化为三价铁离子或低价铁，氧化物氧化为能够溶于酸的三氧化二铁而成为三价铁离子，转化液中的氟离子与三价铁离子络合形成氟铁络离子后，将与转化液中的铵离子、钾离子或钠离子反应生成氟铁酸盐沉淀，结果在钢铁表面形成难溶的以氟铁酸盐为主要成分的致密转化膜层，使钢铁的耐腐蚀性大大提高。所生成的钝化膜，利用了钢铁表面本身溶解的成分 Fe^{3+} 形成转化膜的特点，使得致密的转化膜易于在钢铁表面形成，而且转化膜耐蚀性好、有机涂层附着力强。

配方 2：见表 3-56。

表 3-56　钝化成膜液配方 2 原料配比

组分	质量份配比
钼酸钾	5
钨酸钠	1.2
磷酸二氢钠	30
硅酸钠	18
硫脲	30
苯并三氮唑	15
水	加至 1L

制备方法：钼酸钾、钨酸钠、磷酸二氢钠、硅酸钠、硫脲、苯并三氮唑与水混合，制成 1L 溶液并调节其 pH 值为 7.5。

配方应用：主要应用于钢铁表面钝化处理。

配方特点：易于在钢铁表面成膜，且转化膜致密、耐蚀性好，与有机涂层附着力强。

配方 3：见表 3-57。

表 3-57 钝化成膜液配方 3 原料配比

组分	质量份配比
钼酸钠	40
钨酸钾	0.8
2-磷酸基-1,2,4-三羧酸丁烷	20
硅酸钠	15
硫脲	25
苯并三氮唑	25
水	加至 1L

制备方法：钼酸钠、钨酸钾、2-磷酸基-1,2,4-三羧酸丁烷、硅酸钠、硫脲、苯并三氮唑与水混合，制成 1L 溶液并调节其 pH 值为 4。

配方应用：主要应用于钢铁表面钝化处理。

配方特点：易于在钢铁表面成膜，且转化膜致密、耐蚀性好。

配方 4：见表 3-58。

表 3-58 钝化成膜液配方 4 原料配比

原料	质量份配比
钼酸铵	20
钨酸铵	1.0
羟基亚乙基二膦酸	25
硅酸钠	20
硫脲	20
苯并三氮唑	20
水	加至 1L

制备方法：钼酸铵、钨酸铵、羟基亚乙基二膦酸、硅酸钠、硫脲、苯并三氮唑与水混合，制成 1L 溶液并调节其 pH 值为 9。

配方应用：应用于易切削钢表面无铬钝化。

配方特点：

① 提供的无铬钝化液，包含高效的沉积膜成膜剂钼酸盐、钨酸盐、磷酸盐和硅酸盐，以及吸附膜成膜剂硫脲和苯骈三氮唑。

② 使用时沉积膜成膜剂与金属表面形成牢固的沉积膜，吸附膜成膜剂吸附在沉积膜上形成钝化膜。这样形成的钝化膜连续而完整，将原先化学性质活泼的金属表面转变为化学性质呈惰性的金属表面，达到隔绝与外界物质的化学反应，从而达到长期防锈的作用，钝化效果好。

③ 可应用于易切削钢表面无铬钝化，使用方便，成膜时间较短，反应温度低。

3.4.6 环境友好型钝化液

配方 1：氨基硅烷偶联剂、环氧基硅烷偶联剂作为主要成分的金属表面处理剂，见表 3-59。

表 3-59 氨基硅烷偶联剂、环氧基硅烷偶联剂作为主要成分的金属表面处理剂原料配比

组分	质量份配比范围
氨基硅烷偶联剂	5～15
环氧基硅烷偶联剂	2～10
氟锆酸	0.1～2.5
氟钛酸	0.1～25
钨酸盐	0.05～1
改性纳米二氧化硅	0.005～0.1
水	加至 1L

制备方法：

① 在三口烧瓶中加入 60g 丙酮和 1g 纳米二氧化硅，超声分散均匀，加入 3-氨基丙基三乙氧基硅烷 1g，再加入含有 1mL 三乙胺的去离子水 10mL 作为催化剂，55℃下回流反应 4h，过滤，用丙酮洗涤三次，在真空干燥箱 60℃下干燥 24h，得到表面含有氨基的纳米二氧化硅；

② 将 0.05mol 的二苯基甲烷-4′4-二异氰酸酯溶解于 20mL 的甲苯，得到甲苯二异氰酸酯溶液，然后将 0.05mol 三羟甲基丙烷溶解于 20mL 二甲基亚砜溶液，得到三羟甲基丙烷溶液，再将三羟甲基丙烷溶液加入带搅拌和回流装置的三口烧瓶中，在 40℃氮气保护下，向其中缓慢加入甲苯二异氰酸酯溶液中；

③ 滴加完后，体系在 40℃下继续反应 10h，然后向反应介质中加入 0.002mol 的苯酚，加热，在 100℃下反应 5h；

④ 反应结束后，减压蒸馏出溶剂，所得产物用四氢呋喃甲醇溶解、沉降 3 次，过滤，60℃真空干燥 24h，得到超支化聚氨酯；

⑤ 在三口烧瓶中加入上述合成的表面含有氨基的纳米二氧化硅 0.1g、超支化聚氨酯 1g 以及 *N*,*N*-二甲基甲酰胺 50mL，室温下搅拌均匀，在 40℃下反应 10h，然后在甲醇中沉降和过滤，得到超支化聚氨酯和纳米二氧化硅的复合物，即所述改性纳米二氧化硅；

⑥ 用氨基硅烷偶联剂改性纳米二氧化硅，再将其与异氰酸酯基封端的超支化聚氨酯复合，其中氨基硅烷偶联剂和环氧基硅烷偶联剂的重量比为 1∶(0.25～0.5)，钨酸盐选钨酸钠或者钨酸钙中的一种，且氨基硅烷偶联剂和环氧硅烷偶联剂的总重量、氟锆酸和氟钛酸的总重量与钨酸盐的重量比为 1∶(0.1～0.2)∶(0.005～0.05)，按比例添加后的水溶液，即为以硅烷偶联剂为主要成分的金属表面处理剂。

配方应用：金属表面处理剂是一种有机掺杂无机构成的水基混合液，会在金属表面形成复合覆膜，其中硅烷偶联剂在金属表面形成三维网状结构的有机物覆膜，而氟锆酸和氟钛酸形成的锆、钛的氢氧化物或者氧化物、钨酸盐等将作为无机钝化剂填充在上述三维网络的缝隙中，并且当膜层受到刮伤或者机械损伤时，附近膜层中的无机钝化剂会在一定条件下转移到此受损处，形成填补型无机转化膜，降低金属腐蚀速率。主要用于由铁、锌、铝等多种金属材料所构成的汽车车身或汽车用零件等。

配方特点：

① 金属表面处理剂提供了一种不含磷、不含铬酸盐、无毒、无害、无污染的金属表面处理剂，涂布性能和液体稳定性优异，耐腐蚀性和密合性强；

② 硅烷化技术与传统金属表面处理工艺相比，不会产生含有重金属的废水及废渣，对环境也更加友好；

③ 硅烷偶联剂会在金属表面反应形成一层超薄的硅烷膜，与金属底材和涂料涂层均有良好的附着力，适用于金属涂装防护的各种工业领域，如家用电器、金属办公家具、汽车制造、电力设备、仓储货架等。

配方 2：乙烯基三乙氧基硅烷（VTES）偶联剂为主要成分的表面处理剂，见表 3-60。

表 3-60　乙烯基三乙氧基硅烷偶联剂为主要成分的表面处理剂原料配比

组分	体积配比
乙烯基三乙氧基硅烷	4
乙醇	90
去离子水	6

制备方法：乙醇 90mL 和去离子水 6mL 混合置于磁力搅拌器上，搅拌过程中向混合溶液中缓慢滴加入 4mLVTES，25℃搅拌后静置水解 15d，得以乙烯基三乙氧基硅烷偶联剂为主要成分的表面处理剂溶液（pH 4～5）。

配方应用：

① 纯铝硅烷化试样的制备。纯铝试样（30mm×40mm×1mm）的表面硅烷化处理过程：分别使用 600＃、800＃、1000＃、1500＃、2000＃金相砂纸打磨→丙酮中超声清洗脱脂→去离子水清洗→吹干→硅烷成膜处理→加热固化。

② 热镀锌钢板硅烷化试样的制备。热镀锌钢板试样（30mm×40mm×1mm）的表面硅烷化处理过程：碱性脱脂剂中超声清洗 5min→去离子水清洗→吹干→硅烷化成膜处理→加热固化。

配方特点：

① 硅烷偶联剂的水解介质为乙醇与去离子水的混合溶剂，VTES 水解产生硅醇，水的增加可以促进硅醇的水解，而乙醇的增加可以提高硅烷溶液的稳定性；

② 溶液配比、水解时间、固化温度和固化时间对硅烷膜层的耐蚀性影响较大；

③ VTES 硅烷膜层制备工艺在纯铝表面能够获得耐蚀性、致密性及结合力都较好的硅烷膜层；

④ VTES 硅烷化处理的热镀锌钢板的阻抗值与空白机体相比，虽有提高，但其表面膜层的耐蚀持久度较差。

配方 3：以乙烯基二氯硅烷为主要成分的表面处理剂，见表 3-61。

表 3-61　以乙烯基二氯硅烷为主要成分的表面处理剂原料配比

组分	体积配比
乙烯基二氯硅烷	90
乙醇	5
去离子水	5
乙酸	pH＝4～5

制备方法：将去离子水 5mL、乙醇 5mL 的混合物来与乙烯基二氯硅烷 90mL 混合，制作成乙烯基二氯硅烷溶液。其制作过程是先把乙醇添加到去离子水中，把溶液放置在磁力搅拌器上混合均匀，之后把乙烯基二氯硅烷慢慢加入混合好的溶液中，再加入少量的乙酸对溶液的 pH 值进行调节，让其保持在 4～5。最后，持续对溶液进行混合搅拌大约 3h，直到溶液呈透明状。

配方应用：硅烷与水溶液充分混合之后，把钢材放置于溶液中 2min，然后把钢材取出，放置在烘箱中对其进行加热，使钢材表面生成硅烷膜，整个过程控制在 70～80℃，时间保持在 1h 之内。

配方特点：

① 水解溶液使用水和乙醇的混合溶液，这种溶液的性质比较稳定，可以确保硅烷剂的配比，形成质量较好的硅烷溶液；

② 处理后的钢材在硅烷溶液中浸泡 2min，温度掌握在 70～80℃，固化时间掌握在 0.5h～1h，抗腐蚀性最好；

③ 用硅烷处理样品的抗腐蚀性比磷化处理的性能更好，对环境污染更少，投资更低，6 年内不会出现腐蚀，对于提高国产汽车零件的性能有非常好的作用。

3.5 缓蚀剂

3.5.1 清洗缓蚀剂

配方：黑色金属清洗缓蚀剂，见表 3-62。

表 3-62 黑色金属清洗缓蚀剂原料配比

组分	质量份配比范围
己二腈	100
工业磷酸	19～21
水	200
除渣剂氯化钙	19～21
丙炔醇	7.5～9.0
氯化亚铜	1.4～1.6
聚氧乙烯辛基苯酚醚-10 或聚氧乙烯辛基苯酚醚-15	4.4～4.6

制备方法：

① 将己二腈残渣加入反应釜中，然后加入工业磷酸和水，在 20～60℃下搅拌溶解 3h；

② 溶解后加入除渣剂（氯化钙）搅拌 10min，排料过滤；

③ 将滤液静止沉淀 10～24h，然后进行二次过滤，并在溶液中加入丙炔醇、氯化亚铜、聚氧乙烯辛基苯酚醚-10 或者聚氧乙烯辛基苯酚醚-15；

④ 将配制好的药液装桶，便制得黑色金属清洗缓蚀剂。

配方应用：用于冷轧钢板、圆盘等除去氧化皮，也可用于磷化、电镀前的除锈处理以及化工设备除锈、除垢的化学清洗，因此可广泛应用于石油化工、钢铁、机械、化工等工业领域。

配方特点：

① 采用化学除渣剂，解决酸洗后的金属表面流挂现象，提高表面处理质量，有利于磷化、电镀等表面处理工作的进行。

② 采用丙炔醇增效剂，既提高缓蚀效果，又降低单耗，有显著的经济效益。所制得的黑色金属缓蚀剂，具有缓蚀效率高、抑制酸雾能力强、分散性能好、价格低廉、无刺激性气味等特点。

3.5.2 气相缓蚀剂

气相缓蚀剂是一种能挥发、蒸气压较低且其蒸气具有防腐作用的物质。它主要用于重要机器零件（如轴承等）在贮藏和运输过程中的防腐。其防腐机理并不十分清楚，主要还是和气相缓蚀剂在金属表面的吸附有关。最有效也是使用最广的一种气相缓蚀剂是亚硝酸二环己烷基胺，这是一种无毒无气味的白色结晶，挥发较慢，在较好的封闭包装空间中，室温下对钢铁制件可以有一年的有效防腐期。它的缺点是，会加速一些有色金属如锌、镉等的腐蚀，所以在使用时应特别注意制件中有无有色金属。

配方：黑色金属气相缓蚀剂，见表 3-63。

表 3-63　黑色金属气相缓蚀剂原料配比

组分	质量份配比范围
肉桂酸	0.8～1.5
酒精	2.5～4.5
去离子水	30.0～60.0
苯甲酸铵	1.0～2.0
尿素	1.5～3.0
苯甲酸钠	2.0～4.0
乌洛托品	1.5～3.0

制备方法：

① 先将肉桂酸用酒精溶解，制成 A 溶液，备用。

② 将去离子水放入反应釜中，依次加入以上其余各组分并充分搅拌到溶解，为 B 溶液。再在 B 溶液中加入已经配制好的 A 溶液，混合搅拌均匀。

③ 用氨水调整混合液的 pH 值至 9～10。

配方应用：可用于机械零件和大型部件。具体应用如下。

① 机械零件：轴承、齿轮、螺栓、螺母、阀门等小型精密黑色金属零件的仓储（1～2年）或海运（高湿度环境）保护。

② 大型部件：发动机缸体、机床导轨等未涂装的毛坯件，在密封车间或集装箱内储存时，可在角落放置缓蚀剂颗粒袋，防止环境湿气腐蚀。

配方特点：

① 制成的缓浊液中有害物质的含量极低，因此在生产和使用过程中能够保持低污染，有利于环保，能达到欧盟的 RoHS 指令要求。

② 防锈性能好，产品能达到标准要求。

③ 生产制备方法简单，原料价格较低，因而生产成本低，易于推广应用。

3.5.3　碳钢缓蚀剂

配方：见表 3-64。

表 3-64　碳钢缓蚀剂原料配比

组分	质量份配比范围
稀盐酸（浓度为 0.1～1.0mol/L）	100.0L
嘌呤类化合物	10.0～100.0

原理：嘌呤类化合物（鸟嘌呤、腺嘌呤、二氨基嘌呤、一硫代嘌呤或二硫代嘌呤）是典型的杂环化合物，含有杂原子以及平面的共轭体系，分子内含有杂环、氮、硫等原子或原子团，能有效地吸附于碳钢表面，起到缓蚀作用。从结构上看其具备缓蚀剂的条件，但是目前

对这类化合物的研究比较少见。

制备方法：酸洗液为稀盐酸，浓度为 0.1～1.0mol/L，用量为 100.0L；向其中加入嘌呤类化合物，在室温条件下清洗，浸没 1～2h 即可。

配方应用：用于防止碳钢及其制品在酸洗过程中不必要的全面腐蚀和局部腐蚀。

配方特点：

① 配比简单，清洗剂中使用的主要成分嘌呤类化合物来源广泛，成本较低。

② 使用天然物质作为缓蚀剂主要成分。嘌呤广泛存在于生物体内，是生物活性物质，可以从生物体的核蛋白质、可可碱、茶碱、咖啡碱中提取。其为无毒无害绿色物质，与目前化学合成的缓蚀剂相比，不存在使用后的环境问题，对环境和生物无毒无害，符合缓蚀剂发展的趋势，具有良好的应用前景。

③ 用于碳钢及其产品的工业酸洗，可有效抑制金属基体在酸中的有害腐蚀，与目前常用的酸洗缓蚀剂比较，其具有用量低、缓蚀效率高、持续作用能力强的突出优点，可反复使用。

3.5.4 钢铁缓蚀剂

配方 1：抑制钢铁在 10%～25%食盐溶液中腐蚀的新型缓蚀剂，见表 3-65。

表 3-65 抑制钢铁在 10%～25%食盐溶液中腐蚀的新型缓蚀剂原料配比

组分	质量分数范围/%
硫脲	41.0～61.0
磷酸三乙醇胺	0.5～3.5
磷酸二氢锌	0.5～3.5
乌洛托品	35.0～55.0
食盐	10.0～25.0

原理：

① 选用硫脲作为新型缓蚀剂的主要成分，由于硫脲分子中具有两个杂化原子 N 和一个杂化原子 S，它可以与二价 Fe 离子络合，最终转化成不溶性硫化铁保护膜。

② 利用“分子裁剪法”合成的磷酸三乙醇胺，进一步加强醇胺基团和磷酸根之间的协同作用。它在溶解氧的协同作用下，能在钢铁表面形成由磷酸三乙醇胺、γ-三氧化二铁、四氧化三铁、磷酸铁组成的多重保护膜，同时由于它的支链多，当膜破损时仍具有自修复的能力。

③ 把磷酸二氢锌引入此类缓蚀剂配方中，它与磷酸二氢钠或非水解性的锌盐（如 $ZnSO_4$）相比较具有更多优点。磷酸二氢锌具有水解性，能在钢铁表面阴极反应处形成不溶性的 $Zn_3(PO_4)_2$ 沉积膜（钢铁锌系磷化），这是磷酸二氢钠或非水解性锌盐（如 $ZnSO_4$ 等）所不具备的。磷酸二氢锌能电离，磷酸根在溶解氧的协同作用下，与 Fe^{2+} 反应，在钢铁表面形成不溶性的 $FePO_4$ 沉积膜（钢铁铁系磷化），其作用与使用磷酸二氢钠时相同；而 Zn^{2+} 有可能以氢氧化锌［$Zn(OH)_2$］的形式在钢铁表面形成阴极型的沉淀膜，这种膜不牢固，但能增效，其作用与使用非水解性的锌盐（如 $ZnSO_4$ 等）相同。

④ 在新型缓蚀剂中引入乌洛托品，由于乌洛托品中具有四个杂化原子 N，所以它能与钢铁表面裸露的铁原子结合，直接吸附在钢铁表面，抑制钢铁腐蚀阴、阳共轭过程，避免缓蚀剂在钢铁表面形成保护膜期间阳极上的铁溶解过快而使钢铁腐蚀率增大，同时它本身也可以作为保护膜的有效成分，提高保护效果。

⑤ 通过复配实验，可达到优化组合。

制备方法：

① 将硫脲和乌洛托品的混合物配制成水溶液，即 A 液，总含量为 100mg/mL，硫脲和乌洛托品之比是 51∶45。

② 按磷酸三乙醇胺与磷酸二氢锌之比 1∶1，配制成总含量 100mg/mL 的混合溶液 B 液。

③ 先将 A 液加入食盐溶液中，搅匀后再加入 B 液，继续搅拌均匀，即可使用。

配方应用：用作抑制钢铁在 10%～25%食盐溶液中腐蚀的缓蚀剂。

配方特点：缓蚀剂浓度为 1000～2500mg/kg 时，不仅能在钢铁表面形成多重保护膜，而且当膜破损时，具有自修复能力，对钢铁腐蚀的抑制效果极佳，对 A3 钢的缓蚀率高达 98%；高效、剂量小、成本低、无毒、无公害；工序简单，不需预膜。

配方 2：抑制钢铁在海水中腐蚀的新型缓蚀剂，见表 3-66。

表 3-66 抑制钢铁在海水中腐蚀的新型缓蚀剂原料配比

组分	质量份配比范围
钼酸钠	45.0～55.0
磷酸三乙醇胺	25.0～35.0
磷酸二氢锌	15.0～25.0

原理：

① 选用缓蚀性能好、低毒无公害的钼酸钠作为新型缓蚀剂的主要成分。

② 利用“分子裁剪法”合成的磷酸三乙醇胺，加强醇胺基团和磷酸根之间的协同作用。它在溶解氧的协同作用下，能在钢铁表面形成磷酸三乙醇胺、γ-三氧化二铁、四氧化三铁、磷酸铁所组成的多重保护膜，同时由于它的支链多，当膜破损时尚有自修复的能力，与钼酸钠的复配性极佳。

③ 把磷酸二氢锌引入海水介质缓蚀剂配方中，它与正磷酸盐或非水解性的锌盐（如 $ZnSO_4$）相比较具有更多的优点。磷酸二氢锌具有水解性，能在钢铁表面阴极反应处形成不溶性的 $Zn_3(PO_4)_2$ 沉积膜（钢铁锌系磷化），这是正磷酸盐或非水解性锌盐（如 $ZnSO_4$ 等）所不具备的。磷酸二氢锌能电离，磷酸根在溶解 O_2 的协同作用下，与 Fe^{2+} 反应，在钢铁表面形成不溶性的 $FePO_4$ 沉积膜（钢铁铁系磷化），其作用与使用磷酸二氢钠相同，而 Zn^{2+} 有可能以氢氧化锌 $Zn(OH)_2$ 的形式在钢铁表面形成阴极型的沉淀膜，这种膜不牢固，但能增效，其作用与使用非水解性的锌盐（如 $ZnSO_4$ 等）相同。

④ 通过复配实验，达到优化组合。

制备方法：

① 取少量水，加入钼酸钠，充分搅拌至全溶，即为 A 液；取少量水，加入磷酸三乙醇胺，充分搅拌，并静置片刻，然后加入磷酸二氢锌，继续搅拌至全溶，最后补足水量，搅匀即为 B 液。

② 将 A 液钼酸钠溶液加入海水介质中搅匀后，再加入 B 液，继续搅拌至缓蚀剂三组分均匀分散在海水介质中，即可投入使用。

配方应用：用作抑制钢铁在海水中腐蚀的缓蚀剂。抑制钢铁在海水中腐蚀的方法包括在盐水中添加 80～230mg/kg 的 XM-404 海水介质缓蚀剂及该缓蚀剂的配制和使用。

配方特点：这种缓蚀剂浓度为 80～230mg/kg 时，不仅能在海水中的钢铁表面形成多重保护膜，而且当膜破损时，具有自修复能力，对钢铁在海水中腐蚀的抑制效果极佳，缓蚀率高达 99.73%；并且所需剂量小、成本低，原材料无毒、无公害；工序简单，不需预膜。

配方 3：抑制钢铁在盐水中腐蚀的新型缓蚀剂，见表 3-67。

表 3-67　抑制钢铁在盐水中腐蚀的新型缓蚀剂原料配比

组分	质量分数范围/%
钼酸钠	35.0～45.0
磷酸三乙醇胺	5.0～9.0
磷酸二氢锌	2.0～4.0
乌洛托品	45.0～55.0
食盐	10.0～25.0
水	适量

制备方法：

① 取少量水，加入钼酸钠，充分搅拌至全溶，即为 A 液；取少量水，加入乌洛托品，充分搅拌至全溶，即为 B 液；取少量水，加入磷酸三乙醇胺，充分搅拌，并静置片刻，然后加入磷酸二氢锌，继续搅拌至全溶，最后补足水量，搅匀即为 C 液。

② 将 A 液钼酸钠溶液、B 液乌洛托品溶液和 C 液按顺序加入盐水介质中，每次添加都要充分搅拌，使缓蚀剂各组分均匀分散在盐水介质中，即可投入使用。

配方应用：用于抑制钢铁在盐水中的腐蚀。抑制钢铁在盐水中腐蚀的方法包括在盐水中添加 1000～2500mg/kg 的 XM-606 盐水介质缓蚀剂及该缓蚀剂的配制和使用。

配方特点：缓蚀剂浓度为 1000～2500mg/kg 时，不仅能在盐水中的钢铁表面形成多重保护膜，且当膜破损时，具有自修复能力，对钢铁在盐水中腐蚀的抑制效果极佳，缓蚀率高达 99.24%；并且所需剂量小、成本低，原材料无毒、无公害。

配方 4：抑制钢铁在自来水中腐蚀的新型缓蚀剂，见表 3-68。

表 3-68　抑制钢铁在自来水中腐蚀的新型缓蚀剂原料配比

组分	质量份配比范围
钼酸钠	40.0～60.0
磷酸三乙醇胺	3.0～23.0
磷酸二氢锌	3.0～23.0
三聚磷酸钠	14.0～34.0
自来水	适量

制备方法：

① 取少量水，加入钼酸钠，充分搅拌至全溶，即为 A 液；取少量水，加入磷酸三乙醇胺，充分搅拌，并静置片刻，然后加入磷酸二氢锌，继续搅拌至全溶，再加入三聚磷酸钠，搅拌至全溶，最后补足水量，搅匀即为 B 液。

② 将 A 液钼酸钠溶液加入自来水介质中，搅匀后再加入 B 液，充分搅拌均匀，即可投入使用。

配方应用：用于抑制钢铁在自来水中的腐蚀。钢铁在自来水中腐蚀的抑制方法包括在自来水中添加 75～250mg/kg 的 XM-202 自来水介质缓蚀剂及该缓蚀剂的配制和使用。

配方特点：缓蚀剂浓度为 75～250mg/kg 时，不仅能在自来水中的钢铁表面形成多重保护膜，而且当膜破损时，具有自修复能力，对钢铁在自来水中腐蚀的抑制效果极佳，缓蚀率高达 100%；高效、剂量小，成本低、低毒、无公害，工序简单、不需预膜，兼有一定的阻垢功能，可做水质稳定剂使用。

3.5.5 复合型缓蚀剂

配方 1：抑制甲醇溶液中碳钢腐蚀的复合缓蚀剂，有机复合缓蚀剂和无机复合缓蚀剂分别见表 3-69 和 3-70。

表 3-69 抑制甲醇溶液中碳钢腐蚀的有机复合缓蚀剂原料配比

组分	质量份配比范围
锌盐	8.8～35.5
羟基膦酸基乙酸	4.0～16.0
其他有机膦酸	4.0～8.0
稀硫酸、浓盐酸或稀盐酸	1.0～3.0
水	16.7～35.2

其他有机膦酸不同于羟基膦酸基乙酸，可选羟基亚乙基二膦酸、2-膦酸基-1,2,4-三羧酸丁烷、二乙烯三胺五亚甲基膦酸、氨基三亚甲基膦酸和乙二胺四亚甲基膦酸，优选为羟基亚乙基二膦酸、2-膦酸基-1,2,4-三羧酸丁烷、二乙烯三胺五亚甲基膦酸，更优选为羟基亚乙基二膦酸、2-膦酸基-1,2,4-三羧酸丁烷。锌盐可选硫酸锌和氯化锌，优选为七水合硫酸锌。

有机复合缓蚀剂中，相对于所处理的甲醇溶液中水量的，羟基膦酸基乙酸的有效浓度（以活性物含量计）为 1.0～10.0mg/L，有机膦酸的有效浓度（以活性物含量计）为 0～10.0mg/L，锌盐的有效浓度（以 Zn^{2+} 计）为 1.0～10.0mg/L；优选羟基膦酸基乙酸的有效浓度为 2.0～6.0mg/L，有机膦酸的有效浓度为 1.0～10.0mg/L；锌盐的有效浓度（以 Zn^{2+} 计）为 2.0～6.0mg/L。

表 3-70 抑制甲醇溶液中碳钢腐蚀的无机复合缓蚀剂原料配比

合成物	组分	质量份配比范围
A 剂	磷酸氢盐	1.3～11.5
	锌盐	17.7～70.6
	稀硫酸、浓盐酸或稀盐酸	1.0～3.0
	水	26.2～71.7
B 剂	钼酸盐	6.1～60.5
	水	15.9～79.5

锌盐可选硫酸锌和氯化锌，优选为七水合硫酸锌。钼酸盐为钼酸钠或钼酸钾，优选为二水合钼酸钠。磷酸氢盐选自磷酸二氢钾、磷酸二氢钠、磷酸氢二钾、磷酸氢二钠，优选为磷酸二氢钾、磷酸二氢钠。

无机复合缓蚀剂中，相对于所处理的甲醇溶液中水量的，磷酸氢盐的有效浓度（以 PO_4^{3-} 计）为 1.0～10.0mg/L，锌盐的有效浓度（以 Zn^{2+} 计）为 1.0～20.0mg/L；钼酸盐的有效浓度（以 MoO_4^{2-} 计）为 1.0～50.0mg/L；优选磷酸氢盐的有效浓度为 1.0～5.0mg/L，锌盐的有效浓度（以 Zn^{2+} 计）为 1.0～10.0mg/L，钼酸盐的有效浓度为 1.0～10.0mg/L。

制备方法：

① 有机复合缓蚀剂的制备：每种组分的加料次序并不重要，锌盐、羟基膦酸基乙酸、其他有机膦酸、水按预定的比例混合配成一种复合有机缓蚀剂溶液。在有机复合缓蚀剂的制备过程中，还可加入少量的酸（如稀硫酸、浓盐酸或稀盐酸等），以促进锌盐的溶解，从而尽快得到所需浓度的均一溶液。

② 无机复合缓蚀剂的制备：为防止磷酸氢盐与钼酸盐混合成高浓度溶液时产生沉淀，将磷酸氢盐、锌盐及水，钼酸盐及水分别按预定的比例混合配制成两种缓蚀剂溶液，共同组成本品的无机复合缓蚀剂。在磷酸氢盐和锌盐的混合溶液制备过程中，还可加入少量的酸（如稀硫酸、浓盐酸或稀盐酸等），以促进锌盐的溶解，从而尽快得到所需浓度的均一溶液。

③ 将两种缓蚀剂溶液先后或同时加入甲醇溶液中，加入次序并不重要。

配方应用：复合缓蚀剂适用于抑制与甲醇溶液接触的碳钢腐蚀。

配方特点：用于处理甲醇溶液时，能够解决甲醇溶液对碳钢设备造成的腐蚀问题，使碳钢的腐蚀速率大大降低，同时缓蚀率较高；而且操作简单、方便快捷、安全有效，不会对甲醇的进一步分离和回收利用产生不利影响。

配方 2：抑制乙酸溶液中碳钢腐蚀的复合缓蚀剂，见表 3-71。

表 3-71　抑制乙酸溶液中碳钢腐蚀的复合缓蚀剂原料配比

组分	质量份配比范围
阻硅剂 PAMAM-1.0	2.0～4.0
无水硅酸盐	10.0～30.0
去离子水	加至 100

可溶性硅酸盐为硅酸钠和/或硅酸钾，优选为硅酸钠。配方的复合缓蚀剂中，相对于待处理的乙酸溶液，硅酸盐的有效浓度（以 SiO_2 计）为 50.0～200.0mg/L，阻硅剂 PAMAM-1.0 的有效浓度（以活性物含量计）为 20.0～100.0mg/L；优选硅酸盐的有效浓度（以 SiO_2 计）为 80.0～150.0mg/L，阻硅剂 PAMAM-1.0 的有效浓度（以活性物含量计）为 40.0～80.0mg/L。

制备方法：

① 取阻硅剂溶于去离子水中，取无水硅酸钠盐，加入上述溶液中，搅拌使其充分溶解，补加去离子水至溶液为 100，即得到配方缓蚀剂。

② 在制备配方所述的复合缓蚀剂时，每种组分的加料次序并不重要，无水硅酸盐、阻硅剂以及水按预定的比例混合配成复合缓蚀剂溶液。可以先将阻硅剂 PAMAM-1.0 和无水硅酸盐各自配成溶液再混合，也可以先将阻硅剂 PAMAM-1.0 或无水硅酸盐溶于一定量水，再加入无水硅酸盐或阻硅剂，待固体全部溶解后，补加水制成缓蚀剂。

配方应用：主要用于抑制甲醇制烯烃（MTO）过程工艺水中碳钢设备的腐蚀。

配方特点：

① 将复合缓蚀剂加入待处理的乙酸溶液中，能够很好地抑制与乙酸溶液接触的碳钢的腐蚀，尤其能够抑制甲醇制烯烃（MTO）过程工艺水对碳钢设备的腐蚀，缓蚀效果好，且不会对工艺过程产生不良影响。

② 乙酸溶液的温度可以在很宽范围内变化，如可以为 10～90℃，pH 值可以在 3.0～6.0 范围内变化，对于甲醇制烯烃（MTO）过程工艺水，其温度一般在 70～90℃范围内变化，pH 值在 3.0～6.0 范围内变化。

配方 3：用于低硬度低碱度水体系的碳素钢腐蚀的复合缓蚀剂，见表 3-72。

表 3-72　用于低硬度低碱度水体系的碳素钢腐蚀的复合缓蚀剂原料配比

组分	质量份配比范围
多羟基羧酸盐	16.0～29.0
钨酸盐	6.0～28.0

续表

组分	质量份配比范围
聚羧酸	2.0～10.0
羧酸共聚物	3.0～5.0
锌盐	1.5～2.5
水	39.0～55.0

多羟基羧酸盐为葡萄糖酸钠；钨酸盐为钨酸钾、钨酸钠或二水钨酸钠；聚羧酸为聚天冬氨酸或聚环氧琥珀酸；羧酸共聚物为马来酸-丙烯酸共聚物（MA/AA）；锌盐为无水硫酸锌或七水合硫酸锌。

制备方法：将缓蚀剂的各组分和水混合均匀，即得到本品缓蚀剂。

配方应用：主要用于防止低硬度低碱度水体系的碳素钢的腐蚀。用于低硬度低碱度水体系的碳素钢腐蚀的复合缓蚀剂的使用剂量为200～300mg/L。

配方特点：制备简单，用于低硬度低碱度水体系的碳素钢防腐蚀，碳素钢腐蚀速度小于GB/T 50050—2017 规定值 0.075mm/a；复合缓蚀剂不含磷，有利于环境保护。

3.5.6 水溶性缓蚀剂

配方 1：抑制碳钢 CO_2 腐蚀的水溶性缓蚀剂，见表 3-73。

表 3-73 抑制碳钢 CO_2 腐蚀的水溶性缓蚀剂原料配比

组分	质量份配比范围
松香胺	10.0～40.0
单元酸	5.0～30.0
硫脲或硫脲衍生物	5.0～30.0
溶剂	10.0～50.0

其中单元酸为乙酸、丙烯酸、氯乙酸，溶剂为水、乙醇、乙二醇或异丙醇；硫脲衍生物的通式为 $NH_2CSNH—R$，其中 R 可以为 H、NH_2、CH_3。

制备方法：将松香胺、单元酸、硫脲或硫脲衍生物、溶剂相互混合，搅拌均匀，制得完全水溶性的抑制 CO_2 腐蚀的缓蚀剂。

配方应用：可用于干净的材料表面，也可作用于覆盖有腐蚀产物碳酸亚铁膜的材料表面，更适用于油田含 CO_2 油井的实际工况。

配方特点：

① 是一种完全水溶性的化学品，适用范围广；

② 缓蚀剂还具有生产简单、无毒无异味、用量少等特点；

③ 向含有 CO_2 的油井或集输管线中注入该缓蚀剂，可大大抑制油套管和集输管线的腐蚀，降低生产成本。

配方 2：抑制碳钢海水腐蚀的水溶性缓蚀剂，见表 3-74。

表 3-74 抑制碳钢海水腐蚀的水溶性缓蚀剂配方 2 原料配比

组分	质量份配比范围
壳聚糖	4.0～6.0g
第一次加入蒸馏水	70～80（体积）

续表

组分	质量份配比范围
30% H_2O_2	10～30（体积）
第二次加入蒸馏水	45～65（体积）
无水乙醇	450～800（体积）

制备方法：

① 混合液为30%H_2O_2和蒸馏水按质量比2∶(3～13)混合；

② 将壳聚糖、蒸馏水按照质量比1∶(14～16)混合，缓慢加入上述混合液，反应170～190min；

③ 过滤、浓缩，并在浓缩后溶液中加入其3～5倍体积的无水乙醇，静置过夜，再沉淀干燥，即降解得到水溶性壳聚糖；

④ 配方中壳聚糖和蒸馏水混合，搅拌均匀后于60℃恒温水浴下加混合液；配方中30%H_2O_2和蒸馏水的混合液加入时边搅拌边滴加，共滴加30～40min；配方中浓缩的温度为60℃，干燥采用30℃真空干燥箱。

配方应用：用于抑制碳钢在海水中的腐蚀。

配方特点：属于水溶性的海水缓蚀剂，这种缓蚀剂资源丰富、原料易得、工艺简单、易于操作、价格低廉、水溶性好，具有用量少、效率高、无毒无异味无公害、绿色环保可降解等优点。

配方3：抑制碳钢海水腐蚀的水溶性缓蚀剂，见表3-75。

表3-75 抑制碳钢海水腐蚀的水溶性缓蚀剂配方3原料配比

组分	质量份配比范围
羧甲基壳聚糖	4.0～6.0g
第一次加入蒸馏水	70～80（体积）
30%H_2O_2	10～30（体积）
第二次加入蒸馏水	45～65（体积）
无水乙醇	450～800（体积）

制备方法：

① 混合液为30% H_2O_2和蒸馏水，两者按质量比2∶(3～13)混合。

② 将羧甲基壳聚糖、蒸馏水按照质量比1∶(14～16)混合，缓慢加入上述混合液，反应170～190min。

③ 过滤、浓缩，并在浓缩后溶液中加入其3～5倍体积的无水乙醇，静置过夜，将沉淀干燥，即降解得到水溶性壳聚糖。

④ 配方中壳聚糖和蒸馏水混合，搅拌后于60℃恒温水浴下加混合液；配方中30%H_2O_2和蒸馏水的混合液加入时边搅拌边滴加，共滴加30～40min；配方的浓缩的温度为55～60℃；干燥采用30℃真空干燥箱。

配方应用：配方主要应用于抑制碳钢在海水中的腐蚀。

配方特点：属于水溶性的海水缓蚀剂，这种缓蚀剂资源丰富、价格低廉、生产简便，具有水溶性好、对环境无污染、缓蚀率最高、绿色环保可生物降解等优点；能够很好地对碳钢在海水中的腐蚀起到保护作用，在碳钢表面发生多层吸附，形成保护膜，为控制阴极型的缓蚀剂；在海水体系中使用该缓蚀剂不仅可以有效抑制海水对设备的腐蚀，还可以减少维修费用，降低生产成本。

3.6 抛光液

3.6.1 不锈钢化学抛光液

配方 1：见表 3-76。

表 3-76 不锈钢化学抛光液配方 1 原料配比

组分	质量份配比范围
磨料	10.0～30.0
表面活性剂	5.0～10.0
pH 调节剂	1.0～6.0
去离子水	加至 100

磨料选用粒径为 20～80nm 的二氧化硅水溶胶。表面活性剂为非离子型表面活性剂，该非离子型表面活性剂为脂肪醇聚氧乙烯醚或烷基醇酰胺，脂肪醇聚氧乙烯醚是聚合度为 10、20 或者 40 的脂肪醇聚氧乙烯醚；烷基醇酰胺是月桂基单乙醇酰胺。pH 调节剂包括无机碱、有机碱，无机碱为氢氧化钾或氢氧化钠；有机碱为多羟多胺，多羟多胺是三乙醇胺、四羟基乙二胺、六羟基丙基丙二胺、乙二胺、四甲基氢氧化铵。

制备方法：

① 将二氧化硅粉末均匀溶解于去离子水中，在千级净化室的环境内进行，制备成水溶性二氧化硅溶胶；

② 常温条件下，在 0.1MPa 真空负压动力下将预先放置在容器罐中的水溶性二氧化硅溶胶混合并充分搅拌，待混合均匀后将聚合度为 10 的脂肪醇聚氧乙烯醚和氢氧化钾加入容器罐中并继续充分搅拌，混合均匀即成为本品的抛光液成品。

配方应用：主要用作抛光液。

配方特点：

① 以粒径较大的水溶性二氧化硅溶胶作为磨料，既可以提高磨料的分散性能，减小抛光后金属表面平整度，又可以大大提高抛光速率；

② 化学稳定性好，不腐蚀设备，使用的安全性能理想。

配方 2：见表 3-77。

表 3-77 不锈钢化学抛光液配方 2 原料配比

组分	质量份配比范围
过氧化氢	24.0～25.0
氯化钾	9.0～11.0
甘油	7.0～9.0（体积）
硫脲	2.0～4.0g/L
磺基水杨酸	1.0g/L
去离子水	加至 100

制备方法：

① 将部分水倒入过氧化氢中溶解成过氧化氢含量为 30％的溶液备用；

② 将甘油、硫脲、磺基水杨酸混合，搅拌至完全溶解，用作添加剂；
③ 将氯化钾在过氧化氢溶液中溶解后加入上述混合物，搅拌至均匀即可。
配方应用：主要应用于不锈钢化学抛光。
配方特点：
① 与其他抛光液相比，抛光效果更为显著。
② 与酸性抛光液相比，环保无公害。
③ 设备简单，成本低，免除机械抛光带来的高强度劳动。
配方 3：见表 3-78。

表 3-78　不锈钢化学抛光液配方 3 原料配比

组分	质量份配比范围
95%以上的浓硫酸	13.0～15.0
85%以上的磷酸	17.0～20.0
明胶	0.15～0.2
铬酐	0.08～1.0
水	0.92～2.03

制备方法：
① 将浓硫酸、磷酸先混合；
② 取纯水，加热至 90～100℃，将铬酐（CrO_3）缓慢加入热水中，搅拌至完全溶解（铬酐易溶于水，溶解时也会放热，需控制加入速度，避免水温骤升溢出）；
③ 待铬酐溶液温度降至 60～70℃，缓慢倒入①的硫酸-磷酸混合酸中，边加边搅拌，形成基础酸铬混合液；
④ 将步骤③制得的混合液加热至 80～90℃后，加入明胶溶化搅拌均匀，制得抛光液的相对密度为 1.76～1.80。
配方应用：适合不锈钢的抛光，可以是板状、钢丝、管状、制品等。抛光方式采用电解方式，不锈钢件作为阳极接电源正极，阴极为铅板，抛光液加入电解槽中能浸过不锈钢件即可。加温至 80℃，同时通入电压为 12V 的电，一般 2.5min 左右能电解完毕，不锈钢件呈黑绿色，然后放入 30℃左右的温水中浸泡进行钝化，一般 20min，再在水中分解 8h 即得到光泽度比较高的不锈钢件。不锈钢损失 1%（质量）。分解后的水可以反复使用，其余物质沉淀在容器底部，减少了环境污染。抛光液能够连续工作 200hh，中间须补充适量水，使其相对密度达到 1.76～1.80，有时可补充少量铬酐。
配方特点：抛光均匀、光泽度高，在电解下抛光时间短，且易控制、稳定抛光速度，能够减少环境污染。不锈钢浸于抛光液中能长时间不受腐蚀，经实验验证至少两年不受腐蚀。
配方 4：不锈钢制品的化学抛光液，见表 3-79。

表 3-79　不锈钢制品的化学抛光液原料配比

合成物	组分	质量份配比范围
抛光剂	硫酸	120～140
	草酸	4.0～6.0
	柠檬酸	10.0～15.0
	酸雾抑制剂	0.5～1.0
	水	加至 1000

续表

合成物	组分	质量份配比范围
除油剂	金属清洗剂	40～60
	碳酸钠	4.0～6.0
	洗涤剂	1.0～2.0
	水	加至1000

硫酸可选用工业一级品，硫酸含量≥95%；草酸可选用工业一级品，草酸含量≥98%；柠檬酸可选用工业一级品，柠檬酸含量≥98%；金属清洗剂可选用683型工业级产品；碳酸钠可选用工业一级品；洗涤剂可选用6503型工业一级品。

制备方法：将各组分溶于水混合均匀即成为抛光液成品。

配方应用：广泛适用于不锈钢制品表面抛光处理，具体处理步骤如下。

① 除油：将待检的不锈钢制品放入温度为55℃的化学除油剂中除油，除油时间为7min；

② 冲洗：将不锈钢制品放入流动冷水中进行清洗；

③ 抛光：将待检的不锈钢制品放入化学抛光剂中，抛光时间为2min；

④ 冲洗：将不锈钢制品放入流动冷水中进行清洗；

⑤ 干燥：将不锈钢制品擦干或用压缩空气吹干。

配方特点：抛光过程中不产生腐蚀性气体，无毒，不污染工作环境。

3.6.2 防冻型抛光液

配方：见表3-80。

表3-80 防冻型抛光液原料配比

组分	质量份配比范围
SiO_2溶胶	25.0～45.0
有机碱	5.0～10.0
表面活性剂	1.0～3.0
防冻剂	3.0～10.0
水	加至100

SiO_2溶胶粒径为10～30nm；有机碱是多羟多胺、胺碱、羟胺或醇胺；表面活性剂是聚氧乙烯系非离子型表面活性剂、多元醇酯类非离子型表面活性剂和高分子及元素有机系非离子型表面活性剂中的一种或两种以上的组合。聚氧乙烯系非离子表面活性剂是烷基酚聚氧乙烯醚、聚氧乙烯脂肪醇醚、聚氧乙烯脂肪酸酯、聚氧乙烯胺或聚氧乙烯酰胺。多元醇酯类非离子表面活性剂是乙二醇酯、甘油酯或聚氧乙烯多元醇酯。高分子及元素有机系非离子表面活性剂是环氧丙烷均聚物、元素有机系聚醚或聚氧乙烯无规共聚物。防冻剂是甲醇、乙醇、乙二醇、丙三醇或聚乙二醇。

原理：最早的防冻剂是一些无机盐类物质的水溶液，其缺点是冰点下降不多，更严重的是具有一定腐蚀性。后来改用甲醇、乙醇、乙二醇和丙三醇（醚类物质）等作为防冻剂。本品防冻型抛光液中的主要成分是：SiO_2溶液、有机碱、多种表面活性剂等。在保持抛光液化学性质不变化的条件下加入适量的防冻剂，可增强抗冻效果，且不影响抛光液的正常使用。

在防冻型抛光液中采用一种特选的有机碱，作为pH值调节剂，有机碱的氢氧根在溶液中缓慢电离，能够长时间腐蚀表面，也可以保证腐蚀的均匀性，优化衬底表面粗糙度；同时有机碱还具有络合作用，能够去除部分金属离子；另外，有机碱也可作为pH值调制剂、络合剂、缓蚀剂、分散剂、助氧剂，实现了一剂多用。

防冻型抛光液中采用特选的非离子型表面活性剂能够降低溶液的表面张力，而且具有一定的渗透能力，可以增加质量交换，提高抛光的去除速率。另外，活性剂还可以实现优先吸附，并在衬底表面形成保护层，防止污染物的二次吸附，从而有效去除颗粒等污染物。防冻型抛光液中采用高效螯合剂，与金属离子形成大分子稳定的螯合物，能够有效去除几十种金属离子。

制备方法：

① 将 SiO_2 溶胶在室温下经过滤器过滤；

② 将过滤后的溶胶与防冻剂、有机碱灌入离子交换柱内，加入作为助剂的表面活性剂及水，在真空状态下充分搅拌；

③ 将混合均匀后的物料经过滤器再次过滤，得到防冻型抛光液。

配方应用：配方主要用作抛光液。

配方特点：

① SiO_2 水溶胶抛光液中加入防冻液，可以在－8℃保持液体状态不冻结，－11℃以下逐渐冻结，但解冻后 SiO_2 水溶胶不凝胶，仍可正常使用。

② 防冻型抛光液中加入的防冻剂，可以增加抛光液的表面张力。

③ 防冻型抛光液中选用有机碱，能够提高均匀腐蚀的性质，保证抛光的一致性。

④ 防冻型抛光液中加入特选的活性剂，能够降低抛光液的表面张力、增强抛光液的渗透性、促进质量交换、提高去除速率等。

⑤ 防冻型抛光液中选用的表面活性剂和渗透剂具有水溶性好、渗透力强、无污染等特点。

⑥ 防冻型抛光液中选用高效螯合剂，具有十三个以上螯合环，无金属离子玷污，能够和几十种金属离子形成稳定的螯合剂。

⑦ 清洗剂中选用的化学试剂不污染环境、不易燃烧，属于非破坏臭氧层物质，满足环保要求。

3.7 化学镀液与电镀液

3.7.1 化学镀液

配方1：不锈钢表面化学镀镍磷镀液，见表3-81。

表3-81 不锈钢表面化学镀镍磷镀液原料配比

组分	质量份配比范围
镍盐	20.0～30.0
还原剂	20.0～35.0
助剂	35.0～60.0
稳定剂	1.8～2.2mL
水	加至1L

镍盐：化学镀镍磷（Ni-P）溶液中的主盐是镍盐，例如硫酸镍、氯化镍、次磷酸镍或乙酸镍及其晶体等。由于氯离子的存在会降低镀层的耐蚀性，还会产生拉应力，因而一般不采用氯化镍做主盐，较好的选择是硫酸镍晶体。

还原剂：采用次磷酸盐作为还原剂，用于将金属镍从金属镍盐的水溶液中还原出来并沉积在奥氏体不锈钢的表面，较好的选择是次磷酸钠晶体。其价格低，镀液容易控制，在水中易于溶解，而且使得镀层性能良好。

助剂：常用的助剂为络合剂和稳定剂，还可以根据需要添加缓冲剂、加速剂、光亮剂、润湿剂等，组分和含量可根据需要添加。化学镀镍磷溶液中除了主盐和还原剂外，最重要的组成成分是络合剂，络合剂可以防止镀液析出沉淀，增加镀液的稳定性，提高沉积速度并延长使用寿命。常用的络合剂主要是脂肪族羧酸及其取代衍生物，例如丁二酸、柠檬酸(2-羟基丙烷-1,2,3-三羧酸)、乳酸、苹果酸（2-羟基丁二酸）及甘氨酸；或者采用它们的盐类，例如乙酸钠或者羟基乙酸钠；常见的一元羧酸中，乙酸常用作缓冲剂，丙酸则最常用作加速剂。化学镀镍溶液是一个热力学不稳定体系，而稳定剂的作用在于抑制镀液的自发分解。稳定剂通常分为四类，包括重金属离子、含氧酸盐、含硫化合物、有机酸及其衍生物。化学镀镍磷常用的稳定剂为重金属离子，例如铅离子。缓冲剂的加入是为了稳定镀速及保证镀层质量，化学镀镍体系必须具备缓冲能力，使镀液能维持在一定 pH 值范围内的正常值，加入 pH 值缓冲剂起到稳定调节 pH 值的作用。而化学镀镍溶液中常用的一元或二元有机酸及其盐类不仅具备络合镍离子的能力，而且具有缓冲性能，例如，采用丙酸、乙酸钠、羟基乙酸钠，兼有络合剂和缓冲剂的作用。另外，为了增加化学镀镍的沉积速度，可在镀液中加入加速剂，因为短链饱和脂肪酸的阴离子有加速沉积速度的作用，所以化学镀镍中许多络合剂也兼有加速剂的作用，例如丙酸就常用作加速剂。

制备方法：将各组分溶于水，搅拌均匀即可。

配方应用：用于奥氏体不锈钢表面化学镀镍磷，具体包括以下步骤。

① 除油：采用有机溶液除去奥氏体不锈钢表面的油污。本步骤所采用的有机溶液为汽油、煤油、苯类、酮类、氯化烷烃或者烯烃溶液。有机溶液除油的特点是除油速度快，经除油后的溶剂还可回收再利用，一般不会腐蚀金属，但除油容易不彻底。

② 清洗：将除油处理后的奥氏体不锈钢用冷水清洗 1～3min。

③ 磷化处理：将奥氏体不锈钢放入磷化液中温度 80～90℃下浸泡 10～20min，磷化液包含氢氧化钠 40～60g/L、碳酸钠 20～30g/L、十二水合磷酸钠晶体 50～70g/L、硅酸钠 5～10g/L。磷化处理步骤能够利用碱性溶液的皂化作用和乳化作用除去油污，另外还能够形成磷化膜转接层，起到增加镀层附着力的作用。

④ 清洗：将经过磷化处理后的奥氏体不锈钢先用 25～40℃的温水清洗 1～3min，再用冷水冲洗 1～3min。

⑤ 酸液活化处理：将经过除油、磷化处理后的奥氏体不锈钢在室温下放入混酸活化液中浸蚀 1～3min，活化液为 50%HCl 和 10%硫酸的混合液。

⑥ 清洗：将经过酸液活化处理后的奥氏体不锈钢用纯净水冲洗 1～3min。

上述①～⑥属于奥氏体不锈钢的前处理步骤，用于得到适合进行化学镀镍磷的铝奥氏体不锈钢表面。

⑦ 阳极处理：将经过酸液活化处理后的奥氏体不锈钢接阳极，放入电镀槽中浸入电镀液，电镀液为氨基磺酸镍配方，包含氨基磺酸镍 250～350g/L、金属镍 50～100g/L、氨基磺酸 10～30g/L、盐酸 10～15mL/L；反应温度是室温，电流密度为 3～10A/dm^2，时间是 1～3min，pH 值 1.0～1.5。阳极处理用于形成过渡镍磷层，有利于后续的化学镀镍磷。

⑧ 清洗：将经过阳极处理的奥氏体不锈钢用纯净水浸泡 1～3min。

⑨ 中和：将经过封闭处理后的铝或者铝金属制品在 8%～15% 的氨水中浸泡 10～30s，再在纯净水中浸泡 1～3min，用以调节过渡镍磷层的 pH 值。

⑩ 化学镀镍磷：在化学镀镍磷溶液中进行化学浸镀，反应条件为 pH 值 4.5～5.0、温度 86～94℃、时间 1～3h。化学镀镍是在金属盐和还原剂共同存在的溶液中靠自催化的化学反应在金属表面沉积金属镀层的成膜技术。化学镀镍所镀出的镀层为镍磷合金镀层，可以根据需要来选择镀层中的含磷量，分为低磷化学镀镍、中磷化学镀镍和高磷化学镀镍。

当镍磷镀层需要较高硬度或耐磨性时，可以对经过化学镀镍磷后的奥氏体不锈钢进行后处理，先将奥氏体不锈钢放入 150～250℃ 烘箱中进行 1～3h 去应力处理，再放入 380～400℃ 烘箱中进行 0.5～1h 热处理，热处理后的样品硬度达到 900～1000HV，可显著提高样品的硬度和耐磨性能。

配方特点：工艺简单，可以根据需要来选择镀层中的含磷量，能够在奥氏体不锈钢的外表面形成一层均匀且具有良好的耐酸、碱、盐性能的镍磷镀层，扩大奥氏体不锈钢的应用领域。

配方 2：钢铁抗腐蚀化学镀层的镀液，见表 3-82。

表 3-82　钢铁抗腐蚀化学镀层的镀液原料配比

合成物	组分	质量份配比范围
化学镀液	硫酸镍	7.8～12.4
	硫酸锌	3.2～8.1
	次亚磷酸钠	8.8～26.5
	柠檬酸三钠	51.6～103.6
	硼酸	12.4～49.6
	蒸馏水	加至 1L
钝化液	铬酐	20.0～60.0
	冰乙酸	20.0～60.0
	成膜促进剂	5.0～20.0
	硝酸银	0.3～0.6
	蒸馏水	加至 1L
封闭处理液	硅酸钠	100～220
	氟化氢铵	1.0～3.0
	氢氧化锂	0.1～0.3
	蒸馏水	加至 1L

成膜促进剂为聚乙烯醇或聚乙二醇等水溶性高分子化合物。

制备方法：

① 化学镀液的制备：将硫酸镍、硫酸锌、次亚磷酸钠、柠檬酸三钠、硼酸溶解于蒸馏水中，先将溶液稀释至接近目标浓度（预留调整空间），此时总体积应略小于 1L，用 10% 氢氧化钠溶液调整镀液的 pH 值至 9，最后补加蒸馏水至溶液总体积为 1L，搅拌均匀后静置 10～15min，待气泡消散即可使用。

② 钝化处理液的制备：先用蒸馏水溶解铬酐，可用搅拌或低于 80℃ 的恒温水浴加速溶解，然后依次加入冰乙酸、成膜促进剂和硝酸银，用水稀释至要求的浓度。

③ 封闭处理液的制备：用蒸馏水依次溶解硅酸钠、氟化氢铵和氢氧化锂，用水稀释至要求的浓度即可。

配方应用：主要应用于钢铁抗腐蚀化学镀层。

配方特点：

① 依据该配方获得的化学镀镍-锌-磷镀层具有晶态结构，外观呈暗灰色，平滑致密，镀层与基体钢铁结合力强。而且镀液稳定性高，沉积速度较快，所得镀层锌含量13.0%～30.0%（摩尔分数），磷含量10.0%～19.0%。

② 配方的化学镀液体系由于使用了硼酸（一种缓冲剂），可提高镀层中锌的含量和大幅度提高该镀层的沉积速率。该镀层能使钢铁在海洋性环境下具有优异的抗腐蚀性能。该镀层在3.5%（质量分数）氯化钠溶液中比钢铁开路电位更负一些，因此该镀层相对于钢铁为阳极镀层，保护钢铁的机理为牺牲阳极的阴极保护法。浸泡实验表明，该镀层在海洋性的环境下不生锈，不起锌镀层引起的“白霜”，累计失重不超过0.6mg/cm^3（一个月），抗海洋环境腐蚀性强，是一种理想的代锡镀层。并且本品还对镀层进行钝化和封闭处理，经过钝化处理和封闭处理后的镀层，浸泡在3.5%氯化钠溶液中不生锈，不起锌镀层引起的“白霜”，累计失重不超过0.4mg/cm^3（四个月），进一步提高了其耐腐蚀性能。

配方3：高磷酸性化镀Ni-P合金镀液，见表3-83。

表3-83　高磷酸性化镀Ni-P合金镀液原料配比

组分	质量份配比范围
硫酸镍	25.0～40.0
次磷酸钠	25.0～40.0
乳酸	16.0～30.0
甘氨酸	2.0～20.0
EDTA	6.0～15.0
柠檬酸	4.0～15.0
丁二酸	8.0～25.0
NaAc	12.0～24.0
KIO_3	0.01～0.05
OP-10	0.4～0.6mL
蒸馏水	加至1L

以硫酸镍为主盐、次磷酸钠为还原剂、乳酸为主络合剂，可以提高镀液稳定性，延长镀液的使用寿命，提高镀液的镀速和镀液中亚磷酸盐的容忍量；以柠檬酸、甘氨酸、EDTA二钠为辅助络合剂，可以使镀层致密，降低镀层孔隙率，提高镀层磷含量；以丁二酸为促进剂，可以提高镀液镀速，也对镀液稳定性有促进作用；加入非离子型表面活性剂OP-10可以改善镀层的耐蚀性能。

制备方法：将各组分溶于水中，混合均匀即可。

配方应用：用于碳钢为基材的化学镀。

配方特点：利用配方镀液镀出的Ni-P合金镀层，耐酸、耐盐、耐碱腐蚀性能优良，耐Cl^-的腐蚀性优于304不锈钢。

配方4：化学镀铬的镀液，见表3-84。

表3-84　化学镀铬的镀液原料配比

合成物	组分	质量份配比范围
三价铬电镀液稳定剂	甲醇	0.5～2.0
	亚硫酸钠	0.4～2.0

续表

合成物	组分	质量份配比范围
	硫酸亚铁	0.5～2.5
	水	加至1L
三价铬电镀液	硫酸铬	0.2～0.6
	硫酸钾	0.5～1.5
	溴化铵	0.02～0.5
	硼酸	0.5～1.2
	次亚磷酸钠	0.2～0.5
	氨基乙酸	0.2～2.0
	蒸馏水	加至1L

配方的三价铬电镀液配方组分中硫酸铬为镀液提供铬离子；硫酸钾和溴化铵为导电盐，用来增加镀液电导，提高镀液分散能力并减少电耗；硼酸为镀液缓冲剂，用来维持镀液的pH值在工艺范围内，维持长时间电镀镀液酸度的稳定，保证镀层的持续增厚；氨基乙酸与三价铬离子络合，将惰性的三价铬水合物转化为电活性高的易沉积铬离子，以提高镀液的沉积速度和电流效率，改善镀层质量；稳定剂用来防止三价铬离子被氧化为Cr^{6+}离子，同时将镀液中已存在的六价铬离子还原为三价铬离子以提高镀液的稳定性和使用寿命。

制备方法：

① 取甲醇、亚硫酸钠、硫酸亚铁配制成稳定水溶液。

② 取硫酸铬溶于蒸馏水中，搅拌至完全溶解，取硼酸溶于水中，搅拌至溶解；将上述硫酸铬溶液与硼酸溶液混合，搅拌；加入溴化铵和氨基乙酸，搅拌0.5h，随后依次加入硫酸钾、次亚磷酸钠；最后加入稳定剂水溶液，添加水至接近1L。

③ 检测、调整溶液的pH为2.0，定容后控温30℃，将工件按照常规的镀前预处理进行清洗、除锈和活化后，在$10A/dm^2$电流密度下电镀3min，取出后用水冲洗干净，试片干后即得厚度$2\mu m$左右的光亮平整、无裂纹的三价铬硬铬镀层。

配方应用：主要应用于化学镀铬。

配方特点：

① 配方进行镀铬过程中阳极仅析出氧气，清洁无污染；镀层外观光亮，裂纹少，结合力好；原料来源丰富，成本较低，具有优异的性价比。

② 配方中稳定剂引入后，有效提高镀液的稳定性，有助于其工业推广。

3.7.2 电镀液

配方1：钢铁件镀铜的无氰电镀液，见表3-85。

表3-85 钢铁件镀铜的无氰电镀液原料配比

组分	质量份配比范围
硫酸铜	35.0～60.0
碳酸钾	20.0～60.0
有机膦酸盐、氨三乙酸和植酸	100.0～240.0
柠檬酸钠	10.0～200.0
蒸馏水	加至1L

配方中有机膦酸盐、氨三乙酸和植酸的质量比为100∶(13～1)∶(13～1)。有机膦酸盐为氨基三亚甲基膦酸、1-羟基亚乙基-1,1-膦酸或乙二胺四亚甲基膦酸；柠檬酸钠可以是酒石酸钾钠或硫氰酸钾中的一种或两种以上。

制备方法：

① 将硫酸铜加入水中充分溶解；

② 将碳酸钾、有机膦酸盐、氨三乙酸和植酸以及柠檬酸钠溶于水，不断搅拌，再将硫酸铜溶液加入上述溶液，调节pH为9～10，加水至溶液体积为1L，混合均匀即可。

配方应用：用作钢铁件镀铜的无氰电镀液。

配方特点：

① 用于钢铁基体的镀铜，替代有氰碱性镀铜。

② 镀层与基件结合力好。

③ 分散能力和深镀能力均优于氰化镀铜液。

④ 镀液成分简单，镀液稳定，无分解产物。

⑤ 无需加热，减少能耗，镀层与基件结合力好。

配方2：水基型镀锌铁底涂液，见表3-86。

表3-86 水基型镀锌铁底涂液原料配比

组分	质量份配比范围
磷酸氢钙或碳酸钙	2.4～2.6
磷酸氢铜或碳酸铜	3.1～3.3
乙醇	6.0～8.0
蔗糖	0.4～0.6
磷酸	13.4～13.6
水	64.0～66.0
聚乙烯醇缩甲醛	5.0～7.0
酚醛树脂	2.2～2.4

由于采用磷化、置换、渗入黏着、成膜、吸入极性的羟酚基高分子树脂同步完成技术，因此在破坏镀锌铁表面的同时，置入增强剂、羟酚基极性高分子有机物，可以使镀锌铁生成一层里面与镀锌铁牢牢联结、外面与油漆（面漆）有优良黏附力的磷化膜层。它既阻隔了油漆与镀锌铁的直接接触，又能让油漆通过与这层膜层黏附而长久地附着在镀锌铁的表面上而不脱落。

制备方法：

① 在常温、常压下，将40份水与磷酸混合后加入磷酸盐中摇匀；

② 将5份水溶解蔗糖制成蔗糖液，再将20份水与乙醇混合溶解聚乙烯醇缩甲醛和酚醛树脂制成树脂液；

③ 先将蔗糖液加入磷酸盐液中，再加入树脂液，搅拌过滤即成。

配方应用：用作镀锌铁底涂液。

配方特点：配制的水基型镀锌铁底涂液具有不燃性，对环境无污染，对操作工人的健康也无不良影响。

配方3：塑胶、不锈钢等的电镀液，见表3-87。

表 3-87　塑胶、不锈钢等的电镀液原料配比

组分	质量份配比范围
钼酸或钼酸盐	5.0～100.0
磷酸	20.0～100.0
不饱和磺酸或磺酸盐	0.5～10.0
硬脂酸辛酯	0.5～10.0
乳酸	30.0～100.0
硼酸	20.0～50.0
水	加至 1L

钼酸盐可以为各种可溶于水并能够电离出钼酸根离子的物质，钼酸盐可以选自钼酸铵、钼酸钾和钼酸钠中的一种或者几种。

不饱和磺酸和不饱和磺酸盐可以为各种含有不饱和键且能够溶于水并电离出磺酸根离子的物质，不饱和键可以为碳碳双键、碳碳三键、碳氧双键、碳氧三键中的一种或者几种，在实际中，需平衡原料成本与易得性、镀液体系的兼容性选择原料。

配方优选不饱和磺酸为烯丙基磺酸，不饱和磺酸盐为各种可溶于水的不饱和磺酸盐，如烯丙基磺酸钠或烯丁基磺酸钠。硬脂酸辛酯为各种可溶于水的硬脂酸辛酯，如选用硬脂酸-2-乙基己酯、硬脂酸-3-乙基己酯或硬脂酸-3-丁基丁酯的中的一种或几种。

制备方法：将各组分溶于水中，混合均匀。

配方应用：主要应用于塑胶电镀件、不锈钢、锆合金、钢、铁、铜、镍或铬基材。彩色镀层的形成方法如下。

① 化学除油：将工件浸渍在 60℃下的除油液中，然后将工件取出并用水洗涤干净。

② 酸洗活化：将进行上述除油后的基材浸泡在室温下的酸洗液中 2min。该酸洗液为将浓度 36%的盐酸加水至 50mL/L 得到的水溶液，然后将工件取出用水洗涤干净。

③ 电镀彩色镀层：将上述活化的工件取出作为阴极浸入 40～60℃下的电镀液中，以铅锡合金为阳极，在电镀液的 pH 值为 6.6、电压为 2V、电流密度为 0.05～0.3A/dm^2 的条件下对工件电镀 1～100min。

④ 干燥：将上述电镀彩色镀层后的工件放入温度为 220℃的烘箱中 10min 干燥，最终得到厚度为 0.05μm 的镀层。

配方特点：可使待电镀的基材表面获得色彩均匀、牢固、鲜艳，并且耐腐蚀性很好、附着力很强的彩色电镀层。另外，此电镀液及方法同样可以应用于先镀覆光亮镍的基材。

配方 4：金属电镀液，见表 3-88。

表 3-88　金属电镀液原料配比

组分	质量份配比范围
焦磷酸亚锡	12.0～35.0
焦磷酸钾	280～320
EDTA	0.5～1.0
碳酸钾	0.5～2.5
柠檬酸钾	0.4～0.6
二氯化钴	20.0～36.0
胱氨酸	3.0～10.0
蛋氨酸	2.0～10.0

续表

组分	质量份配比范围
甘氨酸	0.9～1.1
水	加至 1L

制备方法：

① 将焦磷酸亚锡、焦磷酸钾、EDTA、碳酸钾和柠檬酸钾与 500mL 水混合均匀；

② 加入用 50mL 水将二氯化钴完全溶解的水溶液，混合均匀；

③ 将上述混合溶液与胱氨酸、蛋氨酸和甘氨酸混合并搅拌均匀，加水至 1L，调节镀液的 pH 为 8.5。

配方应用：主要用于金属的电镀。

配方特点：电镀液电镀得到的镀层颜色丰富、光亮、均匀细致且颜色连续可调，极大地丰富了电镀层的颜色，具有很好的装饰与防护作用。

配方 5：硼-钨-铁-镍合金电镀液，见表 3-89。

表 3-89　硼-钨-铁-镍合金电镀液原料配比

组分	质量份配比范围
钨酸钠	40.0～60.0
硫酸亚铁	5.0～30.0
硫酸镍	20.0～60.0
二甲胺硼烷	2.0～20.0
硫酸铵	5.0～15.0
络合剂	36.0～90.0
稳定剂	1.0～8.0
光亮剂	2.0～10（体积）
去离子水	加至 1L

配方中光亮添加剂为 1,2-丙二醇、甲醛、二甲基己炔醇体积比 2∶2∶1 的混合物；络合剂为柠檬酸钠与葡萄糖酸钠质量比 2∶1 的混合物；稳定剂为植酸和抗坏血酸中的一种。调节溶液的 pH 值为 6～7。

制备方法：

① 分别称取适量络合剂和稳定剂，加入 1000mL 去离子水，搅拌至溶解；

② 称取适量硫酸亚铁、硫酸镍加入上述溶液中，常温下搅拌至溶解，之后将所得溶液用水浴锅加热至 65℃；

③ 称取适量钨酸钠、硫酸铵以及二甲基氨硼烷加入该溶液中，搅拌至溶解；然后加入适量光亮剂，调节溶液 pH 值，之后再用水浴锅将溶液加热至 75℃，不锈钢做阳极，工件做阴极，在电流密度 $8A/dm^2$ 下进行电镀，即可得到光亮的硼-钨-铁-镍合金镀层。

配方应用：主要用作硼-钨-铁-镍合金镀液。

配方特点：对环境危害小，工艺稳定，镀液组分简单且便于操作，配制后可以长期存放。该镀液在工作过程中无酸雾放出，电流效率高。从该镀液得到的镀层，表面无微裂纹，具有很好的耐腐蚀和耐磨性。

配方 6：铁镍合金电镀液，见表 3-90。

表 3-90 铁镍合金电镀液原料配比

组分	质量份配比范围
硫酸亚铁	100～150
硫酸镍	120～200
硼酸	30.0～60.0
糖精	0.5～3.0
苯亚磺酸钠	0.1～0.4
水	加至 1L

制备方法：将各组分溶于水混合均匀即可。

配方应用：铁镍合金镀层可以作为打底层，与铬层、铜层、钨合金镀层联合使用。如铁镍/铜/铁镍/铬复合电镀，半光亮铁镍/铬三层电镀，铁镍/钨合金电镀层等。电镀过程中工件作为阴极，采用高频开关电源，以 5～10A/dm^2 的电流密度进行电镀得到铁镍镀膜；采用 Ti-氧化物惰性阳极。所得的铁镍合金，铁含量为 40%～60%，余量为镍；主盐的补加采取自动补加装置，按时计自动补加，减小人为误差。Ti-氧化物惰性阳极由 Ti-基体与被覆盖其上的铱和钽的氧化物电化学活性层组成。先制备氯铱酸、氯化钽的醇溶液，将其涂覆于纯金属钛的表面，经高温烘烤（80～500℃）后即得到由 Ti 基体与被覆盖其上的铱和钽的氧化物电化学活性层组成的氧化物惰性阳极。

配方特点：

① 含铁量高，镀层含铁量在 40%～60%之间，可以根据实际要求进行组分的调整；节镍效果显著。

② 镀层显微结构为非晶夹杂纳米晶结构；耐腐蚀性能良好，单独的镀层可耐 8h 中性盐雾。

③ 作为底层，与其他镀层复合后，对基体的保护性能很好。

④ 作为底层，与其他金属之间的结合力好。

⑤ 柔韧性能良好，20μm 的镀膜经过反复打折不断裂。

⑥ 镀层的硬度较高，维氏硬度 450～550GPa。

⑦ 通过铁镍合金表面处理工艺得到的铁镍合金的结构为非晶夹杂纳米镀层。该镀层的表面平坦、均匀、结晶细致、颗粒度细小。

⑧ 铁镍镀层含铁量 40%～60%，可与其他镀种配合使用，并且具有优良的耐腐蚀性和力学性能，可以作为打底层代替镀镍工艺得到很好的应用。

⑨ 得到的镀膜与镀镍工艺相比具有更加优越的性价比，具有同等使用性能的同时大大降低了生产成本。

配方 7：电镀铬液，见表 3-91。

表 3-91 电镀铬液原料配比

组分及条件	质量份配比范围		
	低浓度	中等浓度	高浓度
铬酐	80～200	200～300	300～400
硫酸	1.0～2.0	2.0～3.0	3.0～4.0
氟化铵	—	4.6	—
氟硅酸	—	—	17
电流密度/（A/dm^2）	30～60	25～35	15～40
温度/℃	55～60	50～55	35～60

制备方法：将各组分按配比混合均匀即可。目前使用的镀铬液多半是含有少量硫酸的铬酐溶液。根据镀液中铬酐的浓度可划分为低、中、高三种。

上述三种镀液中，中等浓度是通用的，只要适当控制电镀条件，它既可以用于防护-装饰性镀铬，也可以用于镀硬铬，因而这种镀液是用得最多的。此外，铬酐（CrO_3）为400g/L的高浓度镀液，其光亮电镀范围在低温低电流密度时比较宽，适宜于装饰用镀铬。而铬酐为200g/L的低浓度镀液，其光亮电镀范围在高温高电流密度时比较宽，可用于镀硬铬。

无锡钢板是在普通镀铬工艺基础上发展起来的，其制造方法分为一步法和二步法两种。一种是采用含有添加剂（如硫酸、氟化物等）的低浓度铬酐溶液进行电解处理，在钢板表面形成200～500mg/m^{2}的镀铬层和5～30mg/m^{2}的铬的水合氧化物膜。另一种是在高浓度的铬酐溶液中镀铬后，再用低浓度的铬酐溶液电解处理，形成铬的水合氧化物膜。

配方应用：低浓度适用于外形简单的零件镀硬铬，广泛用于机械摩擦部位，如轴、模具、量具等；中等浓度应用最广，能用于各种形状的镀件，可获得硬铬、多孔铬、装饰性镀铬等；高浓度适用于各种形状的防护-装饰性镀铬等。

配方特点：低浓度电镀效率高，可达16%～18%，镀层硬度与耐磨性最强，但获得光亮镀层的范围小，镀液不稳定；中等浓度介于高、低浓度之间，电流效率可达13%～16%，镀层性能好；高浓度电流效率低，为10%～12%，分散能力好，镀液稳定，镀层结晶细致。

配方8：无锡钢板“一步法”工艺，见表3-92。

表3-92　无锡钢板“一步法”工艺原料配比

组分	质量份配比范围
铬酐（CrO_3）	30～150
硫酸（H_2SO_4）	0.1～1.5
氟化物	1.0
Cr^{3+}	0.2～2.5
电流密度/（A/dm^2）	10～50
温度/℃	15～60

无锡钢板虽然是在铬酸溶液中，通过电解处理而成的，但它表面层的化学成分比较稳定，从表面溶解的铬离子是极微量的，而且涂上有机涂料之后，根本不存在任何因铬引起的危害健康的问题，因此，它作为镀锡钢板的代用品，是有发展前途的。

（1）铬酐

铬酐的水溶液是铬酸，是铬镀层的主要来源。实践证明，铬酐的浓度可以在很宽的范围内变动。例如，当温度在45～50℃、阴极电流密度为10A/dm^{2}时，铬酐浓度在50～500g/L范围内变动，甚至高达800g/L，均可获得光亮镀铬层。但这并不表示铬酐浓度可以随意改变，一般生产中采用的铬酐浓度为150～400g/L之间。铬酐的浓度对镀液的电导率起决定作用，图3-1所示为铬酐浓度与镀液电导率的关系。由图可知在每一个温度下都有一个对应最高电导率的铬酐浓度；镀液温度升高，电导率最大值随铬酐浓度增加向稍高的方向移动。因此，单就电导率而言，宜采用铬酐浓度较高的镀铬液。

但采用高浓度铬酸电解液时，由于随工件带出损失严重，一方面造成材料的无谓消耗，同时还对环境造成一定的污染。而低浓度镀液对杂质金属离子比较敏感，覆盖能力较差。铬酐浓度过高或过低都将使获得光亮镀层的温度和电流密度的范围变窄。铬酐浓度低的镀液电流效率高，多用于镀硬铬；较浓的镀液主要用于装饰电镀。镀液的性能虽然与铬酐含量有关，但最主要的取决于铬酐和硫酸的比值（见图 3-1）。

（2）催化剂

除硫酸根外，氟化物、氟硅酸盐、氟硼酸盐以及这些阴离子的混合物常常作为镀铬的催化剂。当催化剂含量过低时，得不到镀层或得到的镀层很少，主要是棕色氧化物。若催化剂过量时，会造成覆盖能力差、电流效率下降，并可能导致局部或全部没有镀层。目前应用较广泛的催化剂为硫酸。

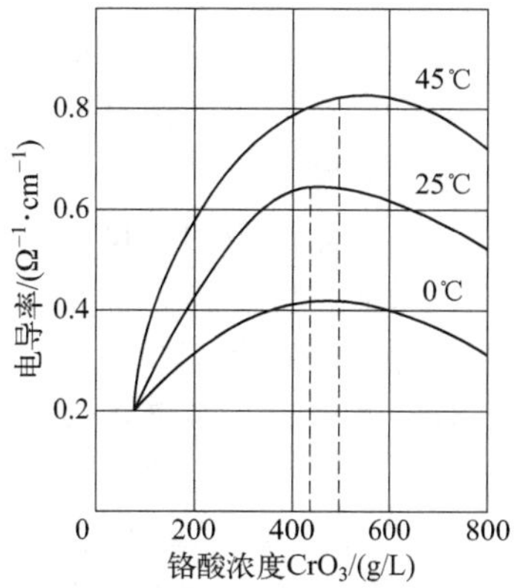

图 3-1　铬酐浓度与电导率之间关系

硫酸的含量取决于铬酐与硫酸的比值，一般控制在 CrO_3 ∶ SO_4^{2-} =(80～100)∶1，最佳值为 100∶1。当 SO_4^{2-} 含量过高时，对胶体膜的溶解作用强，基体露出的面积大，真实电流密度小，阴极极化小，得到的镀层不均匀，有时发花，特别是凹处还可能露出基体金属。当生产上出现上述问题时，应根据化学分析的结果，在镀液中添加适量的碳酸钡，然后过滤去除生成的硫酸钡沉淀即可。当 SO_4^{2-} 含量过低时，镀层发灰粗糙，光泽性差。因为 SO_4^{2-} 含量太低，阴极表面上只有很少部位的膜被溶解，即成膜的速度大于溶解的速度，铬的析出受阻或在局部地区放电长大，所以得到的镀层粗糙。此时向镀液中加入适量的硫酸即可。

用含氟的阴离子（F^-、SiF_6^{2-}、BF_4^-）为催化剂时，其浓度为铬酐含量的 1.5%～4%。这类镀液的优点是：镀液的阴极电流效率高、镀层硬度大、使用的电流密度较低，不仅适用于挂镀，也适用于滚镀。

我国使用较多的是氟硅酸根离子，它兼有活化镀层表面的作用，在电流中断或二次镀铬时，仍能得到光亮镀层，也能用于滚镀铬。一般加入 H_2SiF_6 或 Na_2SiF_6（或 K_2SiF_6）作为 SiF_6^{2-} 的主要来源。含 SiF_6^{2-} 离子的镀液，随温度升高，其工作范围较 SO_4^{2-} 离子的镀液宽。该镀液的缺点是对工件、阳极、镀槽的腐蚀性大，维护要求高，所以不可能完全代替含有 SO_4^{2-} 的镀液。目前不少厂家将 SO_4^{2-} 和 SiF_6^{2-} 混合使用，效果较好。

（3）三价铬

三价铬是在镀铬阴极表面生成胶体膜的主要成分之一。镀铬液中含有一定量的三价铬能改善镀液的均镀能力，只有当溶液中存在适量的三价铬时才有可能获得光亮理想铬层；否则，镀铬就无法实现。但是当镀液中三价铬含量过高时（每升超过 7g），阴极表面覆盖一层由三价铬和六价铬组成的碱式铬酸铬膜层。硫酸根对黏膜的溶解速度减慢，抑制了六价铬在阴极的还原，一旦黏膜被溶解而露出基体，其金属还原的实际电流密度大于最佳区域所需的电流密度。因此，得到的将是表面有麻点、发灰发白甚至粗糙的镀层。当三价铬高达 10g/L 以上时，溶液的电导下降，电阻增大，镀液发黑而且深镀能力及分散能力明显变差。

镀铬液中六价铬在阴极还原产生三价铬的同时在阳极上重新被氧化，三价铬浓度很快达成平衡，平衡浓度取决于阴、阳极面积比。三价铬是阴极形成胶体膜的主要成分，只有当镀液中含有一定量的三价铬时，铬的沉积才能正常进行。因此，新配制的镀液必须采取适当的措施保证含有一定量的三价铬：

① 采用大面积阴极进行电解处理。

② 添加还原剂将六价铬还原为三价铬，可以用作还原剂的有酒精、草酸、冰糖等，其中较为常用的是酒精（98%），用量为 0.5mL/L。在加入酒精时，由于反应放热，应边搅拌边加入，否则会使铬酸溅出。加入酒精后，稍作电解，便可投入使用。

③ 添加一些老槽液。

普通镀铬液中三价铬的含量大约在2～5g/L，也有资料报道是铬酸含量的1%～2%，三价铬的允许含量与镀液的类型、工艺以及镀液中杂质的含量有关。当三价铬浓度偏低时，相当于SO_4^{2-}的含量偏高时出现的现象，阴极膜不连续，分散能力差，而且只有在较高的电流密度下才发生铬的沉积；当三价铬浓度偏高时，相当于SO_4^{2-}的含量不足，阴极膜增厚，不仅显著降低镀液的导电性，使槽电压升高，而且会缩小取得光亮镀铬的电流密度范围，严重时，只能产生粗糙、灰色的镀层。当三价铬的含量偏高时，也用小面积阴极和大面积阳极，保持阳极电流密度为1～1.5A/dm^{2}进行电解处理，处理时间视三价铬的含量而定，从数小时到数昼夜。镀液温度为50～60℃时，效果较好。

调整镀液中三价铬的含量可采用下述方法。

① 通电处理：在镀液中铁杂质含量不高时，可采用通电处理使过多的三价铬氧化成六价铬。阴极采用无锈蚀铁板，阳极面积为阴极面积的5倍，使阳极电流密度为1～2A/dm^2，温度为50～60℃进行通电处理。每降低1g三价铬约需4A·h，可根据三价铬含量处理至规范值。

② 用双氧水氧化：当镀液中铁含量较高、三价铬不易在阳极氧化时，可先用双氧水氧化，再用电解处理的联合操作；液温不能超过45℃，事先需沉淀硫酸。操作中慢慢加入双氧水防止过急引起镀液外溢（该法不好掌握）。

③ 冲淡法：即按计算量进行稀释调整（镀液越来越多，无地方放）。

为了防止三价铬升高，杜绝油污及有机物污染镀液，需要经常注意调整阴阳极的电流密度，使阴、阳极面积比保持在2∶3之间，这是关键。

④ 使用铅锡合金阳极：含锡量10%，镀铬阳极是采用纯铅铸成的，纯铅在铬酸中会受到强烈的侵蚀，在其表面生成铬酸铅，在电解过程中由于阳极上析出氧气，这层铬酸铅又氧化成过氧化铅，这层过氧化铅的覆盖阻碍了电流正常流通，虽经工作前的擦刷和大电流冲击使它局部剥落，但阳极面积还是明显缩小，造成阳极电流密度过大，这时三价铬的再氧化能力降低，以致三价铬在镀铬液中的浓度逐渐增加，从而出现了上述的质量问题。

⑤ 用镀铬杂质处理器处理：必须将铜、铁等杂质去除后，效果才明显，故虽处理时间长，但比单一通电处理效果好。

⑥ 使用镀铬液三价铬处理剂处理：使用简单，只需按比例加入镀铬槽中就可，1g三价铬需50mL处理剂，方便快捷，同时可提高镀层硬度。加入镀铬液三价铬处理剂处理后，镀槽中三价铬生长缓慢，甚至不升高，尤其是结晶器铜管镀铬、薄壁缸套镀铬、缸铜镀铬等效果明显。该方法速度快捷，不影响生产。

配方9：镀黑铬，见表3-93。

表3-93 镀黑铬原料配比

组分	质量份配比范围
铬酐（CrO_3）	250.0～300.0
硝酸钠	7.0～11.0
硼酸	20.0～25.0
氟硅酸	0.1～0.2
水	加至1L

制备方法：将各组分按配方配比混合，搅拌至全部溶解，调节pH值3～4，温度18～35℃，电流密度35～50A/dm^2，时间约20min。

配方应用：可用作有特殊要求的功能性黑色镀层，如武器、光学仪器及照相器材，亦可用于太阳能集热板。铁、铜、镍及不锈钢可直接镀黑铬镀层，为了提高抗蚀性能，可先镀铜、镍或铜锡合金，再镀黑铬。

配方特点：镀黑铬层与其他黑色镀层相比具有很强的消光性、抗腐蚀能力和耐磨性。

配方 10：钢铁件镀铅，见表 3-94。

表 3-94　钢铁件镀铅原料配比

组分	质量份配比范围
氟硼酸铅	120.0
氟硼酸	30.0
硼酸	13.3
动物胶	0.2
水	加至 1L

制备方法：

① 氟硼酸制备：先将计量的氢氟酸倒在塑料槽里，在不断搅拌下加入结晶硼酸，搅拌至溶解即得。

② 在氟硼酸溶液中，于搅拌下加入其他各组分，再加入余量水即成（其中动物胶用冷水溶胀后加热溶解）。温度 20～40℃，电流密度 0.5～5A/dm^2。

配方应用：铅对硫化物、亚硫酸、硫酸、冷氢氟酸的耐蚀性很好，因此有镀铅层的槽子可作稀硫酸槽、冷冻用盐水槽、化工设备的衬里。

配方特点：溶液稳定，组分简单，操作方便，镀层结晶紧密细致，可以在镀铅的钢铁件上直接电镀。

3.8 离子液体类黑色金属表面处理剂

3.8.1 低碳钢基体电沉积 Ni-Mo 合金的离子液体耐蚀液

配方：以离子液体为添加剂的低碳钢基体电沉积 Ni-Mo 合金电沉积剂，见表 3-95。

表 3-95　离子液体为添加剂的低碳钢基体电沉积 Ni-Mo 合金电沉积剂原料配比

组分	原料物质的量配比
硫酸镍（$NiSO_4 \cdot 6H_2O$）	0.1
氯化镍（$NiCl_2 \cdot 6H_2O$）	0.1
钼酸钠（$Na_2MoO_4 \cdot 2H_2O$）	0.03
柠檬酸（$Na_3C_6H_5O_7 \cdot 2H_2O$）	0.25
添加剂 1-烷基-3-甲基咪唑氯化物（[RMIM]Cl）	适量
去离子水	加至 1L
氢氧化铵或硫酸	调节 pH＝8.5

制备方法：

① 用于镍-钼合金电沉积的电解液含有 0.1mol/L 的 $NiSO_4 \cdot 6H_2O$、0.1mol/L 的 $NiCl_2 \cdot 6H_2O$、0.03mol/L 的 $Na_2MoO_4 \cdot 2H_2O$ 以及 0.25mol/L 的 $Na_3C_6H_5O_7 \cdot 2H_2O$（络合剂）；

② 用作添加剂的离子液体是［RMIM］Cl；

③ 用去离子水作为溶剂；

④ 用氢氧化铵或硫酸溶液调节 pH，即得到本品电解液。

配方应用：用作低碳钢基体电沉积 Ni-Mo 合金的电沉积剂，具体步骤如下。

① 碳钢试样为圆盘形安装试样，外露面积 0.81cm；

② 沉积前，将基材用 280 粒度至 1200 粒度的砂纸进行机械抛光；

③ 用 95%乙酸水溶液和 5%高氯酸水溶液在 6V 恒电位下对一些试样进行电化学抛光约 1min；

④ 用蒸馏水清洗试样，并立即放入电镀槽中；

⑤ 在 10% HCl 中电镀前，对机械抛光的试样进行活化；

⑥ 准备好的试样放入电解液中，脉冲电镀采用计算机控制的 Autolab PGSTAT302N 恒电位仪系统以及 Nova 1.6 版本软件来施加脉冲电流并收集实验数据；

⑦ 电化学沉积在一个 250mL 的烧杯中进行，采用传统的三电极体系，参比电极采用银/AgCl，不锈钢（316）用作指示电极，脉冲参数包括脉冲电流密度、占空比和频率，分别设置为 $8A/dm^2$、0.3 和 10Hz，温度和 pH 值保持恒定，电解液使用磁力搅拌器以 200r/min 的速度搅拌。

配方特点：

① 由于低密度的晶体学平面分布更为均匀，在电解抛光基底上沉积的镍-钼涂层比机械抛光基底上镀制的涂层更耐腐蚀；

② 在 pH 值为 9.5、温度为 40℃的沉积浴中添加 1-烷基-3-甲基咪唑氯化物会导致镍- 钼涂层的腐蚀性下降；

③ 随着钼含量的增加，镍-钼薄膜的纳米晶粒尺寸先增大，然后减小，之后又增大；

④ 在离子液体存在的条件下，在 pH 值为 8.5 时沉积的高钼含量［超过 48%（质量分数）］镍-钼涂层表现出最佳的耐腐蚀性。

3.8.2 结构钢润湿性的离子液体表面处理剂

配方：高强度低合金 ASTM A572 结构钢表面润湿性的离子液体处理剂，见表 3-96。

表 3-96 高强度低合金 ASTM A572 结构钢表面润湿性的离子液体处理剂原料配比

组分	质量分数/%
离子液体	1
乙醇	99

制备方法：可选择的离子液体分别是 1-乙基-3-甲基咪唑四氯铝酸盐（［EMIM］［$AlCl_4$］）、1-丁基-3-甲基咪唑六氟磷酸盐（［BMIM］［PF_6］）、1-乙基-3-甲基咪唑四氟硼酸盐（［EMIM］［BF_4］）、1-己基-3-甲基咪唑溴化物（［HMIM］［Br］）、1-己基-3-甲基咪唑六氟磷酸盐（［HMIM］［PF_6］）、1-丁基-3-甲基咪唑双（三氟甲磺酰）亚胺盐（［BMIM］［NTf_2］）以及 1,2-二甲基-3-丙基咪唑双(三氟甲磺酰)亚胺盐（［DMPIM］［NTf_2］），这些室温离子液体纯度大于 98%，直接使用，无需进一步提纯。取一定质量的离子液体，溶于乙醇中得质量分数为 1%的离子液体乙醇溶液，钢表面用这些质量分数为 1%的离子液体乙醇溶液进行处理。

配方应用：用于高强度低合金 ASTM A572 结构钢表面处理，具体步骤如下。

① 选用美国桥梁建设中常用的市售高强度低合金 ASTM A572 结构钢来制备圆柱形钢

试件，ASTM A572 钢平均铁素体晶粒尺寸为 13μm，平均珠光体晶粒尺寸为 3μm；

② 在使用离子液体进行表面处理前，钢试件表面依次用 60 号、120 号、320 号和 400 号碳化硅砂纸打磨，然后用蒸馏水彻底清洗、冲洗并风干；

③ 钢试件表面的离子液体处理采用浸涂技术；

④ 每个试件缓慢浸入质量分数为 1% 的离子液体乙醇溶液中，并在该溶液中浸泡 0.5h 或 4h；

⑤ 浸泡期结束后，将处理后的试件从离子液体溶液中取出，在 60℃的烘箱中干燥 24h，以去除多余的乙醇。

配方特点：

① 离子液体表面处理提高了钢表面的水润湿性和表面自由能，从而使它们更易于被水和非极性液体润湿；

② 与用较短烷基链长度和亲水性阴离子（如［Br］和［BF_4］）的离子液体处理的钢试件相比，用长烷基链长度以及大体积疏水性阴离子（如［PF_6］和［NTf_2］）的离子液体处理的钢试件表现出相对较低的润湿性；

③ 在使用亲水性阴离子（如［Br］和［BF_4］）的离子液体处理时，水接触角的降幅最为显著；

④ 当水滴落在经室温离子液体处理的表面 65s 后，水接触角稳步减小并相对趋于稳定，相比之下，非极性液体的接触角在整个时间段内几乎保持不变；

⑤ 经离子液体处理的钢试件表面自由能的极性和分散性成分均有所增加，源于水与离子液体膜之间存在更强的相互作用（范德瓦耳斯力、氢键和偶极-偶极相互作用）。

4 有色金属表面处理与防锈剂

4.1 有色金属表面处理概述

现代有色金属及其合金已成为机械制造业、建筑业、电子工业、航空航天、核能利用等领域不可缺少的结构材料和功能材料。有色金属（non-ferrous metal），狭义上又称非铁金属，是铁、锰、铬以外的所有金属的统称。广义的有色金属还包括有色合金。有色合金是以一种有色金属为基体（通常大于50%），加入一种或几种其他元素而构成的合金。有色金属中的铜是人类最早使用的金属材料之一。根据2015年《中国有色金属行业全景调研报告》显示，截至2015年，中国10种有色金属产量连续13年居世界第一，有色金属科技在国民经济建设和现代化国防建设中发挥着越来越重要的作用。

有色金属及其合金在使用时要进行一定的表面处理，其目的是要解决或提高材料防蚀性、装饰性和功能性三方面的问题。防护性主要是从材料方面、环境方面及界面方面防止腐蚀和保护金属，可采用阳极氧化膜和涂覆有机聚合物涂层等表面处理手段。装饰性主要从美观出发，提高材料的外观品质。功能性是指赋予金属表面的某些化学或物理特性，比如增加硬度，提高耐磨损性、电绝缘性、亲水性或赋予材料新的功能（电磁功能、光电功能等），形成了具有广泛潜在用途的崭新领域。在实际应用中，单独解决某一方面的情况比较少见，往往需要综合考虑。

4.1.1 有色金属腐蚀原因

对于有色金属及其合金来说，主要的腐蚀形式有：

（1）阳极腐蚀

有色金属为阳极，其他金属为阴极，加速有色金属腐蚀。

（2）自然腐蚀

处于环境介质中，不存在由于外界应力、高温、其他金属的电偶效应等影响而造成的腐蚀行为。主要有：点腐蚀、晶间腐蚀、丝状腐蚀、缝隙腐蚀。

（3）电偶腐蚀

金属及其合金的电位很负，因此在电解质溶液中当金属及其合金与其他金属或非金属接触时最易产生腐蚀。

（4）脱合金腐蚀

其中铜合金的脱合金腐蚀是一种典型的成分选择性腐蚀，其特征是较活泼的金属组元被优先腐蚀，剩下电位较正的贵金属组元。例如黄铜脱锌腐蚀、铜铝合金的脱铝腐蚀、铜镍合金在特殊条件下的脱镍腐蚀等，其中以黄铜脱锌腐蚀最为常见。通过调整黄铜的成分，在一些黄铜中，添加锡、磷、砷、锑等元素，可以有效地抑制黄铜的脱锌腐蚀。

（5）应力腐蚀

有些铸造金属合金如含铝的镁合金，在含有铬酸盐、硫酸盐或氯化物的溶液中会与镁合金内部或外部的残余应力等拉应力相结合，这样的镁合金会在远远低于其屈服强度的作用力下，具有十分强烈的应力腐蚀敏感性。黄铜在潮湿的大气中和淡水中都会有应力腐蚀开裂的现象发生，其原因是内部存在由于装配工艺造成的外加应力或内部的残余应力。黄铜应力腐蚀开裂的介质因素主要是氨、硫化氢、酸雾、氧和水汽的存在。可以通过选择对开裂不敏感的铜合金，采用消除内应力的热处理方式和改变周围环境介质等途径来抑制黄铜的应力腐蚀开裂。

(6) 大气腐蚀

大气是合金在应用过程中直接接触最多的环境。其主要原因一方面是灰尘在金属合金试样表面沉积后，能吸附腐蚀性物质，如吸收 SO_2 及水汽，冷凝后生成腐蚀性的酸性溶液。另一方面是灰尘落在金属表面后能形成缝隙而凝聚水分，形成氧浓差的局部腐蚀条件，加速腐蚀发生。水汽含量较高时，尤其是湿度接近 100%时，大气腐蚀主要是电化学腐蚀。对于镁合金而言，在大气环境中，由于二氧化碳的存在，其表面能自然形成一层氢氧化镁与碳酸镁的产物。这样的碳化反应在相对湿度为 57%～90%时最强。碳化反应对氢氧化物膜层起到一定的封闭作用。

(7) 土壤腐蚀

如土壤中的钙与镁盐能一定程度上抑制镁合金的腐蚀，所以镁合金在土壤中比较耐蚀。但土壤中的化学成分会影响其他有色金属合金腐蚀。

4.1.2 有色金属及其合金的腐蚀防护

金属的耐蚀性主要取决于表面膜的性质，表面膜的完整性决定了对合金基体的保护性能。因为金属和金属合金在大气中生成的表面膜非常薄而且多孔，所以对金属和金属合金基体没有好的保护作用，并且该膜层非常脆、容易破裂，所以金属及其合金极易遭到腐蚀。因此，金属及金属合金极易腐蚀的原因主要有两方面：一是金属中微量杂质引起的电化学腐蚀；二是金属合金表面形成的氧化物体积和生成这些氧化物而消耗的金属体积比小于 1。

4.1.3 有色金属合金的表面处理方法

4.1.3.1 表面前处理

合金件的表面因制造方法不同可能会附着氧化物、脱氧剂、铸造剥离剂等污染物。这些污染物对镁合金表面保护膜的质量有着严重的影响，也是引起镁合金腐蚀的重要因素之一，所以在使用过程中合金的表面前处理非常重要。除掉这些污染物可以有效地提高镁合金半成品或部件的耐蚀性。

4.1.3.2 表面转化膜

所谓表面转化，就是通过一些化学与电化学的手段，使合金表面与某些介质发生化学反应而转变成非金属表面，如氧化膜或沉淀物膜等，这样可使得镁合金表面失去活性并与腐蚀介质隔绝，从而使其腐蚀速率降低。其包括化学转化、阳极氧化、微弧氧化等表面处理方式。

4.1.3.3 涂层

(1) 金属涂层

金属涂层包括化学镀、电镀、金属喷涂和金属包覆。采用金属涂层保护镁合金目前还没有获得广泛应用，尤其是在航空工业，因其工艺复杂、增重较大、损坏后不易修复等缺陷，限制了金属涂层在镁合金防护上的应用。但是当要求镁合金件具有导电、导热、耐磨、良好的装饰性时，只有用金属涂层才可行。

（2）溶胶-凝胶涂层

采用溶胶-凝胶技术来改善金属或合金的表面性能，或赋予材料表面新的功能特性等。主要的应用途径是直接在镁合金表面制备溶胶-凝胶膜层。但由于溶胶涂层在使用过程中存在易破损和脱落的缺点，所以通常将溶胶-凝胶技术与其他技术相结合，在镁合金表面制备复合膜层。

4.1.3.4 有机缓蚀

有机缓蚀是利用有机吸附型缓蚀剂如苯并三氮唑（BTA）类和苯并咪唑类等对金属表面的良好吸附性，在金属表面形成一层防腐蚀的沉淀膜，赋予金属表面优异的抗氧化性、耐热性、绝缘性等性能。目前铜制品的防变色处理多采用BTA钝化法。单一的BTA钝化处理效果不是很理想，容易出现膜层泛黄、花斑和流痕等缺陷。经研究发现，以BTA为主料，辅以其他有机、无机添加剂复配后进行钝化处理，可以获得较为理想的效果。这些辅助添加剂可以概括为以下几类：

① 含氮杂环化合物（BTA衍生物），如：甲基BTA、羟基BTA、羧基BTA、长链烷基BTA和羟基羧基BTA等；

② 咪唑类，如：2-甲基咪唑、2-苯基咪唑、11-烷基咪唑、17-烷基咪唑、18-烷基咪唑等；

③ 其他含氮杂环化合物，如：噻唑、喹啉、吡啶、ATA、MBT等；

④ 有机酸，如：苯甲酸、辛酸、壬酸、癸酸、癸二酸、月桂酸、月桂二酸、其他高级水溶性聚羧酸等；

⑤ 有机胺类，如：碳酸环己胺、单乙醇胺、碳酸苄胺、苯甲酸二环己胺、亚硝酸二环己胺、苯乙醇胺、六亚甲基四胺、十八烯胺、二乙醇胺等；

⑥ 无机物，如：钼酸盐、钨酸盐、硅酸盐、磷酸盐、铁盐、亚硝酸钠等。

除了上述物质外，还有人研究了其他一些物质，如2-巯基苯并噁唑、希夫碱、咪唑化合物等。

4.1.3.5 自组装

自组装单分子膜（self-assemble monolayers，SAMs）的生成是一个自发的过程，将金属或金属氧化物浸入含活性分子的稀溶液中，通过化学键自发吸附在基片上形成取向规整、排列紧密的有序单分子膜，制备方法简单且具有更高的稳定性。它主要有烷基硫醇类自组装、脂肪酸及其衍生物自组装、硅烷类自组装、磷酸盐类自组装、希夫碱类自组装等。

4.1.4 离子液体在有色金属电沉积方面的应用

在离子液体中进行金属电沉积的理论还不完善，但与水溶液中进行的电沉积相比，在研究离子液体本身时存在以下优点：

① 很多在水溶剂中无法进行电沉积的金属在离子液体中可以实现电沉积，如铝、钛、钨、钽等。例如若低温下电沉积铝的技术得以实现，铝的耐摩擦性能可应用于航天飞船，并且可以取代铬作用于饰品的涂层。而电沉积钽、钛、钼、钨等技术也将运用于众多行业，因为这些金属具有耐摩擦、耐腐蚀、耐热等多种特性。

② 铝、镁及部分合金等在对水敏感的基底上进行金属的电沉积时，可以选择离子液体。

③ 在离子液体电沉积过程中更容易得到比水溶液中质地更好的镀层。水溶液中进行的电沉积过程容易产生氢气导致镀层出现裂缝。但在离子液体中进行电沉积时，产生的氢气量可以忽略不计，所以得到的镀层的力学性能会更加优良。

④ 离子液体中形成的金属络合物有助于化学镀合金沉积技术的开发，并且可以避免使

用水溶液化学镀中添加的有毒的有机络合物。

⑤ 虽然离子液体电沉积的成本比水溶液电沉积的成本要高，但离子液体与水溶液相比具有更好的导电性和更高的效率，而且成本远远小于化学气相沉积等技术。

⑥ 在进行电化学沉积时，具有强酸性的水溶剂电镀工艺会产生大量包含了有毒金属离子而且腐蚀性极强的废液。但在离子液体电镀液中，反应过后的金属会聚沉，很容易做到分离和回收。

⑦ 可以替代传统水溶剂电镀液中包含的危险性极强及有毒有害的物质，如四价铬离子、氰化物以及其他腐蚀性很强的物质，这样就降低了污水处理的成本。

⑧ 越来越多的合金表面上的沉积反应可以在加入了还原剂的离子液体中通过化学镀的方式实现。

金属在离子液体和水溶液中的还原电势也表现出很大的不同。这种差异性造成的影响一方面使得某些合金的制备变得更加简单，另一方面有利于更多的新型合金的制备。

使用离子液体进行电沉积的一个最基本的优点是，由于离子液体是非水溶剂，所以在离子液体电镀液中进行电沉积时产生的氢气的量可以忽略不计，通过这种方法制备得到的沉积层与纯金属相比具有更加优良的力学性能。因此得到的镀层基本没有缺陷并且具有很强的抗腐蚀性，而且容易制备得到较薄的镀层，从而降低了材料的使用量与能源的浪费。

4.2 缓蚀剂

4.2.1 镁合金缓蚀剂

配方 1：见表 4-1。

表 4-1 镁合金缓蚀剂配方 1 原料配比

组分	质量份配比范围
黄桷树叶	8～17
桂花树叶	51～69
柳树叶	21～34

制备方法：

① 清洗：按上述配比取黄桷树叶、桂花树叶和柳树叶，采用纯水进行超声清洗，清洗温度为 31～37℃，时间为 7～13min。

② 捣碎：清洗过后的混合树叶原料风干捣碎，制得混合树叶碎料。

③ 水煮：采用微波加热，加水量与固体原料的质量比为（9～12）：1，加热温度为 88～96℃，加热时间为 190～320min。

④ 抽滤和干燥：在步骤③制备的混合液中加入超声分散表面活性剂，表面活性剂加入量为混合液质量的 0.08%～0.17%；然后对混合液进行真空抽滤分离，得到滤液和滤渣；将滤液在 44～58℃下真空干燥 270～310min，干燥后粉碎，即得镁合金缓蚀剂产品。

配方应用：主要应用于抑制镁合金的腐蚀。

配方特点：

① 按特定质量配比混合的黄桷树叶、桂花树叶和柳树叶三种树叶的提取物作为有效成分，以其含有的酚、醇、酯、烯、醛、黄酮类化合物以及氨基酸等多种物质在镁合金表面形成紧密的吸附层，有效阻止腐蚀介质与镁合金的接触，从而起到良好的缓蚀作用，因此具有

用量少、缓蚀效率高的特点，可广泛用于防止镁合金的腐蚀。

② 以黄栌树叶、桂花树叶和柳树叶三种树叶为原料，原料来源充足、无毒无害，且能变废为宝。

③ 制备方法具有工艺简单、操作方便、生产成本低、绿色环保等特点。

配方 2：见表 4-2。

表 4-2 镁合金缓蚀剂配方 2 原料配比

组分	质量份配比范围
黄栌树叶	20～35
蜂胶（毛胶）	5～7
滑石粉	50～70

制备方法：

① 对黄栌树叶进行处理：先将 20～35 份的黄栌树叶采用纯水进行超声清洗，再进行风干，并粉碎成小于 2mm 的粉末，然后将粉末浸泡在乙醇∶水＝75∶25 的溶液中，搅拌 1～2h，将纤维素过滤，得黄栌树叶醇溶液。

② 对蜂胶的处理：将 5～7 份的蜂胶（毛胶）加入黄栌树叶醇溶液中，搅拌 20～30min，将杂质过滤，并将加入毛胶的黄栌树叶醇溶液进行真空浓缩，浓缩后的溶液在－20～0℃下冷冻 10～20h，得蜂胶（毛胶）和黄栌树叶的混合固体。

③ 捣碎：将蜂胶（毛胶）和黄栌树叶的混合固体捣碎成 180～220 目的粉末状。

④ 混合：将步骤③的粉末与 50～70 份滑石粉混合。

配方应用：应用于抑制镁合金的腐蚀。

配方特点：

① 黄栌树叶、蜂胶和滑石粉均为天然物质，对环境和人体均无害。

② 有机酸、氨基酸、黄酮类、醇、酚、醛、酮、酯、醚类化合物和隔绝性较好的粉质，能在镁合金的表面形成保护层，阻止腐蚀介质与镁合金的接触，具备较好的缓蚀性能。

配方 3：见表 4-3。

表 4-3 镁合金缓蚀剂配方 3 原料配比

组分	质量份配比范围
多元酸酰胺酯缓蚀剂	8～12
聚醚醚酮	15～26
气雾抑制剂	1.5～5
润滑剂	15～25
杀菌剂和水	0.1～3

制备方法：

① 将水升温至 40～50℃，搅拌的同时加入多元酸酰胺酯缓蚀剂、聚醚醚酮和润滑剂。

② 搅拌的同时，在步骤①得到的液体中加入气雾抑制剂和杀菌剂，加入的过程中保温。

③ 将②得到的液体冷却至室温，即制得成品。

配方应用：有优异的抗镁硬水性能、防止镁腐蚀性能以及作业安全性能，是目前全乳型镁合金切削液的最佳替代产品。

配方特点：镁合金在高速切削加工时会产生大量的热量，这些热量通过切屑、刀具、工件、切削液及周围的空气传导出去，其中的切削液为乳化型切削液，该切削液具有润滑、防锈、清洗、极压等功能。

4.2.2 镁合金用碱性缓蚀剂

配方：见表 4-4。

表 4-4 镁合金用碱性缓蚀剂原料配比

组分	质量份配比范围
三乙醇胺和有机酸的反应物	10～45
氟硅酸镁	5～10
三聚磷酸钠	15～40
水	15～60

制备方法：三乙醇胺和月桂酸混合，在 40～70℃加热搅拌 0.5h 充分溶解，加入三聚磷酸钠、水和氟硅酸镁，搅拌至充分溶解后，得到透明液体。

配方应用：主要用于镁或镁合金在 pH≥7 的各种有机碱或者无机碱系统中。

配方特点：

① 提供一种镁合金的碱性缓蚀剂，可以用于在 pH≥7 的多种有机碱和无机碱介质中，有良好的缓蚀效果，可用于脱漆、除冰、涂料等多种系统中；

② 三乙醇胺与有机酸的反应物是吸附型的缓蚀剂；

③ 氟硅酸盐在镁合金表面形成致密沉淀膜，阻止腐蚀性物质的介入；

④ 多聚磷酸盐或有机膦酸盐是阴极型缓蚀剂，能与铝离子和溶液中的镁、钙等离子形成阳离子络合物，吸附于镁合金表面，阻止镁合金的阴极析氢；

⑤ 涉及的多种缓蚀剂协同作用，使镁合金的基体得到保护。

4.2.3 铜缓蚀剂

配方 1：见表 4-5。

表 4-5 铜缓蚀剂配方 1 原料配比

组分	质量份配比范围
苯并三氮唑	10～15
工业醇（乙醇、甲醇或异丙醇）	40～60
水（蒸馏水或软化水）	35～40
无机氨水	2～3

制备方法：

① 在常温状态下，取苯并三氮唑、工业醇及软化水混合，使其完全溶解；

② 用无机氨水调整溶剂的 pH 值为 7～9，即制成产品。

配方应用：主要用于循环水系统中铜设备的防腐蚀保护，试验过程如下。

① 500mL 烧瓶中加入 500mL 试验用水；

② 向其中加入 1mg/L 的配方溶液；

③ 将烧瓶放入恒温水浴中，开动磁力搅拌器，搅动溶液 3～5min；

④ 将表面处理好的黄铜试片悬挂浸入配方溶液中，在 40℃以上浸泡 24h；

⑤ 经水洗、脱水、干燥后称量，黄铜试片光亮。

配方特点：以无机氨代替原有机胺作为苯并三氮唑的碱性稳定剂，以工业醇为溶剂，在保证相同使用浓度和铜缓蚀性能的前提下，其成本大幅度降低、黏度降低、流动性更好、稳定性能更佳、生产工艺简单、操作更简便。

配方 2：见表 4-6。

表 4-6 铜缓蚀剂配方 2 原料配比

组分	质量份配比范围
羧甲基纤维素钠（CMC-Na）	5
Na_2WO_4	20～30
水	加至 100g

制备方法：

① 将羧甲基纤维素钠加入水中，控制温度为 70℃下搅拌 1h，冷却至室温；

② 添加 Na_2WO_4，搅拌均匀，即得到纯铜缓蚀剂。

配方应用：配方是一种纯铜缓蚀剂，用于金属材料的防腐蚀技术领域。

配方特点：解决了铜缓蚀剂的价格昂贵、用量高等技术问题，提供了一种价格低廉、用量少且可生物降解的纯铜缓蚀剂。

配方 3：见表 4-7。

表 4-7 铜缓蚀剂配方 3 原料配比

组分	质量/g
BTA	200
溴化钠	20
异丙醇	250
纯水	320

制备方法：

① 分别称取 BTA 200g，溴化钠 20g，异丙醇 250g，纯水 320g，将 BTA 用异丙醇溶解；

② 用纯水将溴化钠溶解；

③ 再将二者混合均匀，得到耐氧化型铜缓蚀剂。

配方应用：一种用于循环冷却水系统中的耐氧化型铜缓蚀剂。

配方特点：

① 它能对使用含氯杀菌剂的循环冷却水系统中铜材料的腐蚀进行保护，并且能降低余氯对有机膦酸盐和聚合物阻垢剂的分解；

② 耐氧化型铜缓蚀剂中的添加剂与余氯结合还可以提高循环水系统的杀菌能力，从而降低循环水处理系统的处理费用并提高处理效果。

配方 4：见表 4-8。

表 4-8 铜缓蚀剂配方 4 原料配比

组分	质量份配比范围
钨酸钠	10～20
海藻酸钠	8～15
钼酸铵	5～10
马来酸-丙烯酸共聚物	4～10
水	加至 1L

制备方法：

① 称取配方量的海藻酸钠，加入配方量的水中，边加边搅拌，搅拌 40min 后，加热至 40℃下搅拌溶解；

② 在①中加入配方量的马来酸-丙烯酸共聚物，搅拌溶解；

③ 在②中加入配方量的钨酸钠、钼酸铵，搅拌溶解，得缓释剂。

配方应用：钨酸钠、海藻酸铵等物料均属于易生物降解的绿色环保物质，且四种组分搭配合理，产生了很好的铜缓释作用。

配方特点：钨酸盐毒性低，对环境、人体和作物没有危害，也不引起微生物滋生，属环境友好型缓蚀剂。

配方 5：见表 4-9。

表 4-9 铜缓蚀剂配方 5 原料配比

组分	质量份配比范围
羧甲基纤维素钠（CMC-Na）	1～9
$ZnSO_4$	4
水	加至 100g

制备方法：

① 将 CMC-Na 加入水中，控制温度为 70℃下搅拌 1h，冷却至室温；

② 添加 $ZnSO_4$，加水至 100g，即得到黄铜缓蚀剂。

配方应用：主要用于黄铜防腐。

配方特点：

① 所用的原料 CMC-Na 价格低廉、原料易得，使得配方生产成本低；

② CMC-Na 和 $ZnSO_4$ 对黄铜起到了良好的缓蚀协同效应，其对黄铜表现出良好的防腐蚀效果，在黄铜表面形成一种缓蚀剂膜，保护黄铜表面不被腐蚀，缓蚀效率可高达 85.06%。

配方 6：见表 4-10

表 4-10 铜缓蚀剂配方 6 原料配比

组分	质量份配比范围
混合稀土盐	0.2～1
磺基水杨酸	6～10
苯并三氮唑	1～8
柠檬酸	10～20
蒸馏水	加至 1L

混合稀土盐为下列化学药品的混合物：La_2O_3 ∶ Y_2O_3 ∶ Eu_2O_3 ∶ Ce_2O_3 =1∶1∶1∶1、1∶1∶1∶2、1∶1∶2∶1 或 1∶1∶3∶1。

制备方法：

① 配制混合稀土盐溶液。分别称取 La_2O_3、Y_2O_3、Eu_2O_3、Ce_2O_3，将其混合，加入适量浓硝酸将其溶解，再加入蒸馏水稀释至 1000（体积）。

② 配制基础溶液。在常温状态下，称取磺基水杨酸、苯并三氮唑、柠檬酸，先将上述药品分别用少量蒸馏水溶解，然后混合稀释至 950（体积）。

③ 从配制好的1000（体积）混合稀土盐溶液中取50（体积）与配制好的950（体积）基础溶液混合，在室温下静置6h以上，然后再过滤，便完成了整个缓蚀剂溶液的配制过程，配制好的溶液的pH值为4～7。

配方应用：用于铜的缓蚀。缓蚀表面的处理工艺为，将被处理的铜及其合金零件在彻底除油清洗后，立即放入本品的缓蚀剂溶液中处理5～10min后取出，经去离子水清洗后自然晾干即可，此时缓蚀剂溶液温度为50～60℃。

配方特点：

① 铜缓蚀剂的几种主要成分均为绿色水处理药剂，对环境无危害，是一种符合可持续发展需要的缓蚀剂；

② 缓蚀剂原料易得，特别是稀土盐属于我国丰产资源，储量居世界首位，因此缓蚀剂成本较低；

③ 缓蚀剂与铜生成一种保护膜，体现出缓蚀效果，工艺稳定、溶液成分简单且维护调整方便。

4.2.4 黄铜防腐蚀缓蚀剂

配方1：见表4-11。

表4-11 黄铜防腐蚀缓蚀剂配方1原料配比

组分	质量份配比范围
聚环氧琥珀酸（PESA）	0～10
$ZnSO_4$	0～10
$NaSiO_3$	0～40
去离子水	加至1L

制备方法：在室温下向去离子水中依次添加聚环氧琥珀酸、$ZnSO_4$、$NaSiO_3$等各种溶质，搅拌混合，即得本品黄铜防腐蚀缓蚀剂。

配方应用：主要用于黄铜防腐。

配方特点：

① 属于绿色水处理药剂，对环境无危害，符合可持续发展的需要。

② 原料易得，将其复配使用后对体系中黄铜的防腐蚀具有较好的缓蚀效果；当复合缓蚀剂为2mg/L PESA＋5mg/L $ZnSO_4$＋40mg/L $NaSiO_3$时，其腐蚀电流密度最低，为3.776A/cm^2，对应的缓释效率最高，为84.90%。

配方2：见表4-12

表4-12 黄铜防腐蚀缓蚀剂配方2原料配比

组分	质量份配比范围
带芳香环的咪唑啉酰胺	20～50
直链咪唑啉酰胺	20～50
硫脲	2.4～2.6
丙炔醇	2.4～2.6
溶剂	25～35

直链咪哇啉酰胺的合成方法是：将摩尔比为（1～2）∶1.1的直链酸与多乙烯多胺混合，加入三口烧瓶中，三口烧瓶用油浴加热并控温，从三口烧瓶的一口通入高纯氮气，另一口接

分水器和冷凝器，利用高纯氮气带出反应生成的水，并保护反应以避免与空气接触。第一步升温至150～180℃反应3～6h，生成酰胺，第二步升温至200～250℃反应3～6h。

在强酸性环境（pH值<3.0）和弱碱性环境（pH值为7.0～8.5）中均有较好的缓释率，适用于常减压装置的$HCl+H_2S+H_2O$型腐蚀环境，减轻常减压装置的腐蚀。

制备方法：向直链咪唑啉酰胺和带芳香环的咪唑啉酰胺的混合物中加入硫脲和丙炔醇，再加入溶剂，即为本品缓蚀剂。

配方应用：主要用作金属缓蚀剂。

配方特点：

① 采用带芳香环的咪唑啉酰胺和直链咪唑啉酰胺复配使用，且芳香环的亲油性大于直链，使得疏水层排列更为紧密；

② 由于芳香环的占位效应，可以使保护面积增大，从而减少缓蚀剂的用量；

③ 缓蚀剂中若加入炔醇及其衍生物，可以有效地吸附在金属表面；

④ 在同等条件下，本品所提供的缓蚀剂具有很高的缓蚀率，缓蚀效果好，在强酸性环境（pH值<3.0）和弱碱性环境（pH值为7.0～8.5）中均有较好的缓蚀率。

配方3：见表4-13。

表4-13　黄铜防腐蚀缓蚀剂配方3原料配比

组分	质量份配比范围
盐酸	0.1mol/L
壳聚糖	0.005～1.5g/L
去离子水	加至1L

制备方法：壳聚糖（BR）脱乙酰度为80.0%～95.0%，是白色粉末，实施体系为0.1mol/L盐酸溶液，实验中所需器皿均用去离子水洗涤，所用溶液均用去离子水配制。

配方应用：主要用于黄铜防腐。

配方特点：

① 在0.1mol/L HCl溶液中将壳聚糖用作黄铜防腐缓蚀剂具有较好的缓蚀效果，特别是在0.1mol/L HCl溶液中添加1.0g/L缓蚀剂壳聚糖后，黄铜的腐蚀电流显著降低，从$11.54\mu A/cm^2$降到$5.76\mu A/cm^2$，缓蚀效率为54.08%。

② 壳聚糖是一种天然高分子有机物，具有资源丰富、无毒、无害、易生物降解等优点，其使用后对体系中黄铜的防腐蚀具有较好的缓蚀效果。

4.2.5 锌的气相缓蚀剂

配方：锌的气相缓蚀剂，见表4-14。

表4-14　锌的气相缓蚀剂原料配比

组分	质量份配比范围
羟基丁二酸	8～12
1,4-氧氮杂环己烷	15～25

表4-15　锌的气相缓蚀剂应用工艺原料配比（质量份）

原料	工艺1	工艺2	工艺3
羟基丁二酸	8	12	10

续表

原料	工艺 1	工艺 2	工艺 3
1,4-氧氮杂环己烷	15	25	20
去离子水	242	125	—
VPI-PM	—	—	20
粒径为 0.5～5μm $CaCO_3$	—	—	60
石蜡油	—	—	10
邻苯二甲酸二辛酯	—	—	0.3
2,6-二叔丁基对甲酚	—	—	0.5
浓度为 48%的 PVA	5	7	—
低密度聚乙烯	—	—	100
VPI-PM 载体	—	—	10

制备方法：将羟基丁二酸和 1,4-氧氮杂环己烷在水介质中于 10～35℃温度、0.08～0.11MPa 压力下反应合成气相缓蚀剂 VPI-PM。

配方应用：气相缓蚀剂可用于镀锌气相包装材料中，不同镀锌包装材料的应用工艺如下（表 4-15）。

工艺 1：将羟基丁二酸与 1,4-氧氮杂环己烷分次溶解于去离子水中，并进行充分搅拌，使其反应完全后加入涂布助剂 48%的聚乙酸乙烯乳液（PVA 乳剂），制成涂布液后，涂敷在防锈原纸或无纺布上，或涂敷在外层复合了防潮抗透气层聚烯烃塑料膜的防锈原纸或无纺布上，便得到镀锌专用气相防锈纸、镀锌专用气相防锈无纺布。

工艺 2：将羟基丁二酸与 1,4-氧氮杂环己烷分次溶解于去离子水中，并进行充分搅拌，使其反应完全后加入 48%的 PVA 乳液，制成涂布液，涂敷在防潮抗透层为聚烯烃的塑料膜，骨架材料层为聚烯烃扁丝、丝线或纤维编织物，连接料为同种聚烯烃树脂，载体材料为防锈原纸或聚烯烃纤维无纺布等组成的复合材料（塑料/编织物/树脂/原纸或无纺布）的载体材料防锈原纸或无纺布层上，便可加工成镀锌专用加固气相防锈纸、镀锌专用加固气相防锈无纺布。

工艺 3：将羟基丁二酸与 1,4-氮杂环己烷反应生成物纯化后的纯品固体 VPI-PM，取 VPI-PM、$CaCO_3$（粒径为 0.5～5μm，超细）、石蜡油、邻苯二甲酸二辛酯、2,6-二叔丁基对甲酚混合均匀制成 VPI-PM 载体。在低密度聚乙烯（LDPE）中添加 VPI-PM 载体，吹塑成膜，即得镀锌专用加固气相防锈塑料镀膜。

用 VPI-PM 生产的镀锌专用气相防锈纸、镀锌专用气相防锈无纺布、镀锌专用加固气相防锈纸、镀锌专用加固气相防锈无纺布、镀锌专用气相防锈塑料薄膜，适用于小到镀锌螺钉螺帽，大到重型镀锌卷、带、板材等各类镀锌产品的长期封存和临时防锈。

配方特点：

① 原料国内均有规模化生产。羟基丁二酸别称苹果酸，是重要的食品添加剂，无毒；1,4-氧氮杂环己烷别称吗啉，常用化工原料，低毒（LD_{50} 1050mg/kg，大白鼠经口）。

② 将羟基丁二酸和 1,4-氧氮杂环己烷在水介质中的反应物溶液作为涂布液直接生产气相防锈包装材料专用，既省事，又经济。

③ 生产气相防锈材料薄膜时，用 VPI-PM 的纯化品。

④ 防锈效果好，防锈期长，使用方便，安全无害。

4.2.6 铝缓蚀剂

配方：见表 4-16。

表 4-16　铝缓蚀剂原料配比

组分	质量配比范围/%
脂肪醇聚氧乙烯醚	5.0～10.0
十二烷基硫酸钠	2.0～6.5
椰子油酸二乙醇酰胺	2.0～5.0
仲醇聚氧乙烯醚	1.5～10.0
三乙醇胺	1.5～5.0
有机酸 A	1.0～8.0
有机酸 B	1.0～6.5
盐酸	1.0～5.0
去离子水	至 100mL

制备方法：脂肪醇聚氧乙烯醚硫酸盐 78%（纯度，下同），椰子油酸二乙醇酰胺（1∶2 型）80%，十二烷基硫酸钠 98%，仲醇聚氧乙烯醚 90%，三乙醇胺 98%，上述均为工业品；有机酸、盐酸，上述均为化学纯。将它们与去离子水依据表 4-16 原料配比混合。

配方应用：将试片依次使用溶剂汽油、无水乙醇、热无水乙醇（50～60℃）擦洗干净，用热风吹干，置于干燥器备用。

防锈性、腐蚀性试验用试片，制样时间不超过 16h。对 3 个铝壳处理剂方案的清洗能力、漂洗性、腐蚀性、防锈性、高低温稳定性等理化性能进行测试。采用滴体积法测试 3 个铝壳表面处理剂表面张力。采用静态挂片失重法测定 3 个试片腐蚀数据，将清洗后腐蚀失重换算为腐蚀速率。取公园土 100g（准至 0.1g）溶于 1000mL 水中，搅拌均匀后静置 2h，取上层清液定性过滤，弃去最初 200mL 滤液，余备用；经过铝壳表面处理剂清洗处理后，铝壳表面光洁且保持铝合金固有光泽，可保持 10 个月以上不腐蚀，市售控制器铝壳件一般 4 个月左右开始出现肉眼可见略呈深灰色的氧化层。

总之，配方清洗能力强，兼具除垢、除油、缓蚀等功能，处理后的铝壳表面平滑、无毛刺，对控制器铝壳腐蚀率极低。

配方特点：

① 可同步完成清洗、钝化、缓蚀等单元操作，极大提高工效。

② 制备过程、使用过程均可在常温下进行，清洗处理可采用静态浸泡、超声波等多种清洗方式，无须加热，安全方便。

③ 使用周期长、添加方便，可在较长时间内循环使用。经成本测算，每吨清洗量及使用周期为酸洗的 3 倍以上，排放时间延长 3 倍以上，排放物质易生物降解，环境友好，在绿色环保方面具有社会意义和显著经济效益。

④ 控制器铝壳回收再利用可明显降低生产成本，符合资源再利用、循环经济的国家产业政策导向。

4.2.7 锡合金（锡球）缓蚀剂

配方 1：见表 4-17。

表 4-17　锡球缓蚀剂配方 1 原料配比

组分	质量配比/g
苯并三氮唑	1.2
聚乙烯醇 4000	6.0
抗坏血酸	6.0
碱性配位剂	6.0
OP-10	6.0
去离子水	加至 1L

制备方法：将成膜剂 A 与高分子成膜剂加入水中，搅拌至完全溶解，再添加碱性配位剂与抗坏血酸至完全溶解，最后加入 OP-10 混合均匀后静置至泡沫消除。新型水基高分子焊锡球表面处理剂成分与浓度为成膜剂 A 苯并三氮唑 1.2g/L，高分子成膜剂聚乙烯醇 4000 6.0g/L，抗坏血酸 6.0g/L，某碱性配位剂 6.0g/L，OP-106.0g/L。

配方应用：用于焊锡球表面镀膜。将冷却成型后的 Sn3.0Ag0.5Cu 焊锡球浸入无水乙醇中超声清洗 3min，然后取出用去离子水超声清洗 2min。将清洗后的焊锡球与表面处理剂按照质量 1∶5 的比例放入圆底烧瓶，将圆底烧瓶固定在旋转蒸发仪上，设置水浴温度为 25℃，调整旋转蒸发仪转速，浸泡 10～15min 进行焊锡球表面镀膜。将处理后的焊锡球放入去离子水中充分清洗后在 100℃烘箱中烘烤 15min，冷却至室温。

配方特点：

① 焊锡球经该表面处理剂处理后可在表面均匀形成抗氧化薄膜，对焊锡球形成良好保护。

② 在摇球 15min 与高温 72h 内经镀膜处理的焊锡球表面色差变化值 $\Delta E<2$。

③ 经镀膜处理的焊锡球焊点剪切强度对比未镀膜处理焊锡球焊点提高 48%，同时空洞率无增大。

④ 该表面处理剂溶剂为水，最大程度减小了对环境的影响。此种水基型高分子焊锡球表面处理剂可应用于芯片封装用焊锡球抗氧化性能的提升。

配方 2：见表 4-18。

表 4-18　锡球缓蚀剂配方 2 原料配比

组分	质量配比范围/%
松香	85～92
聚乙烯	5～10
低熔点蜡	2～4
活性剂、增塑剂	0.5～1.0

制备方法：将表中物质按照特定的添加顺序在有机溶剂中混合，松香 85%～92%，聚乙烯 5%～10%，低熔点蜡 2%～4%，活性剂、增塑剂等添加剂 0.5%～1.0%，得锡球缓蚀剂。

配方应用：用于焊锡球表面镀膜。将锡球缓蚀剂用正己烷稀释 80 倍后制成表面处理剂。将刚成型的焊锡球充分浸泡在表面处理剂中 2～5min 进行覆膜，然后进行纯水清洗，充分沥干或（160±10）℃ 烘烤 8min 后常温冷却，即在焊锡球表面形成了一层均匀透明的有机抗氧化膜。

配方特点：

① 具有配制简单、易操作等特点。

② 具有良好的抗氧化性及耐候性，且不影响其焊接性能。

4.2.8 亲水型有色金属缓蚀剂

配方 1：见表 4-19。

表 4-19 亲水型有色金属缓蚀剂配方 1 原料配比

组分	质量配比范围/%
缓蚀剂	0.5～8.0
表面活性剂	2.0～9.0
壳聚糖	2.0～8.5
抗氧化剂	0.1～1.0
二氧化钛	1.5～9.0
二氧化硅	1.5～9.0
水	余量

制备方法：金属表面处理剂的组分为缓蚀剂、表面活性剂、壳聚糖、抗氧化剂、二氧化钛、二氧化硅和水，依据表中的质量配比混合搅拌，即得亲水型有色金属缓蚀剂。

配方应用：用于有色金属表面处理。将有色金属表面处理剂用水稀释 8～9 倍，采用酸度调节剂控制工作液的 pH 值在 8.0～9.0，在常温或 50～60℃的状态下采用超声波清洗或以喷淋方式清洗有色金属表面 3～4min，在 10～120℃下干燥，可完成有色金属表面处理。

配方特点：

① 纳米级的二氧化钛和纳米级的二氧化硅在金属表面形成一层保护膜，纳米级的掺杂 F 的二氧化钛和纳米级的二氧化硅在阳光的照射下能够分解金属表面的细菌；

② 具有很高的亲水性，更充分地保护金属表面不被细菌和雨水侵蚀，从而很好地清理金属表面；

③ 在金属表面形成保护膜，可以保持金属表面的光泽度。

配方 2：见表 4-20。

表 4-20 亲水型有色金属缓蚀剂配方 2 原料配比

组分	质量配比范围/%
助膜剂	0.5～1.0
表面活性剂	1.0～3.0
甲壳素	0.1～8.0
海藻酸钠	0.5～6.0
二氧化硅	2.0～10.0
珍珠粉	1.0～3.0
水	余量

制备方法：

① 按比例混合海藻酸钠和表面活性剂，快速搅拌 3min；

② 加入 20%的去离子水充分混合后，加热至 40～50℃，充分搅拌 1h，再加入甲壳素，

在反应釜中以2000r/min的转速搅拌分散得到稳定的溶液；

③ 加入珍珠粉，搅拌30min，再加入二氧化硅和去离子水，充分搅拌；

④ 加入助膜剂，搅拌1h，采用酸度调节剂将pH调节为8.0～9.0，搅拌均匀后得到稳定的溶液，即制得有色金属表面处理剂。

配方应用：用于有色金属表面。将金属表面处理剂用水稀释10倍，采用酸碱调节剂控制工作液的pH值在8.0～9.0，在常温或40～50℃采用喷淋方法清洗有色金属表面5min，于30～90℃干燥。

配方特点：

① 纳米级的二氧化硅在金属表面形成一层保护膜，纳米级的二氧化硅在阳光的照射下能够分解金属表面的细菌，并且具有很高的亲水性；

② 能够更充分地保护金属表面不被细菌和雨水侵蚀；

③ 能够很好地清理金属表面，同时在金属表面形成保护膜，可以保护金属表面的光泽度。

4.3 磷化液

4.3.1 低温锌锰镍三元系磷化液

配方1：见表4-21。

表4-21 低温锌锰镍三元系磷化液配方1原料配比

组分	质量份配比范围
磷酸（浓度85%）	12～24
氧化锌	1～3
碳酸锰	1～3
碳酸镍	1～2
氟化钠	2～4
添加剂	5～10
自来水	加至1L

制备方法：

① 取磷酸、氧化锌，加入自来水中，充分搅拌溶解；

② 取碳酸锰加入水中，充分搅拌溶解，再取碳酸镍加入水中，充分搅拌溶解；

③ 取氟化钠加入水中，充分搅拌溶解。取添加剂加入水中，充分搅拌，补水至1L。

配方应用：主要用于金属磷化。利用该磷化液对铁件、锌件和铝件进行磷化处理，浸渍、喷淋均可，磷化膜均匀致密，磷化效果很好。

配方特点：

① 工艺范围较宽、节约能源、沉渣少、调整容易、操作简单，与各类涂装均具有优良的配套性。

② 槽液稳定，通过补加可长期连续使用。

配方2：见表4-22。

表 4-22　低温锌锰镍三元系磷化液配方 2 原料配比

组分	质量份配比范围
磷酸二氢锌	50.0～70.0
硝酸锌	80.0～100.0
复合促进剂	4.0～5.0
络合添加剂	适量
锰盐	0.4
硝酸镍	0.5
水	加至 1L

复合促进剂为 50%$NaNO_2$、46.5%氟复盐、2%有机硝基化合物和 1.5%其他添加剂组成；络合添加剂为羧基有机酸、酒石酸、柠檬酸、EDTA 等。

制备方法：取磷酸二氢锌、硝酸锌，加入自来水中，充分搅拌溶解；取锰盐，加入水中，充分搅拌溶解；取硝酸镍，加入水中，充分搅拌溶解；取复合促进剂，加入水中，充分搅拌溶解；取添加剂，加入水中，充分搅拌，补水至 1L。

配方应用：主要用于金属磷化。

配方特点：

① 游离度 1.5～4.0 点，总酸度 25～45 点，pH 值在 2.0～3.0，处理时间为 10～20min。

② 配方简单、制作方便、低温、低成本，形成的磷化膜耐碱、耐大气腐蚀、与涂层的附着力达到一级。

4.3.2　低温锌系磷化液

配方 1：见表 4-23。

表 4-23　低温锌系磷化液配方 1 原料配比

组分	质量份配比范围
氧化锌	100
磷酸（浓度 80%）	230
硝酸（浓度 30%）	280
硫酸镍（$NiSO_4 \cdot 6H_2O$）	2～3
碳酸锰	0.1～0.3
乙二胺四乙酸	0.6～0.7
柠檬酸	4～6
过硼酸钠	1
碳酸钠	2～3
水	加至 1L

制备方法：将各组分溶于水混合均匀即可。

配方应用：主要应用于汽车制造、家用电器、农机等各类钢铁制品的涂装前处理，以增加其防腐能力和漆膜附着力，可采用喷淋或浸泡法处理。

配方特点：低温锌系磷化液，工作温度低、时间短，能耗小，能在钢铁表面生成一种优良的致密磷化结晶膜；该磷化液工艺参数范围宽，易于调整，提高了产品涂装质量。

配方 2：见表 4-24。

表 4-24　低温锌系磷化液配方 2 原料配比

组分	质量份配比范围
磷酸二氢锌	60.0
六水硝酸锌	90.0
亚硝酸钠	1.5
稀土促进剂	0～1.0
水	加至 1L

游离度 4～6 点，总酸度 70～75 点，使用温度（42～52)℃，处理时间为 30～40min。

制备方法：将各组分溶于水混合均匀即可。

配方应用：适用于淬火态模具钢（HRC60 左右）。

配方特点：经处理后可在其表面形成一层均匀致密约 10μm 的磷化膜，可大幅度提高模具钢的耐磨性，经测试摩擦系数约下降 0.1，与未处理试样相比磨损量下降 96%，附着力 1 级。

4.3.3　镁合金表面钙系磷化液

配方：见表 4-25。

表 4-25　镁合金表面钙系磷化液原料配比

组分	质量份配比范围
磷酸二氢钙	5～80
磷酸	2～15
硝酸盐	2～15
多聚磷酸盐	0.1～5
水	加至 1L

制备方法：将各组分溶于水，搅拌均匀即可。

配方应用：用于镁合金表面磷化处理。将经前处理后的镁合金工件浸渍于本配方钙系磷化溶液中进行处理，其工作温度为 20～35℃，磷化处理时间为 20s～5min。

配方特点：

① 主要成分为无毒低价的磷酸二氢钙和磷酸，并且配方中不含六价铬；

② 对环境友好，可以满足各方面对无铬产品的要求，配方中的物质皆为无毒或低毒物质，在使用该配方进行大批量生产时，不会对生产人员产生毒害，且成本低廉；

③ 表面处理可以在室温下进行，无须加热装置，能耗小；

④ 在性能方面，该化成处理工艺所得膜层的耐腐蚀性能良好，经过中性盐雾实验 8h 后无明显腐蚀，完全可以达到镁合金的防腐要求；

⑤ 在废水处理方面，该配方不含重金属离子，废水处理简单，对环境污染小。

4.3.4　镁合金表面磷化液

配方 1：见表 4-26。

表 4-26　镁合金表面磷化液配方 1 原料配比

组分	质量份配比范围
磷酸（浓度 85%）	10～20
氧化锌	1～5
氟化钠	1～3
硝酸钠	0.1～0.4
双氧水	0.5～1
水	加至 1L

配方中的磷酸和氧化锌反应生成磷酸二氢锌，提供锌离子和磷酸二氢根离子，在氟化钠和双氧水的促进作用下，生成不溶性磷酸盐而形成磷化膜。氟化钠的作用是提供 F^-：①起缓冲作用，有效稳定磷化液 pH 值；②F^-可部分封锁阳极区，促使基体金属阳极发生溶解，在一定程度上降低了氢的超电压，起到阴极去极化作用，使其表面形成有利于磷酸盐晶体生长的活性区，从而加速了成膜，缩短了反应时间；③F^-还能细化晶粒，使膜层致密。双氧水作为氧化促进剂，促进磷化膜形成，提高膜层耐蚀性。

制备方法：将各组分溶于水，搅拌均匀即可。

配方应用：用于镁合金的表面处理，具体处理工艺过程如下。

① 机械预处理：用 1000＃金相砂纸打磨镁合金，然后水洗。

② 脱脂：用 10% NaOH 溶液洗涤，温度控制在 45～50℃之间，时间为 4～5min，然后水洗。

③ 酸洗：用 7%H_3PO_4 溶液洗涤，温度控制在 28～30℃，时间为 1min，然后水洗。

④ 活化：在温度 40℃情况下，采用浓度为 46%的 HF 200mL/L 处理 1min，然后水洗。

⑤ 成膜：将经前处理的镁合金浸入由本品配制的成膜溶液中，温度控制在 45～47℃，浸入时间为 2min。

⑥ 后处理：用去离子水清洗表面，吹干。

配方特点：

① 采用双氧水作氧化促进剂，加速了成膜速度，生成的转化膜具有比硝酸根离子、亚硝酸根离子或高锰酸钾作为氧化促进剂形成的转化膜更高的耐腐蚀性；

② 磷化成膜时间为 2min，处理时间短，生产效率高；

③ 磷化成膜温度为 47℃，属于常温范围，对生产温度要求不高，适合工业化生产；

④ 采用双氧水作氧化剂，无毒无污染，环保；

⑤ 处理液成分简单，易于控制，工艺稳定；

⑥ 原料易得，成本低，适合工业化生产。

配方 2：见表 4-27。

表 4-27　镁合金表面磷化液配方 2 原料配比

组分	质量份配比范围
磷酸	3～6
磷酸二氢钡	40～70
氟化钠	1～2
水	加至 1L

制备方法：将各组分溶于水，搅拌均匀即可。

配方应用：主要应用于镁合金的表面处理。磷化处理条件为 pH 值 1.3～1.9，磷化温度

90～98℃，处理时间10～30min。

配方特点：镁合金经磷化处理所形成的磷化膜较薄，有一定的抗腐蚀性，可做涂料底层或一般装饰层。

4.3.5 镁合金磷化液

配方1：镁合金磷化液，见表4-28。

表4-28 镁合金磷化液配方1原料配比

组分	质量份配比范围
氧化锌	1～4.5
硝酸	10～45
络合剂酒石酸钠	0～20
促进剂硝酸钠	0.1～6
腐蚀抑制剂氟化钠	0.5～4.5
水	加至1L

制备方法：将各组分溶于水，搅拌均匀即可。

配方应用：主要应用于镁合金表面磷化处理。将前处理后的镁合金工件浸渍于用磷酸或氢氟化钠调至pH值为1～4.5的上述磷化溶液中进行磷化处理，其工作温度为15～80℃，磷化时间为0.1～50min。

配方特点：

① 镁合金部件在锌盐和磷酸盐组成的锌盐磷化液中处理，在其表面可获得保护性能好、厚度超过铬酸盐膜的、细致均匀的磷酸盐转化膜，这种转化膜起到屏障作用，稳定、附着力强，能够有效地阻止腐蚀介质对基体的侵蚀，使镁合金零部件的抗腐蚀性及表观发生本质的改进，使之在实际应用的环境中得到充分的保护，保证镁合金零部件的寿命。

② 镁合金磷化工艺易于控制，工艺稳定，成本低。

配方2：表4-29～表4-32，分别为脱脂液、活化液、调整液、磷化液配比。

表4-29 镁合金磷化液配方2中脱脂液原料配比

原料	配比
焦磷酸钠	3
碳酸钠	3
硅酸钠	3
氢氧化钠	3
十二烷基硫酸钠	0.2
去离子水	加至1L

表4-30 镁合金磷化液配方2中活化液原料配比

原料	配比
乳酸	24
硼酸	6
酒石酸	50
氢氧化钠	5mol
去离子水	加至1L

表 4-31　镁合金磷化液配方 2 中调整液原料配比

原料	配比
三聚磷酸钠	5
氢氧化钠	10
硝酸钠	2
焦磷酸钾	3
去离子水	加至 1L

表 4-32　镁合金磷化液配方 2 原料配比

组分	质量份配比范围
磷酸	0.01～0.5
磷酸二氢钙	5～50
柠檬酸	3
硅酸钠	0.5～10
钼酸钠	0.5～10
偏钒酸铵	0.1～2
氢氧化钠	5
去离子水	加至 1L

为了更好地提高镁合金表面磷化膜的结合力和耐蚀性，可以通过加入浓磷酸或浓的碱性溶液来调节该溶液的 pH 值，其 pH 值优选为 2～3.5，更优选为 2.6～3。

制备方法：

① 将焦磷酸钠、碳酸钠、硅酸钠、氢氧化钠和十二烷基硫酸钠溶于去离子水配制热脱脂溶液；

② 将乳酸、硼酸、酒石酸和氢氧化钠溶于去离子水配制活化溶液；

③ 将三聚磷酸钠、氢氧化钠、硝酸钠和焦磷酸钾溶于去离子水配制成调整溶液；

④ 将磷酸、磷酸二氢钙、柠檬酸、硅酸钠、钼酸钠、偏钒酸铵和氢氧化钠溶于去离子水配制磷化溶液。

配方应用：主要应用于镁合金表面处理。此配方的镁合金表面处理方法包括使用本品镁合金磷化溶液对镁合金表面进行磷化，包括以下步骤：

① 热脱脂：将脱脂溶液加热到 400℃，然后将镁合金工件完全浸入该溶液中，保持溶液的温度为 40℃，浸泡 2min 后将镁合金工件取出，用去离子水冲洗至无氢氧根离子被检出。

② 活化：将①得到的镁合金工件完全浸入活化液中，溶液的温度为 40℃，浸泡 5min 后将镁合金工件取出，用去离子水冲洗。

③ 调整：将②得到的镁合金工件完全浸入调整溶液中，溶液的温度为 60℃，浸泡 6min 后将镁合金工件取出，用去离子水冲洗。

④ 磷化：将③得到的镁合金工件完全浸入磷化液中，溶液的温度为 40℃，浸泡 60s 后将镁合金工件取出，用去离子水冲洗至无磷酸根离子被检出。

⑤ 干燥：干燥后即得处理后的镁合金。

配方特点：

① 整个磷化过程中都不需要使用含有六价铬、氟离子等对环境的和人体有危害的物质，是一种环保方法；

② 使用配方处理过的镁合金表面具有高腐蚀性、良好的结合力以及低表面电阻，且中性盐雾测试 60h 的腐蚀区域可以达到 5% 以下，结合力可以达到 5B 级，表面电阻可低至 0.0002Ω。

配方 3：见表 4-33。（和配方 4 处理方法前半部分一致）

表 4-33　镁合金磷化液配方 3 原料配比

组分	质量份配比范围
磷酸	2.89～8.67
尿素	0.3～1
硝酸	0.39～1.56
磷酸二氢锰	6～30
单宁酸	0.2～0.6
水	加至 1L

制备方法：将各组分溶于水，搅拌均匀即可。

配方应用：主要应用于镁合金表面磷化处理，具体处理步骤如下。

① 提供一个镁合金工件；

② 脱脂，用除油溶液去除该镁合金工件表面的油污；

③ 酸洗，用酸洗溶液去除该镁合金工件表面的氧化物与离型剂；

④ 碱洗，用碱洗溶液去除该镁合金工件表面的黑灰；

⑤ 磷化，用磷化液在该镁合金表面形成磷化膜。

在②中，脱脂时间可控制在 4～8min，脱脂温度可控制在 55～65℃。

在③中，酸洗时间可控制在 3～5min，酸洗温度可控制在 35～45℃。

在④中，碱洗的时间可为 3～5min，碱洗的温度可为 60～80℃。

在⑤中，磷化的时间可为 30～50s，磷化的温度可为 35～45℃。

配方特点：

① 磷化形成于该镁合金工件表面的磷化膜厚度可为 5～30μm，该镁合金工件的表面阻抗可小于 2Ω；

② 配方处理的镁合金工件具有良好的耐盐雾性能、较高的附着力及较小的表面阻抗；

③ 当该镁合金工件应用于便携式电子装置时，可确保该便携式电子装置具有较强的电磁波屏蔽能力。

配方 4：见表 4-34。

表 4-34　镁合金磷化液配方 4 原料配比

组分	质量份配比范围
柠檬酸	5～30
无硅水溶性表面活性剂	1.5～6
水	加至 1L

柠檬酸可与镁合金工件表面的氧化物及压铸成型时喷涂的离型剂反应，以去除该氧化物及离型剂。可除去的氧化物包括氧化镁（MgO）、氧化铝（Al_2O_3）以及氧化锌（ZnO）等；其可除去的离型剂包括高硅脂有机物 [$(CH_2)_m$—CH(Si)$_n$—COOR]，其中 R 为甲基等官能团。柠檬酸在酸洗溶液中可同时避免或减少在该镁合金工件表面形成黑灰物质（主要成分

是铝、锌）。柠檬酸在酸洗溶液中的浓度优选为8～15g/L。

无硅水溶性表面活性剂使镁合金工件表面反应更加均匀，同时降低反应速度，使柠檬酸的反应更易控制，从而进一步避免或减少酸洗过程中镁合金工件表面发生过度腐蚀而生成黑灰。无硅水溶性表面活性剂为低泡无硅水溶性非离子型表面活性剂，其亲水基主要是羟基。该无硅水溶性表面活性剂可为多元醇，例如聚乙二醇、甘油、季戊四醇、蔗糖、葡萄糖、山梨醇等。为使反应更均匀及避免浪费，无硅水溶性表面活性剂在酸洗溶液中的浓度优选为3～4g/L。

制备方法：将各组分溶于水，搅拌均匀即可。

配方应用：主要应用于镁合金表面磷化处理，具体处理步骤与配方3相同。

配方特点：

① 磷化形成于镁合金工件表面的磷化膜厚度可为5～30μm，镁合金工件的表面阻抗可小于2 Ω；

② 配方处理过的工件具有良好的耐盐雾性能、较高的附着力及较小的表面阻抗；

③ 当该镁合金工件应用于便携式电子装置时，可确保该便携式电子装置具有较强的电磁波屏蔽能力。

4.3.6 镁合金表面锌钙系磷化液

配方1：见表4-35。

表4-35 镁合金表面锌钙系磷化液配方1原料配比

组分	质量份配比范围
磷酸二氢钠	10～30
硝酸锌	4～6
亚硝酸钠	2～4
氟化钠	0.5～2
硝酸钙	0.5～2
水	加至1L

酸性活化采用氢氟酸、磷酸、乙二醇中的一种或多种混合溶液（可以任意比例混合），或其他合适的酸性溶液进行活化处理；酸性活化在室温下浸渍时间为1～60s。

制备方法：将各组分混合均匀即可。

配方应用：主要应用于金属磷化处理，具体处理步骤如下。

① 将镁合金在碱性溶液中进行脱脂处理以去除表面上的脂肪类物质，清水清洗；

② 放置在酸性溶液中进行表面活化处理以去除表面上的氧化皮等氧化物；

③ 经过预处理后的镁合金部件浸渍于上述镁合金磷化溶液中进行转化处理，其工作温度为40～70℃，时间为5～60min。

配方特点：

① 在锌系磷化转化膜的基础上，添加了钙离子组成一种新型的无机锌钙系磷化液，其中钙离子起到细化膜层、提高耐蚀性的作用；

② 溶液配方中不含六价的铬离子，磷化液的成分不含任何有机物，均为无机物，对环境友好，可以满足各方面对无铬产品的要求，并且成本较低。

配方2：见表4-36。

表 4-36　镁合金表面锌钙系磷化液配方 2 原料配比

组分	质量份配比范围
硝酸钙	18.0～22.0
硝酸锌	15.0～18.0
氯化锌	3.0～5.0
磷酸二氢铵	8.0～12.0
磷酸	1.5～3.0
去离子水	加至 1L

制备方法：加入去离子水，加热至 60～70℃，按配方量分别加入磷酸、硝酸钙、硝酸锌、氯化锌和磷酸二氢铵，搅拌溶解，加水至刻度即可。

配方应用：主要应用于镁合金表面磷化处理。

配方特点：

① 游离度 20～30 点，游离酸度 1～3 点，处理温度 65～75℃，处理时间为 2～8min。

② 处理液成分简单、易于控制、工艺稳定。配方原料易得、成本低，适合工业化生产。

4.3.7　镁合金无铬无氟磷化液

配方 1：见表 4-37。

表 4-37　镁合金无铬无氟磷化液配方 1 原料配比

组分	质量份配比范围
磷酸二氢盐	1～50
硝酸盐	0～30
无氟化物添加剂	0.1～5
水	加至 1L

磷酸二氢盐为磷酸二氢锌、磷酸二氢锰中的一种或两种。硝酸盐为硝酸锌、硝酸锰中的一种或两种。无氟化物添加剂为钼酸盐、酒石酸、酒石酸盐、柠檬酸、柠檬酸盐、植酸、植酸盐中的一种或几种。

制备方法：将各组分溶于水，搅拌均匀即可。

配方应用：主要应用于镁合金表面磷化处理。将经过处理的镁合金工件浸渍于用磷酸和氨水调制 pH 值为 2.0～5.0 的镁合金无铬无氟磷化溶液中，磷化溶液的温度为 70～100℃，磷化时间为 15～40min。

配方特点：

① 在镁合金表面可获得耐蚀性能好、细致均匀的磷酸盐转化膜，膜层厚度在 0.1～100μm，耐蚀性与铬酸盐膜及添加含氟防蚀剂磷化液处理的膜相比，效果较好，且该磷化膜能有效提高后续涂装涂层的附着力和防护性能。

② 无铬、无氟、低磷，成分少、耐蚀性高。

③ 磷化液的磷化方法易于控制，工艺稳定，成本低，沉渣较少。

配方 2：见表 4-38。

表 4-38　镁合金无铬无氟磷化液配方 2 原料配比

组分	质量份配比范围
锌离子	0.02～0.05

续表

组分	质量份配比范围
锰离子	0.05～0.07
镍离子	0.01～0.05
磷酸根离子	1.0～1.3
酒石酸	0.1～0.5
四氟化硼	0.05～0.08
间硝基苯磺酸钠	0.1～0.3
氯酸根离子	0.3～0.5
硝酸根离子	0.4～0.5
水	加至1L

制备方法：将磷化液各组分溶于水，搅拌均匀即可。

配方特点：

① 使用镁合金无铬无氟磷化溶液及工艺对镁合金进行磷化处理，在镁合金表面可获得耐蚀性能好、细致均匀的磷酸盐转化膜，膜层厚度在0.1～100μm，耐蚀性与铬酸盐膜及添加含氟防蚀剂磷化液处理的膜相比，效果较好；

② 该磷化膜能有效提高后续涂装涂层的附着力和防护性能。

4.3.8 镁锌系合金磷化液

配方：见表4-39。

表4-39 镁锌系合金磷化液原料配比

组分	质量份配比范围
磷酸二氢钾	110～130
高锰酸钾	12～18
柠檬酸	6～10
水	加至1L

制备方法：将各组分溶于水，搅拌均匀即可。

配方应用：主要应用于镁合金表面磷化处理。将经前处理之后的镁锌系合金浸入镁锌系合金磷化溶液中，在温度为15～40℃下浸泡6～10min，浸泡过程中用 H_3PO_4 调节溶液pH值在4.5～6.5范围内，然后水洗。

前处理为机械预处理，碱洗、酸洗和活化处理，具体处理步骤如下：

① 机械预处理：用喷砂或砂纸打磨镁锌系合金，然后水洗。

② 碱洗：用碱溶液洗涤，温度控制在35～48℃，时间为5～10min，然后水洗。

③ 酸洗：用酸溶液洗涤，温度为室温，时间为10～25s，然后水洗。

④ 活化处理：用酸性含氟溶液浸泡，温度为室温，时间为40～100s，然后水洗。

后处理步骤如下：

① 将经磷化成膜后的镁锌系合金置于80～100℃、体积分数5%～10%的硅酸钠溶液中浸泡20～30min。

② 水洗、干燥。碱溶液为氢氧化钠和碳酸钠的复配碱溶液，即每升水中加入氢氧化钠20～30g和碳酸钠20～30g配成的溶液，酸溶液为体积分数5%～10%的硫酸溶液；酸性含

氟溶液为体积分数40%～45%的氢氟酸溶液。水洗为室温下在蒸馏水中通过超声波洗涤30～50s。

镁锌系合金各组成成分质量分数为：6%～15%Zn，3%～7%Al，0.1%～0.5%Mn，0～10%Si，0～0.1%AlP，余量为Mg。

配方特点：

① 使镁锌系合金表面形成一层磷酸盐转化膜，该膜具有耐蚀性和漆膜附着性良好、与基体附着牢固、表面平整、膜层均匀、耐腐蚀能力强、不含铬等有害元素、无污染的优点。

② 进行表面磷化处理的过程简单、效率高、成本低，能够在追加损耗试剂量的情况下循环重复使用，易于工业化生产，而且在处理过程中完全不需要使用铬元素，所以大大减少了对环境的污染和对人体的危害。

4.4 钝化液

4.4.1 电镀锌层蓝白无铬钝化液

配方：见表4-40。

表4-40 电镀锌层蓝白无铬钝化液原料配比

组分	质量份配比范围
钼酸盐	10～50
磷酸盐	5～35
硫酸	1～10
有机物	3～30
水	加至1L

钼酸盐为钼酸钠和钼酸铵两者的混合物、钼酸钠或钼酸铵；磷酸盐为磷酸钠；有机物为草酸、柠檬酸、丙二酸、单宁酸、植酸及苯并三氮唑中的一种或其中几种的组合。

制备方法：将各组分溶于水，混合均匀即可。

配方应用：主要用作电镀的钝化液，具体钝化电镀锌层的步骤如下。

① 将经过水洗的镀锌钢板放入质量浓度为3%的硝酸中浸蚀3～5s，再用蒸馏水洗；

② 将经过①处理的镀锌钢板浸入20～60℃的蓝白无铬钝化液中钝化20～80s，再水洗、干燥，即完成蓝白无铬钝化液钝化电镀锌层。

配方特点：

① 钼酸盐是主成膜剂，它具有边氧化边成膜的性质，从而使钝化膜更致密、更平整。

② 钝化液中加入的有机物能够与基体通过键合作用在镀层表面生成一层致密的吸附层，起到对基体的防护作用，也会使钝化膜的致密性增加，使钝化膜的耐蚀性优于单纯的钼酸盐钝化膜。

③ 不含有毒物质六价铬，钝化液的稳定性很好，稳定时间超过30天。经过钝化后得到的钝化膜主要由Mo、P、O组成，其中C元素是因受外界污染而产生的。

④ 对各元素的峰进行拟合分析表明，钝化膜组成物质可能有$Zn(H_2PO_4)_2$、$Zn(PO_4)_2$、ZnO、$Zn(OH)_2$ $Mo(OH)_3$、MoO_3/MoO_4^{2-}、MoO_2和$MoO(OH)_2$。NaCl浸泡试验表明，钝化膜出白锈的时间大于90h。按照国家标准进行的中性盐雾试验结果表明，钝化膜出白锈的时间大于72h。

4.4.2 电镀锌及锌铁合金硅酸盐清洁钝化液

配方 1：电镀锌及锌铁合金硅酸盐清洁钝化液，见表 4-41。

表 4-41 电镀锌及锌铁合金硅酸盐清洁钝化液配方 1 原料配比

组分	质量份配比范围
硅酸盐	5～20
硼酸	2～6
H_2O_2	5～20
浓 HNO_3	3～15
浓 H_2SO_4	3～15
NaOH	适量
水	加至 1L

制备方法：

① 取硅酸盐（硅酸钠或硅酸钾），倒入盛有 1L 自来水的烧杯中，并用玻璃棒充分搅拌至完全溶解；

② 取硼酸，倒入盛有 0.5L 自来水的烧杯中，用玻璃棒充分搅拌至硼酸完全溶解；

③ 用移液管分别量取浓 HNO_3 和浓 H_2SO_4，先后慢慢加入硅酸盐溶液中，边加入边用玻璃棒搅拌，直至混合均匀；

④ 将已配制好的硼酸水溶液加入已配制好的硅酸盐与浓 HNO_3 和浓 H_2SO_4 的混合溶液中，边加入边用玻璃棒搅拌，直至混合均匀；

⑤ 用移液管取 H_2O_2 加到上述已配制好的硅酸盐、浓 HNO_3 和浓 H_2SO_4 的混合溶液中，边加边搅拌，至混合均匀；

⑥ 用 NaOH 调节该混合溶液的 pH 值至 3，定容到 1L，即得钝化液。

配方应用：钝化液用于对局部镀锌的钢板进行硅酸盐钝化处理。

① 金属板进行除锈、除油、活化等前处理后，放入电镀液中进行电镀，镀锌工艺的镀液组成及操作条件为：$ZnCl_2$ 80g/L、KCl 200g/L、添加剂适量，镀液的 pH 值保持在 5.5 左右，电流密度为 1.2A/dm^3，温度为室温，电镀时间为 25min。

② 电镀后将零件取出清洗，放入由 2mL/L HNO_3 和 H_2O 组成的溶液中，室温下停留 10s，取出后零件用水清洗干净，再用本钝化液室温下钝化处理 90s，最后将零部件清洗干净并用吹风机吹干表面水分。

配方特点：

① 主要成分为硅酸盐，配以硼酸、H_2O_2、HNO_3 和 H_2SO_4 用于电镀锌及锌铁合金工艺的后处理工艺时，能够显著提高电镀锌及锌铁合金的耐蚀性，可使盐雾试验出白锈的时间达 40～100h 以上，达到了铬酸盐钝化的性能水平，而且远高于国家标准（30h）。

② 钝化液配制中不加铬，克服了铬酸盐钝化技术毒性大、不环保、配制工艺复杂、成本高等缺点，可实现电镀锌及锌铁合金的清洁生产；同时，廉价的硅酸盐又使钝化成本大大降低。

③ 使用该钝化液的钝化工艺稳定可靠，所生产的产品性能优良、生产成本低。

配方 2：电镀锌及锌铁合金硅酸盐清洁钝化液，见表 4-42。

表 4-42　电镀锌及锌铁合金硅酸盐清洁钝化液配方 2 原料配比

组分	质量份配比范围
硅酸钠	20～40
硫酸	3～15
过氧化氢	20～40
硝酸	3～15
羟基亚乙基二膦酸	5
次氮基三亚甲基膦酸	5
乙二胺四亚甲基膦酸盐	5
水	加至 1L
植酸	5

制备方法：钝化液的配制方法如下，先将 40%的硅酸钠缓慢加入水中，边加边搅拌，再缓慢加入稀释的硫酸溶液，然后依次加入过氧化氢、硝酸、缓蚀添加剂（羟基亚乙基二膦酸、次氮基三亚甲基膦酸、乙二胺四亚甲基膦酸盐、植酸），制得无铬镀锌钝化液。

配方应用：主要用作电镀钝化液。对镀锌层进行钝化处理时，植酸可与锌离子螯合，形成单分子致密防护膜，加强了钝化膜的抗腐蚀性，处理工艺为镀锌片→冷水洗→钝化液中浸渍→冷水洗→烘干。

配方特点：

① 主要成分为硅酸盐，配以植酸、H_2O_2、HNO_3 和 H_2SO_4 用于电镀锌及锌铁合金工艺的后处理工艺时，能够显著提高电镀锌及锌铁合金的耐蚀性，可使盐雾试验出白锈的时间达 40～100h 以上，达到了铬酸盐钝化的性能水平，且远高于国家标准（30h）。

② 由于钝化液配制中不加铬，克服了铬酸盐钝化技术毒性大、不环保、配制工艺复杂、成本高等缺点，可实现电镀锌及锌铁合金的清洁生产；廉价的硅酸盐又使钝化成本大大降低。

③ 使用该钝化液的钝化工艺稳定可靠，所生产的产品性能优良、生产成本低。

4.4.3　镀锌及锌合金黑色钝化液

配方 1：见表 4-43。

表 4-43　镀锌及锌合金黑色钝化液配方 1 原料配比

组分	质量份配比范围
三价铬盐	5～50
辅助成膜剂	1～10
还原剂	0.2～10
pH 缓冲剂	2～15
螯合剂	1～50
黑化剂	0.5～10
氧化剂	1～50
pH 调节剂	0～50
去离子水	加至 1L

制备方法：

① 称取准确数量的三价铬盐加入容器中，加入配制所需水总量 5%的去离子水，搅拌均匀；

② 加热至75～80℃，加入螯合剂，搅拌至完全溶解；

③ 加入辅助成膜剂，搅拌使之完全溶解并混合均匀；

④ 降低至室温，加入还原剂和pH缓冲剂，溶解并搅拌均匀，得A组分备用；

⑤ 另取一容器，加入配制所需水总量5%的去离子水，分别加入黑化剂、氧化剂和pH值调节剂，搅拌均匀后得B组分备用；

⑥ 将容器中加入配制所需的去离子水，加入A组分，搅拌均匀，再加入B组分，完全混合均匀后，定容，调节镀液pH值为2.0左右，温度50～60℃，即可对镀锌及锌合金进行钝化。

配方应用：主要用作镀锌及锌合金黑色钝化液。工件或试片电镀锌或锌合金后，将镀片浸入配制好的钝化液中，以每秒1次的速度晃动工件或试片，约10～20s即可完成。

配方特点：

① 工作液性能稳定，操作简便易学，成本较低。

② 经此工作液钝化后的锌及锌合金镀件乌黑油亮、色泽均匀、耐蚀性能好、结合力佳；镀液和镀层中完全不含六价铬，工作长期放置也不会检测出六价铬。

配方2：见表4-44。

表4-44 镀锌及锌合金黑色钝化液配方2原料配比

组分	质量份配比范围
铬酐	15～30
硫酸铜	20～50
硫酸钠	20～30
乙酸	50
水	加至1L

制备方法：

① 容器中加入配制所需的各成分，搅拌均匀；

② 完全混合均匀后，定容，调节镀液pH值在2～3，温度20～30℃，钝化时间为0.5～1.0min，即可对镀锌及锌合金进行钝化。

配方应用：主要用作镀锌及锌合金黑色钝化液。

配方特点：硫酸铜是发黑剂，含量高时反应快，黑度好但结合力差；含量低时黑镀不够，膜的光泽性差。配方能提高镀锌零件的耐蚀性和装饰性。

4.4.4 镀锌层用环保型钝化液

配方1：见表4-45。

表4-45 镀锌层用环保型钝化液配方1原料配比

组分	质量份配比范围
钼酸钠	80～120
钨酸钠	20～30
硫酸氧钛	2～7
丙烯酸	5～15
双氧水	20～40
植酸	5～10
去离子水	加至1L

制备方法：取钼酸钠、钨酸钠、硫酸氧钛、丙烯酸、双氧水、植酸溶解于去离子水中，制成1L溶液，用磷酸调节pH至2～2.5，即为成品。

配方应用：主要用作镀锌钝化液。使用本品对镀锌板进行钝化的方法，具体处理步骤如下。

① 对待钝化的镀锌板表面进行净化处理。

② 然后将所述镀锌层用环保型钝化液升温至50～65℃；再用50～65℃的钝化液浸泡、喷淋或涂覆净化后的镀锌板，钝化时间控制在0.5～4s。

配方特点：

① 不含铬离子，彻底解决了铬酸盐钝化处理带来的环境污染问题。

② 盐雾试验检验结果为，经本品钝化处理的镀锌板的耐蚀性与传统的铬酸盐钝化液钝化的效果大致相当，并且本品的使用方法简单易行。

配方2：见表4-46。

表4-46　镀锌层用环保型钝化液配方2原料配比

组分	质量份配比范围
硅酸盐	40～80
硫酸	2～7
过氧化氢	20～40
硝酸	5～15
植酸	5～10
去离子水	加至1L

制备方法：取硅酸盐、硫酸、植酸、硝酸、过氧化氢溶解于去离子水中，制成1L溶液，将pH调节至2～3，即为成品。

配方应用：主要用作镀锌钝化液。使用本品对镀锌板进行钝化的方法，具体步骤为镀锌片→冷水洗→钝化液浸渍→冷水冲洗→烘干。

配方特点：植酸用于镀锌的无液钝化液中，防腐蚀性能优于各种烃基磷酸；钝化后钝化膜白亮、均匀、细腻，避免了环境污染。

4.4.5 镀锡板用无铬钝化液

配方1：见表4-47。

表4-47　镀锡板用无铬钝化液配方1原料配比

组分	质量份配比范围
磷酸三钠	20～70
硫酸钴	0.5～4
磷酸	0.5～4
水	加至1L

制备方法：将磷酸三钠、硫酸钴加入水中搅拌混合，向混合溶液中加入pH值调节剂磷酸（约20～24份），使得钝化液的pH值为3～5，即得到产品。

配方应用：主要应用于各种电镀锡板或热镀锡板的化学钝化及电化学阴极钝化。

配方特点：

① 钝化液不含 Gr(Ⅵ)，不会对人体及环境造成危害。

② 经配方钝化处理工艺处理的镀锡板，其耐蚀性能、抗氧化性能和抗硫化变黑等性能，接近或达到使用六价铬的铬酸盐钝化处理工艺处理的镀锡板水平。

③ 由于用磷酸三钠和硫酸钴组成的溶液呈碱性，pH 值太高，钝化反应速度慢；而 pH 太低时溶液酸性太强，会引起镀锡板表面锡层溶解。加入磷酸以后溶液由碱性变为酸性，用磷酸调整的 pH 值一般在 3～5 为宜。

④ 采用磷酸作为 pH 值调节剂，还可以增加无铬钝化液中磷的含量，有利于提高无铬钝化镀锡板的耐腐蚀性能和抗氧化性能。

配方 2：见表 4-48。

表 4-48 镀锡板用无铬钝化液配方 2 原料配比

组分	质量份配比范围
磷酸三钠	20～70
氯化钴	0.1～5
磷酸	20～75
水	加至 1L

制备方法：将各组分溶于水混合均匀即可。

配方应用：主要用作镀锡钝化液。采用本品钝化液进行钝化，钝化液的工作温度为 50～80℃，钝化时间为 1～20s，钝化方式为电化学阴极钝化或化学钝化。

配方特点：

① 镀锡板用无铬钝化液不含六价铬，在 50～80℃工作温度下对镀锡板进行化学钝化或电化学阴极钝化，使镀锡板获得了与用铬酸盐钝化工艺钝化的镀锡板相同的高耐蚀性和高抗氧化性能；

② 钝化的镀锡板的焊接性能、对涂层的附着性能等也达到了用铬酸盐钝化的镀锡板的水平，且避免了 Cr(Ⅵ) 对人体及环境带来的危害。

4.4.6 镀锌材料用硅酸盐彩色钝化液

配方：见表 4-49。

表 4-49 镀锌材料用硅酸盐彩色钝化液原料配比

原料	质量份配比范围
硅酸钠	3～10
硼酸	1～3
H_2O_2	20～30
HNO_3	3～5
H_2SO_4	3～5
$KMnO_4$	0.1～0.5
NaAc	1～3
水	加至 1L

制备方法：

① 硅酸钠、硼酸分别溶解于水中，得硅酸钠水溶液、硼酸水溶液；

② H_2SO_4 加入①的硅酸钠水溶液中，混合均匀；

③ HNO_3 加入②的混合溶液中，混合均匀；

④ ①的硼酸水溶液加入③的混合液中，混合均匀；

⑤ H_2O_2 加入④的混合溶液中，混合均匀；

⑥ $KMnO_4$ 加入⑤的混合液中，混合均匀；

⑦ NaAc 加入⑥的混合液中，混合均匀；

⑧ ⑦的混合液中加入水定容至 1L，调整 pH 至 1。

配方应用：主要用作镀锌钝化液，具体的处理步骤如下。

① 将 80mm×40mm×1.5mm 的低碳钢板在进行电镀之前按常规进行除锈、除油、活化等前处理后，放入常规电镀液中进行电镀处理，镀锌处理工艺的镀液组成及操作条件为 ZnCl 50g/L、KCl 200g/L、添加剂适量，镀液的 pH 值为 6，电流密度为 1.0A/dm^2，温度为室温，电镀时间为 25min，得电镀锌钢板，备用。

② 配制出光液：将化学纯的 HNO_3 与水配制成 10mL/L 的出光液，备用。

③ 将经过①的电镀锌钢板用自来水清洗干净后浸入②的出光液中，室温下停留 5s，取出用自来水清洗干净，再浸入本品钝化液中. 室温下浸泡 20s 后，取出，经自来水清洗干净后用吹风机吹干。

配方特点：

① 以硅酸钠作为主要成分，并配以硼酸、H_2O_2、HNO_3、H_2SO_4、$KMnO_4$ 和 NaAc 等辅助成膜物质配制成清洁型硅酸盐彩色钝化液，用于电镀锌及热镀锌材料的后续钝化处理。

② 可使镀锌材料的外观呈现出红、蓝、黄、紫、绿等多种色彩均匀掺杂的良好视觉效果，同时显著提高了镀锌材料的耐蚀性，经盐雾试验，出锈时间达到 80～120h，在外观和性能方面均可达到现有含铬彩色钝化工艺的效果。

③ 钝化液中不含六价铬和三价铬，从根本上解决了现有含铬钝化工艺污染环境的问题，且也不含其他任何对人体和环境有害的 Ag、Cu、Pb、Ni 等重金属离子，是一种真正意义上的无公害钝化液，可实现电镀锌及热镀锌钝化工序的清洁生产。

④ 廉价的硅酸盐及其他辅助成膜物质又使钝化液配制成本大大降低。

⑤ 钝化液稳定可靠，成膜效率高，完全可取代现有含铬彩色钝化液，在成本和钝化效率方面也容易被生产企业所接受，是一种极具应用前景的无公害钝化液。

4.4.7 黄铜表面钝化液

配方：见表 4-50。

表 4-50 黄铜表面钝化液原料配比

原料	质量份配比范围
植酸	2.5～6
双氧水	9～12
硼酸	1～7
聚乙二醇-400	2～16
添加剂（BTA 或硅酸钠）	1～10
水	加至 1L

制备方法：将各组分溶于水混合均匀即可。

配方应用：主要应用于黄铜表面钝化。黄铜表面钝化方法，包括以下步骤。

① 对黄铜表面进行清洁处理；

② 清洁后的黄铜加入上述钝化液中，钝化过程控制钝化液的温度为35～45℃，钝化时间为55～65s。

配方特点：

① 无铬钝化液解决了黄铜在遇到酸性、碱性腐蚀介质时，或在高温高湿环境中比较容易被腐蚀或变色的问题。

② 无铬钝化液中包括植酸和双氧水，植酸和双氧水含量会对黄铜的钝化效果产生影响，植酸含量太少，黄铜表面成膜不完整，不能有效抑制双氧水对黄铜基体的氧化，导致过氧化，中部为浅褐色，表面无光泽；但是植酸含量太多，钝化液络合性太强，络合剂极易吸附在基体表面，过早抑制了基体的溶解，不能产生足够的金属离子与钝化液反应，导致成膜速度慢，膜层薄，黄铜表面耐蚀性下降。双氧水具有强氧化性，在黄铜表面钝化成膜前，它能加速黄铜基体的溶解，使黄铜成膜速度加快，温度较低时也能成膜，提高成膜效率。但是双氧水的含量不能太大，太大会使黄铜表面的腐蚀电位处于过钝化区，一定的时间后会产生过腐蚀，导致黄铜表面腐蚀加速、外观质量较差，且钝化膜成膜过快，使得钝化膜成膜不均匀，钝化膜耐蚀性减弱；如果双氧水的含量太低，会导致钝化液氧化性太弱，黄铜表面不易形成完整的钝化膜，甚至在没有成膜的地方造成腐蚀加速，形成点蚀。

③ 钝化液配方是按照上述原则选用植酸在黄铜表面成膜，植酸无毒无污染，在金属表面成膜性好，膜层均匀；选用双氧水、聚乙二醇、硼酸等与植酸复配使用，黄铜表面更快形成具有一定厚度的膜层，膜层更加致密。

4.4.8 光亮镀锡板用无铬钝化液

配方：见表4-51。

表4-51　光亮镀锡板用无铬钝化液原料配比

组分	质量份配比范围
磷酸三钠	20～70
硫酸钴	0.1～5
钼酸钠	0.5～3
磷酸	20～75
水	加至1L

制备方法：将各组分溶于水混合均匀即可。

配方应用：主要用作镀锡钝化液。采用本品钝化液进行钝化，钝化液的工作温度为50～80℃，钝化时间为1～20s，钝化方式为电化学阴极钝化或化学钝化。

配方特点：

① 不含六价铬，在50～80℃工作温度下对镀锡板进行化学钝化或电化学阴极钝化，使镀锡板获得了与用铬酸盐钝化工艺钝化的镀锡板相同的高耐蚀性和高抗氧化性能；

② 无铬钝化工艺钝化的镀锡板的焊接性能、对涂层的附着性能等也达到了用铬酸盐钝化的镀锡板的水平。从根本上解决了镀锡板采用六价铬的铬酸盐钝化对人体及环境带来危害的问题。

4.5 抛光剂

4.5.1 黄酮抛光液

配方：见表 4-52。

表 4-52 黄酮抛光液原料配比

组分	质量份配比范围
猪油	1～3
磨料	1～3
植物油	4～4.5
锭子油	3.5～4
煤油	87～89

磨料为粒径 0.5～1μm 的 Al_2O_3 微粉。

制备方法：

① 将猪油加热熔化；

② 在熔化的猪油中按体积比 1∶1 加入磨料，搅拌均匀；

③ 将煤油加入上述猪油与磨料的混合剂中，均匀混合，冷却至室温备用；

④ 将植物油和锭子油均匀混合，加入上述混合溶液中，搅拌均匀。

配方应用：主要应用于精密机械制造、精密仪器、航空航天制造工程领域。

配方特点：

① 不腐蚀工件，抛光时不用另加磨料；

② 有效缓解机械刻画作用，加工表面质量好。

4.5.2 金首饰无氰电解抛光液

配方：见表 4-53。

表 4-53 金首饰无氰电解抛光液原料配比

组分	质量份配比范围
硫脲	50～150
硫酸（或磷酸、酒石酸）	3～15
水	加至 1L

抛光液还可包括：硫酸铵 30～70。

制备方法：先在电解槽内装入 500mL 水，加入硫脲，然后再滴入硫酸，搅拌让硫脲溶解，再用水补充至 1L，即为电解抛光液。

配方应用：可广泛适用于 10 K～24 K 的黄金、白金或红 K 金上除去黑色层的使用。该配方提供的无氰电解抛光方法，具体步骤如下。

① 配制抛光液；

② 将 K 金首饰接在电解槽的阳极上；

③ 根据 K 金首饰的光泽要求，控制预定电解电压和预定电解时间。

注意无氰电解抛光方法，在上述②之后③之前，还包括如下步骤：间断或连续地晃动 K

金首饰。

配方特点：

① 无需使用氰化钾，故无毒无害，也无需回收废液后集中由政府相关部门统一处理，既环保又安全；

② 废液回收简单，且可反复利用；本法及抛光液所使用药品成本低廉，容易购得。

4.5.3 铝材抛光液

配方 1：见表 4-54。铝材抛光液中添加剂的原料配比，见表 4-55。

表 4-54 铝材抛光液配方 1 原料配比

组分	质量份配比范围
浓度为 95%的硫酸	5～20
浓度为 35%的氢氟酸	5～17
浓度为 8%的磷酸	60～80
添加剂	1～5
纯水	加至 100

表 4-55 铝材抛光液中添加剂的原料配比

组分	质量份配比范围
酒石酸	0.2～0.5
硫氰酸铵	0.2～0.5
氟化铵	0.2～0.5
烷基酚聚氧乙烯醚	0.1～0.2
磷酸三丁酯	0.01～0.05

制备方法：将各组分溶于水混合均匀即可。

配方应用：主要用作抛光液。

产品特点：

① 铝耗低：由于采用本品抛光剂不经除油及碱处理，酸抛光时，据大生产实测铝耗为 0.6%～0.8%，而采用三酸抛光剂抛光铝耗为 5%～7%；

② 铝坯中废铝量可增加：三酸抛光剂基本不能在熔铸中加废铝，用本品抛光剂最高废铝用量可达 80%，而废铝与铝锭的价差在 2000 元左右；

③ 在生产过程中，不会产生黄色刺激性酸雾，避免了环境污染，改善了生产环境；

④ 抛光效果佳，适应范围广：经大量生产证明，本品抛光剂对机械砂面铝型材的抛光同样适用，因此用机械法生产砂面的铝型材厂使用后，效果令人满意。

配方 2：见表 4-56。

表 4-56 铝材抛光液配方 2 原料配比

组分	质量份配比范围
磷酸（相对密度 1.71）	50～70
硫酸（相对密度 1.84）	15～30
组合添加剂	5～15
纯水	加至 100

制备方法：将各组分溶于水混合均匀即可。

配方应用：对纯铝及 LF2、LF21、LY12 等铝合金均可取得较好的抛光效果，对材料的适应性较强。

配方特点：

① 与含铬电化学抛光工艺相比，消除了铬的污染，抛光效果达到甚至超过含铬电化学抛光工艺；

② 与国内现行添加 20%～40%甘油、乙二醇的非铬电化学抛光工艺相比，添加剂用量少、电流密度低、导电性能好、成本低、溶液稳定。

4.6 化学镀液与电镀液

4.6.1 高性能的化学镀镍-磷合金液

配方：见表 4-57。

表 4-57 高性能的化学镀镍-磷合金液原料配比

组分	质量份配比范围
硫酸镍	10～30
次磷酸钠	15～30
乙二胺四乙酸钠	1～10
柠檬酸	1～20
乳酸	5～20
苹果酸	1～15
丁二酸	10～30
硼酸	5～20
乙酸钠	10～40
硫氰酸钠	0.01～0.05
钼酸铵	0.001～0.005
硝酸铅	0.001～0.006
水	加至 1L

化学镀镍-磷合金溶液由主盐、复合络合剂、复合缓冲剂、复合稳定剂组成，主盐是硫酸镍、次磷酸钠，复合络合剂为乙二胺四乙酸钠、柠檬酸、乳酸、苹果酸、丁二酸，复合缓冲剂为硼酸、乙酸钠，复合稳定剂为硫氰酸钠、钼酸铵、硝酸铅。

制备方法：将硫酸镍、次磷酸钠、乙二胺四乙酸钠、柠檬酸、乳酸、苹果酸、丁二酸、硼酸、乙酸钠、硫氰酸钠、钼酸铵、硝酸铅依据表中配比加入水中制成 1L 溶液，即得化学镀镍-磷合金溶液，溶液的 pH 值为 4.4～5.0，使用温度为 80～90℃。

配方应用：主要应用于金属的化学镀。

配方特点：

① 稳定性好，在 100℃下煮沸 30min 不产生自分解。

② 抗蚀性能优异，其镀层在硝酸中浸泡 600s 以上才出现黑斑点。镀层可施二次镀，厚度可达 200μm 以上。

4.6.2 铝合金容器内表面化学镀液

原理：把镀液中的镍离子还原沉积在具有催化活性的钢制或铝合金容器内表面，使基体表面镀覆一层均匀致密的、光滑无孔隙的镍磷镀层，对基体起到减少气体吸附防止腐蚀的作用。

配方：见表 4-58。

表 4-58 钢制或铝合金容器内表面化学镀液原料配比

组分	质量份配比范围
硫酸镍	20～30
次亚磷酸钠	30～40
乙酸钠	20～24
DL-苹果酸	5～25
乳酸	5～25
丙酸	5～25
丁二酸	5～25
乙酸铅	1～3
硫脲	0.5～5
水	加至 1L

制备方法：将各成分依次加入后，均匀混合即可。

配方应用：主要应用于化学镀。化学镀液在低浓度标准气体包装容器处理中的应用，是在容器内表面化学镀惰性镀层，化学镀液在容器内表面的催化作用下，经控制化学还原法进行的镍磷沉积过程，包装容器处理技术包括除油、除氧化层、活化、化学镀以及镀后处理等步骤，具体步骤如下。

① 除油：一般钢瓶和铝瓶在运输中未被污染，无须除油；如果运输中被油污染，则用有机溶剂丙酮或工业乙醇清洗 2～3 次。

② 除氧化层：钢制容器采用喷砂；铝合金容器用 1%～15%的盐酸处理 3～10min，去净氧化层。

③ 活化采用质量浓度为 5%～15%的 H_2SO_4 作为废液，在室温下活化时间为 3～10min。

④ 镀液各成分均匀混合后进行化学镀，化学镀工艺参数如下：温度 84～88℃，pH 4.4～4.8，装载比 3～4dm^2/L。

⑤ 后处理采用 CrO_3 进行封孔处理，工艺参数：CrO_3 1～10g/L，温度 70～85℃，时间 10～20min。

配方特点：

① 通过使用本品研制的镍磷化学镀配方，在容器内表面镀覆一层均匀致密的、光滑无孔隙的镍磷镀层，减少了低浓度气体的吸附，增强基体的耐蚀性能，可以用于充装低浓度标准气体。

② 采用多重络合剂以及加速剂、稳定剂，提高了镀液稳定性；施镀速度可以调节，镀层厚度可以控制。

③ 采用质量浓度为 5%～15%的 H_2SO_4 作为活化液，可以除去试样表面上的极薄氧化膜，提高镍磷层的吸附力。

4.6.3 塑料金属等电镀液

配方：见表 4-59。

表 4-59 塑料金属等电镀液原料配比

组分	质量份配比范围
乳酸	30～100
硼酸	20～50
钼酸或钼酸盐	5～100
磷酸	20～100
不饱和磺酸或不饱和磺酸酯	0.5～10
硬脂酸辛酯	0.5～10
水	加至 1L

制备方法：将各组分溶于水中，混合均匀。

配方应用：主要应用于塑胶电镀件、不锈钢、锆合金、钢、铁、铜、镍或铬基材上。彩色镀层的具体处理步骤如下。

① 化学除油：将工件浸渍在 60℃的除油液中 6min，然后将工件取出并用水洗涤干净。

② 酸洗活化：将进行上述除油后的基材浸泡在室温下的酸洗液中 2min。该酸洗液为将浓度 36%的盐酸加水至 50mL/L 得到的水溶液，然后将工件取出用水洗涤干净。

③ 电镀彩色镀层：将上述活化后的工件作为阴极浸入 40～60℃的电镀液中，以铅锡合金为阳极，在电镀液的 pH 值为 6.6、电压为 2V、电流密度为 0.05～0.3A/dm^2 的条件下对工件电镀 1～100min。

④ 干燥：将上述电镀彩色镀层后的工件放入温度为 220℃的烘箱中 10min 干燥，最终得到厚度为 0.05μm 的镀层。

配方特点：

① 可以为待电镀的基材表面获得色彩均匀、牢固、鲜艳且耐腐蚀性很好、附着力很强的彩色电镀层；

② 电镀液以及方法同样可以应用于先镀覆光亮镍的基材。

4.6.4 其他金属电镀液

配方 1：见表 4-60。

表 4-60 其他金属电镀液配方 1 原料配比

组分	质量份配比范围
四氟硼酸钠	70～80
氯化 *N*-正丙基吡啶	160～180
丙酮	73～76
氯化镓	2～5
N-甲基吡咯烷酮	1～3
乙二醇	1～4
明胶	1～3

制备方法：取上述组分，混合成 1000g 的新型的镀镓用电镀液。

配方应用：可循环使用的镀镓电镀液。用该配方电镀时，要求溶液 pH 为 6.5～7.0，溶液温度为 15～30℃，电流密度为 2.5～3.5A/dm^2。

配方特点：

① 较低的熔点、良好的导电性、可以忽略的蒸气压、较宽的使用温度等；

② 采用新电镀液进行电镀，使电镀液循环多次再利用成为可能，通过电镀液的循环使用，能够减少电镀液废物、降低环境污染和节约处理成本。

配方 2：见表 4-61。

表 4-61 其他金属电镀液配方 2 原料配比

组分	质量份配比范围
锌酸盐	41～45
草酸铵	27～29
碳酸钠	27～31
去离子水	加至 1L

制备方法：

① 取约 700mL 去离子水倒入烧杯中，加入计算量的碳酸钠，用搅拌器搅拌至完全溶解，可适当加热加速溶解，但温度不宜过高（30～40℃）；在持续搅拌下，缓慢加入草酸铵，搅拌至完全溶解，形成澄清溶液；

② 另取少量去离子水（约 100mL），加入计算量的锌酸钠，搅拌至完全溶解形成锌酸钠溶液；

③ 将锌酸盐溶液与碳酸溶液、草酸铵溶液混合，搅拌 10～15min，确保充分混合，并加水至 1L。

配方应用：可用作反光好的电镀液。

配方特点：具有反光好、镀液稳定性好和电镀效率高的优点。

配方 3：见表 4-62。

表 4-62 其他金属电镀液配方 3 原料配比

组分	质量份配比范围
山梨酸钾	11～17
丁炔二醇	31～42
壬基酚聚氧乙烯醚	50～57
水	加至 100g

制备方法：将各组分溶于水中，混合均匀。

配方应用：可用作节约成本的电镀液。

配方特点：具有节约成本、促进溶解、提高电流密度的优点。

4.6.5 电镀锡银铜三元合金镀液

配方：见表 4-63。

表 4-63 电镀锡银铜三元合金镀液原料配比

组分	摩尔配比范围
甲基磺酸锡	0.1～0.6
甲基磺酸银	0.003～0.015

续表

组分	摩尔配比范围
甲基磺酸铜	0.0005～0.01
配位剂	0.5～1.5
辅助配位剂	0.02～0.1
添加剂	0.0003～0.015
去离子水	加至1L

配位剂、辅助配位剂可以是二乙三胺五乙酸、三乙四胺六乙酸，二乙三胺五乙酸、三乙四胺六乙酸、羟乙基乙二胺三乙酸的钠盐或者钾盐中的一种。添加剂可以是烷基酚聚氧乙烯醚、萘酚聚氧乙烯醚、烷基醇聚氧乙烯醚、羰基醇聚氧乙烯醚中的一种。

制备方法：

① 分别用去离子水将配位剂和辅助配位剂溶解后，与添加剂一起混合，搅拌均匀；

② 分别加入甲基磺酸银、甲基磺酸锡和甲基磺酸铜，补加去离子水至所需体积。其中甲基磺酸银的制备方法为：采用甲基磺酸与氧化银（Ag_2O）进行反应，反应温度50～60℃，甲基磺酸与氧化银的摩尔配比为5～6。甲基磺酸锡和甲基磺酸铜为市售品。

③ 用氢氧化钠调节镀液pH值至5～6。

配方应用：主要用作电镀锡银铜三元合金镀液。将欲进行锡银铜电镀的SOT23引线框架样品（FeNi42合金材质）与电源阴极相连接，并使镀件全部浸入电镀槽的溶液中，在施加阴极移动的情况下进行电镀。采用的电镀条件为电流密度1～3A/dm^2，温度20～30℃。

配方特点：

① 镀液配方简单，操作维护容易，无对环境有害的化学品；

② 采用单一的有机配位剂体系，镀液配方简单，操作维护容易；

③ 不使用含磷配位剂，有利于环境保护；

④ 所用添加剂烷基糖苷属于环保型非离子表面活性剂，生物降解迅速彻底。

4.7 离子液体类有色金属表面处理剂

4.7.1 离子液体-铜件电镀液

配方1：离子液体-铜件镀铁，见表4-64。

表4-64 离子液体-铜件镀铁配方1原料配比

组分	质量份配比范围
氟硼酸（HBF_4）	130
铁粉	84
[BMIM]BF_4 离子液体	加至1L

制备方法：

① 在铁粉中加入过量的HBF_4，在加热条件下铁溶解得到$Fe(BF_4)_2$溶液；

② 当铁粉完全溶解后冷却至室温，放入真空干燥箱中真空恒温100℃加热12h，可得到浅绿色的无水$Fe(BF_4)_2$粉末；

③ 称取所需量的$Fe(BF_4)_2$加入离子液体［BMIM］BF_4中搅拌均匀，得到透明电

解液。

配方应用：主要用作铜件镀铁离子液体电镀液，具体电镀方法如下。

① 将镀件依次除油、水洗、酸洗、自来水洗、去离子水洗、冷风吹干；

② 在温度40℃、电压−1.6V下电镀铁；

③ 丙酮洗、自来水洗、去离子水洗、冷风吹干得镀铁铜件。

配方特点：

① 与水溶液中铁镀层比较，离子液体电沉积铁镀层晶粒细小，镀层表面平整均匀；

② 离子液体电解液得到的铁镀层结晶发生明显择优取向。

配方2：离子液体-铜件镀铁，见表4-65。

表4-65　离子液体-铜件镀铁配方2原料配比

组分	配比范围
氯化胆碱/乙二醇离子液体（物质的量比1∶2）	$40cm^3$
四水合氯化亚铁	2g
抗坏血酸	0.4g

制备方法：

① 在$250cm^3$的烧杯中加入0.5mol的氯化胆碱和1.0mol的乙二醇，并用玻璃棒搅拌直到形成一种具有一定黏度的白色糊状物质。然后向烧杯中加入磁石并用保鲜膜进行密封，再将烧杯放入80℃的油浴中保温1h，同时进行磁力搅拌，得到无色透明并带有一定黏度的溶液，即为离子液体，然后将溶液取出并维护密封，放置于空气中直到其冷却至室温。

② 取①制备好的离子液体$40cm^3$，加入2g已研磨成粉末状的氯化亚铁（带有结晶水），并加入抗坏血酸0.4g用以防止亚铁离子的氧化，随后将此混合物放入烧杯中并再次进行密封。

③ 在常温下磁力搅拌1h，等到氯化亚铁和抗坏血酸完全溶解后，得到淡紫色的透明液体。

④ 将③所得溶液放入真空干燥箱中，并维持温度40℃，持续24h，用以除去溶液中的多余水分。最终得到的溶液即为后续实验与分析测试中所用的离子液体电沉积液。

配方应用：主要用作铜件镀铁离子液体电镀液，具体电镀方法如下。

① 配制抛光液：$V_{硝酸}:V_{磷酸}:V_{冰醋酸}=18:55:27$；

② 电沉积开始前将长度为5cm、半径约为0.25mm的铜丝或长5cm、宽1cm的铜片放入抛光液中；

③ 依次用去离子水和无水乙醇冲洗干净后，冷风吹干，这样处理后的铜丝就用来进行下一步的电沉积实验，同时将电化学工作站中附带的铂丝电极用去离子水和乙醇冲洗干净，并用冷风吹干；

④ 把铜丝或铜片作为工作电极，铂丝电极作对电极，银/氯化银电极作参比电极，将这三个电极插入到已加入离子液体电沉积液的镀槽中，并与电化学工作站的电源对应相连；

⑤ 将镀槽放入恒温油浴锅中加热至50℃；

⑥ 当电沉积的电压为1.1～1.4V时，电沉积过程中二价铁在阴极表面沉积的效率较高；

⑦ 当恒温油浴温度达到50℃后，维持几分钟的断电状态，这样可以使电镀槽中的温度尽量达到预先设定了的温度（预先设定的镀液温度为40℃，因为实验表明电镀槽内溶液的温度与外面的油浴锅内油的温差大致为10℃），然后做好电沉积的准备；

⑧ 接通电源，电沉积时间从80～210s的时间段内选择出来；

⑨ 电沉积结束后，用装有去离子水的洗瓶冲洗铜丝/铜片表面，接着用吸管汲取无水乙醇冲洗，再用冷风干燥，得到灰黑色镀层。

配方特点：

① 在氯化胆碱/乙二醇离子液体中利用单脉冲方法得到的铁的沉积层与直流电沉积法得到的沉积层在形貌上有着很大的差异，单脉冲法得到的沉积层表面没有呈现出颗粒状堆积的形状，而是类似褶皱的不均匀分布。

② 在占空比不同的情况下，虽然两者在形貌上的差别不是很明显，但是在沉积层中铁的含量方面，占空比为90%的参数选择显然要优于占空比为80%。

③ 直流电沉积铁时，在反应时间一定的情况下，沉积层表面的球形颗粒排列得更加紧密与均匀，而且沉积层中铁的含量随着反应温度的升高逐渐提高。

④ 不同温度下的反应得到的沉积层进行硼氢化钠溶液处理后，沉积层表面颗粒半径变小，但均匀性下降，而且易产生裂缝。当反应时间过长时，沉积层也容易出现裂缝，并且沉积层与基底之间的黏附能力也会降低。铜片电沉积铁得到的结果较铜丝要好。

⑤ 当脉冲电源的占空比较高时，单脉冲电沉积得到的沉积层的均匀性较好，且沉积层中铁的含量较高。单脉冲电沉积铁所得沉积层表面呈褶皱状均匀分布，在相同温度下反应时间较短与较长时得到的结果较好，随着反应温度的升高，沉积层表面易出现裂缝。

⑥ 从反应前后镀液的线性伏安曲线的变化可以看出，反应过后镀液中电活性物质浓度最高时所需电压一般较反应前要高，这种现象受反应温度与反应时间影响不大，并且随着反应温度的升高，反应前后循环伏安曲线中还原峰与氧化峰的差值变大。

⑦ 与直流电沉积相似，单脉冲条件下，铜片电沉积铁得到的结果也较铜丝要好。

配方 3：离子液体-铜件镀锡，见表 4-66。

表 4-66 离子液体-铜件镀锡原料配比

组分	配比范围
氯化胆碱/乙二醇离子液体（物质的量比 1∶2）	$40cm^3$
二水合氯化亚锡	2.5g

制备方法：

① 在 $250cm^3$ 的烧杯中加入 0.5mol 的氯化胆碱和 1.0mol 的乙二醇，并用玻璃棒搅拌直到形成一种具有一定黏度的白色糊状物质。然后向烧杯中加入磁石并用保鲜膜进行密封，再将烧杯放入 80℃的油浴中保温 1h，同时进行磁力搅拌，得到无色透明并带有一定黏度的溶液，即为离子液体，然后将溶液取出并维持密封，放置于空气中直到其冷却至室温。

② 从前面制备好的离子液体中取出 $40cm^3$，加入 2.5g 二水合氯化亚锡（带有结晶水），随后将此混合物放入烧杯中并再次进行密封。

③ 在常温下磁力搅拌 1h，等到二水合氯化亚锡完全溶解后，得到无色透明略带黏度的液体。

④ 将③所得溶液放入真空干燥箱中，并维持温度 60℃，持续 24h，用以除去溶液中的多余水分。最终得到的溶液即为后续实验与分析测试中所用的离子液体电沉积液。

配方应用：主要用作铜件镀锡离子液体电镀液，具体电镀方法如下。

① 配制抛光液：$V_{硝酸}:V_{磷酸}:V_{冰醋酸}=18:55:27$；

② 电沉积开始前将长度为 5cm、半径约为 0.25mm 的铜丝放入抛光液中；

③ 依次用去离子水和无水乙醇冲洗干净后，冷风吹干，这样处理后的铜丝就用来进行下一步的电沉积实验，此外也要将电化学工作站中附带的铂丝电极用去离子水和乙醇冲洗干

净，并用冷风吹干；

④ 把铜丝作为工作电极，铂丝电极作对电极，银/氯化银电极作参比电极，将这三个电极插入到已加入离子液体电沉积液的镀槽中，并与电化学工作站的电源对应相连；

⑤ 设定的镀液温度为60℃；

⑥ 电沉积的电压为0.6V时，直流电沉积过程中二价锡离子在阴极表面沉积的效率较高，但实际操作过程中施加的电压略高，约为0.7V；

⑦ 当恒温油浴温度变为75℃后，等待2～3min，这样可以使电镀槽中的温度尽量达到预先设定了的温度（预先设定的镀液温度为60℃，因为实验表明电镀槽内溶液的温度与外面的油浴锅内油的温差为10℃左右），然后做好电沉积的准备；

⑧ 接通电源，电沉积时间从60～120s的时间段内选择出来；

⑨ 电沉积结束后，用装有去离子水的洗瓶冲洗铜丝表面，接着用吸管汲取无水乙醇冲洗，再用冷风干燥，得到银白色镀层。

配方特点：

① 直流电沉积锡时，同一反应温度下，反应时间过短时沉积层表面颗粒物分布极不均匀，而反应时间过长时，沉积层与基底的吸附能力会下降。

② 单脉冲电沉积锡时，随着反应温度的升高与反应时间的增加，得到的锡沉积层的排列更为紧密，均匀性也更好。

③ 当有少量杂质铝出现时，沉积层表面还形成了松树枝状结构。

④ 电沉积过后镀液中电活性物质浓度最高时所需电压要高于电沉积前，这种趋势与反应温度、反应时间关系不大。

⑤ 电沉积前后循环伏安曲线中还原峰与氧化峰的差值变化也不大。

配方4：离子液体-铜件镀铬。

制备方法：在氮气保护下，于85℃和搅拌条件下把$CrCl_3 \cdot 6H_2O$溶解在经过干燥的[BMIM]PF_6离子液体中，分别配制成浓度为0.1mol/L和0.4mol/L的[BMIM]PF_6-Cr(Ⅲ)电解液（呈深绿色），在70℃下进一步真空干燥，备用。

配方应用：

① 离子液体[BMIM]PF_6的电化学窗口测试：在85℃和氮气保护条件下，以直径为3mm的玻碳电极为工作电极，直径为0.5mm的铂丝为参比电极，213型铂电极为对电极构成三电极体系，采用循环伏安法测试[BMIM] PF_6的电化学窗口。每次测量前用Al_2O_3悬浊液将工作电极表面抛光成镜面，并依次在质量分数为30%的硝酸溶液、质量分数为40%的氢氧化钠溶液、丙酮和二次蒸馏水中分别超声洗涤5min，干燥后备用；将铂丝和213型铂电极依次用丙酮、铬酸溶液及超纯水超声清洗，干燥后备用。

② [BMIM]PF_6-Cr(Ⅲ)电解液的阴极极化曲线测试：在85℃和氮气保护下，以直径为3mm的玻碳电极为工作电极，直径为0.5mm的铂丝电极为参比电极，213型铂电极为对电极构成三电极体系。测试前电极的处理方法同①。

③ Cr(Ⅲ)在铜片上的恒电势电沉积测试：在85℃和氮气保护下，将面积为1cm×1cm的铜片作为工作电极、直径为0.5mm的铂丝作为参比电极、213型铂电极作为对电极构成三电极体系。铜片处理采用常规的碱性除油，用质量分数为20%的HCl水溶液酸洗后，再用超纯水和无水乙醇清洗，干燥后备用；电沉积后，从电解液中取出试样，用丙酮和超纯水小心地将附着的液体洗去，干燥。测试采用Zennium电化学综合测试仪，用电子控温仪控温[操作温度均为(85±2)℃]。

配方特点：

在85℃时，离子液体［BMIM］PF_6 的电化学窗口为4.7V，［BMIM］PF_6 和［BMIM］PF_6-Cr(Ⅲ)电解液的电导率随着温度的升高逐步增大；在［BMIM］PF_6-Cr(Ⅲ）电解液中，Cr（Ⅲ）还原成Cr（0）的过程是一步完成的受扩散控制的不可逆过程，玻碳电极上的阴极传递系数为0.023，扩散系数为$1.142\times10^{-6}cm^2/s$。85℃时，在［BMIM］PF_6-Cr(Ⅲ）电解液中，Cr(Ⅲ）在铜片表面上电沉积物的形貌呈颗粒状，电沉积物颗粒的尺寸随电沉积时间的延长而增大；在［BMIM］PF_6-Cr(Ⅲ）电解液中，Cr(Ⅲ）在铜片表面上的电沉积物为无定形的金属铬。

配方5：离子液体-铜件镀铝。

制备方法：配制方法分为两步。

① 离子液体的配制：实验中配制的离子液体由氯化1-丁基-3-甲基咪唑([BMIM]Cl)和无水氯化铝($AlCl_3$)按照摩尔比1∶2配制。由于氯化1-丁基-3-甲基咪唑具有很强的吸水性，因此整个离子液体的配制过程在充满氩气保护的手套箱中进行。首先称量一定质量的氯化1-丁基-3-甲基咪唑于干燥烧杯中，将其置于恒温加热磁力搅拌器上，加热至其完全熔化，然后按照氯化1-丁基-3-甲基咪唑与无水氯化铝摩尔比1∶2称取对应质量的无水氯化铝，将其缓慢分批加入熔化后的氯化1-丁基-3-甲基咪唑中，溶解过程有少量白烟产生，磁力搅拌直至无水氯化铝完全溶解，最终获得浅黄色透明状的离子液体。取一定量的离子液体溶剂，进行下一步电镀液的配制。

② 电镀液的配制：根据所设计的正交试验每一组实验的要求，向①中配制的离子液体中加入添加剂，分别获得添加剂含量为5mL/L的电镀液，置于手套箱中备用。

配方应用：主要用作铜件镀铝离子液体电镀液。

① 电沉积实验过程中采用的基体为紫铜片，其规格为1cm×1cm×0.15mm。紫铜片在镀前的预处理一般过程为：紫铜基体机械抛光（至表面光亮）→电化学除油→去离子水冲洗→强浸蚀→去离子水冲洗→弱浸蚀→去离子水冲洗→自然风干。

② 整个实验过程以纯铝片为阳极，紫铜基体为待镀阴极，电流密度为$20\sim25mA/cm^2$，镀液温度为50～55℃，采用恒电流电沉积。

配方特点：

① 电流密度、镀液温度和添加剂含量对镀层外观质量、镀速和电流效率均有影响，添加剂对镀层外观质量和镀速影响最显著，镀液温度对电流效率的影响最为显著；

② 离子液体［BMIM］Cl-$AlCl_3$ 中电沉积获得的铝镀层中含有铝元素和氧元素，且铝和氧的含量（质量分数）分别为84.12%和15.88%；

③ 热处理对镀层形貌影响不大：热处理温度不同，晶体的择优取向也不同，温度较低时，晶体沿（111）晶面择优生长，当热处理温度为550℃时，晶体沿（200）晶面择优生长；

④ 电沉积获得的铝镀层热稳定性良好；

⑤ 离子液体［BMIM］Cl-$AlCl_3$ 体系中，铝在铜电极上的沉积过程符合电化学极化控制的三维瞬时成核机理；

⑥ 占空比、循环周期和脉冲宽度对镀层的表面形貌存在明显的影响；

⑦ 与直流电沉积法相比，恒电流脉冲法获得铝镀层的结晶颗粒细小，镀层平整性、致密性好。

4.7.2 离子液体-镁及镁合金电镀液

配方1：离子液体-镁及镁合金电镀铝，见表4-67。

表 4-67　离子液体-镁及镁合金电镀铝原料配比

组分	摩尔配比
氯化铝（$AlCl_3$）	67
1-乙基-甲基咪唑氯化离子液体（EMIC）	33
铝屑	适量

制备方法：在电解池中制备体积为 80mL，$n_{AlCl_3}:n_{EMIC}=67:33$ 的混合物；制备完成后，将铝屑浸入离子液体中 2d 以去除杂质。

配方应用：主要用作镁及镁合金镀铝离子液体电镀液。使用表面积为 $3cm^2$ 的纯镁以及镁合金板作为工作电极，使用纯铝板（纯度 99.99%）作为对电极，将一根纯铝线［纯度 99.98%，D（铝线的直径）=0.5mm］插入 $AlCl_3$-EMIC 处理液的小型派热克斯玻璃管中作为参比电极。

配方特点：

① 采用恒流电解时，在 323K 下，三种基底上电沉积的铝层呈树枝状，附着力较低；

② 在 323K 下采用脉冲电流电解时，表面平整度和附着力有所改善；

③ 在 283K 较低温度下，通过脉冲电流电解，所有基底上铝层的附着力均大幅增强。

配方 2：离子液体-镁合金 ZE41 防腐蚀剂。

制备方法：在碱存在下，使三己基(十四烷基)-氯化膦与二(2,4,4-三甲基戊基）次磷酸反应制备，三己基（十四烷基）鏻为阳离子、二苯基磷酸根为阴离子，得三己基（十四烷基）鏻二苯基磷酸盐，即得镁合金 ZE41（4%锌和 1%稀土）防腐性离子液体。

配方应用：三己基（十四烷基）鏻二苯基磷酸盐浸泡镁合金 ZE41。

配方特点：

① 离子液体浸泡期间，膜电阻增加；

② 在 0.1mol/L 的 NaCl 中，机械抛光表面比电抛光表面更容易受到腐蚀损坏，离子液体涂层会在两个表面上形成电阻膜，从而降低 0.1mol/L NaCl 的腐蚀损伤程度；

③ 与未涂覆表面类似，电抛光离子液体处理样品的耐腐蚀性优于机械抛光离子液体处理样品。

4.7.3　离子液体-多晶钙钛矿薄膜钝化液

配方：离子液体-多晶钙钛矿薄膜钝化剂。

制备方法：由二乙胺与二硫化碳反应得二乙基二硫代氨基甲酸二乙胺离子液体，其中二乙基二硫代氨基甲酸为阴离子，二乙胺为阳离子。

配方应用：可用作离子液体-多晶钙钛矿薄膜钝化剂。处理需要三步，第一步预处理，第二步离子液体处理，第三步后处理。具体处理步骤如下。

第一步：预处理

① 将氧化铟锡（ITO）玻璃基板依次在甲苯、丙酮、去离子水和异丙醇的超声水浴中清洗，然后用氮气流吹干；

② 对清洗后的 ITO 基板进行 10min 的氧气等离子体处理；

③ 迅速将基板转移至氮气手套箱中；

④ 以 5000r/min 的转速在 ITO 基板上旋涂聚（三芳胺）(PTAA) 溶液（2mg/mL，溶于甲苯）30s；

⑤ 在100℃下退火10min；

⑥ 在旋涂钙钛矿层之前，先用 *N*,*N*-二甲基甲酰胺（DMF）溶液进行预润湿；

⑦ 制备钙钛矿墨水时，将1.1mol/L的碘化铅（PbI_2）和甲基碘化铵（MAI）溶解在DMF与二甲基亚砜（DMSO）体积比为4∶1的溶液中；

⑧ 在PTAA层上以2000r/min的转速旋涂墨水10s，再以4000r/min的转速旋涂30s，在钙钛矿层沉积完成前20s，向基板上滴加甲苯作为反溶剂；

⑨ 将钙钛矿层先在40℃下退火5min，再在100℃下退火10min。

第二步：离子液体处理

对于经过处理的器件，将不同浓度（0.25mg/mL、0.5mg/mL和0.75mg/mL）的DDDC（二乙基二硫代氨基甲酸二乙胺）溶解在异丙醇中，以5000r/min的转速旋涂在钙钛矿薄膜上30s。

第三步：后处理

① 将第二步处理后的样品在70℃下退火5min；

② 以1500r/min的转速旋涂[6,6]-苯基-C61丁酸甲酯（PCBM，20mg/mL，溶于氯苯）40s，以5000r/min的转速旋涂2,9-二甲基-4,7-二苯基-1,10-菲咯啉（BCP，0.5mg/mL，溶于异丙醇）30s；

③ 在BCP层上热蒸发100nm厚的银。

配方特点：

① 离子液体DADA能够提供二硫代氨基甲酸根离子和二乙胺离子，以钝化$MAPbI_3$钙钛矿薄膜表面的带电缺陷；

② 二硫代氨基甲酸根阴离子中富含电子的硫原子，可以与钙钛矿薄膜表面未配位的铅原子发生反应，形成螯合配位络合物；

③ 二乙胺阳离子则可以与卤素离子形成氢键，从而钝化钙钛矿薄膜，降低器件的缺陷密度，并抑制非辐射复合；

④ DADA表面处理提高了钙钛矿薄膜的功函数，赋予薄膜表面 *n* 型特性，有利于载流子传输；

⑤ 经DADA处理的最佳钙钛矿太阳能电池（PSC）器件的光电转换效率（PCE）提高至21.36%（相比之下，对照PSC器件为19.13%），填充因子（FF）高达83.17%；

⑥ DADA使PSC器件更加稳定，经DADA处理的器件在相对湿度65%的空气中储存500h以上后，仍能保持其初始PCE的80%以上，而在相同条件下储存的对照器件的PCE则大幅下降；

⑦ 此配方为有效减少钙钛矿薄膜中的缺陷数量提供了一种简单的协同钝化策略，同时也为制造高效稳定的PSC器件提供了思路。

4.7.4 离子液体-金属钛电化学抛光液

配方：离子液体辅助金属钛的点抛光剂。

制备方法：TMHA-TfN离子液体的制备，具体步骤如下。

① 将双(三氟甲磺酰)亚胺和乙酸乙酯按$V_{双(三氟甲磺酰)亚胺}:V_{乙酸乙酯}=3:1$的比例搅拌均匀，待用；

② 将三丁基甲基氯化铵50kg加入反应釜内，再加入乙酸乙酯溶剂10kg，滴加双（三氟甲磺酰）亚胺与乙酸乙酯混合溶液至反应釜进行反应，反应温度20℃，压力（0.03～0.10）MPa，滴加结束后继续搅拌反应2h；

③ 将乙酸乙酯和双（三氟甲磺酰）亚胺蒸馏回收，蒸馏结束条件为温度100℃，压力（−0.1～−0.095）MPa，得到三正丁基甲铵双（三氟甲磺酰）亚胺盐（TMHA-TfN）产品。

配方应用：离子液体基电化学抛光液能使钛表面达到镜面效果，同时保持钛的优良耐蚀性能，是一种极具发展前景的绿色抛光技术。实验中使用了两种类型的电解池：单隔室电解池和双隔室电解池，双隔室电解池中的阳极室和阴极室由烧结玻璃隔开。所有电化学实验均采用三电极装置，通过电化学分析仪（ALS，660A）完成。I_3^-/I^-参比电极由一根铂丝、含15mmol/L I_2和60mmol/L $(n\text{-}C_3H_7)_4NI$的TMHA-TfN溶液组成。这些（电极等部件）被置于底部带有陶瓷烧结物的玻璃管中。根据实际需要，工作电极选用钛板、铂板或铁板，同样，对电极选用铂板或钛板。在手套箱内，用砂纸对钛板进行机械打磨。所有实验中，溶液温度均保持在50℃。

配方特点：

① 当扫描电位向更高电位变化时，钛电极表面会形成一层氧化钛膜；

② 当电流通过电极时，一部分电压会以欧姆降的形式消耗在这层薄薄的氧化钛膜上，并且电极上的过电位会小于电化学分析仪所监测到的电位；

③ 在形成这样的氧化钛膜之后，钛不会发生阳极溶解。

5 非金属表面处理剂

5.1 非金属表面处理概述

非金属材料指具有非金属性质（导电性、导热性差）的材料。通常分为无机非金属材料和有机非金属材料，无机非金属材料包括玻璃、陶瓷、石墨、岩石等，有机非金属材料包括木材、塑料、橡胶等。一般非金属材料的力学性能较差（玻璃钢除外），但某些非金属材料可代替金属材料。

非金属材料按性能可分为：高强度结构材料、减摩耐磨材料、耐腐蚀材料、密封材料、电绝缘材料、耐高温保温材料等，虽然不同的非金属材料具有不同的性能，但是其表面活性、表面能等均具有一定的局限性，影响了其实际应用中与其他物质的衔接或润湿性等，进而限制了其在特殊领域的更好应用。

本章选择具有代表性的聚四氟乙烯、硅、硅片、木材等为对象，阐述上述物质的表面处理配方、配方原理、处理方法、配方特点、配方应用等。

非金属表面处理技术旨在改善非金属材料（如塑料、橡胶、陶瓷、玻璃、木材、复合材料等）的表面性能（如附着力、耐磨性、耐腐蚀性、装饰性等），其分类可根据处理目的或技术原理划分为多个类别，具体如下：

（1）表面清洁与预处理

该类处理是后续表面加工的基础，核心目的是去除非金属表面的油污、灰尘、氧化层、脱模剂等杂质，保证后续处理的结合力。常见技术为化学清洗、物理清洗、等离子体清洗。

（2）表面改性处理

该方法通过物理或化学手段改变非金属表面的化学组成、微观结构或能量状态，提升其特定性能（如亲水性、附着力、生物相容性），但不改变材料本体性能。

① 物理改性　物理改性可分为等离子体改性、激光改性、机械改性。

等离子体改性：与“等离子体清洗”原理类似，但更侧重“表面活化”——通过等离子体轰击，在表面引入羟基（—OH）、羧基（—COOH）等极性基团，提升表面附着力（如解决 PP 塑料喷漆易脱落问题）。

激光改性：利用高能量激光束对表面进行微熔、刻蚀或退火，形成微观纹理或改变表面晶体结构，提升耐磨性（如陶瓷刀具表面激光强化）、亲水性（玻璃表面激光刻蚀实现自清洁）。

机械改性：通过打磨、喷砂、拉丝等机械手段改变表面粗糙度，增强后续涂层的锚定效应（如塑料件表面喷砂后喷塑，提升涂层附着力）。

② 化学改性　化学改性可分为化学蚀刻、表面接枝聚合。

化学蚀刻：利用腐蚀性化学溶液（如氢氟酸蚀刻玻璃、铬酸蚀刻塑料）在表面形成微观凹坑，改善表面粗糙度或形成特定图案（如玻璃刻度线、塑料表面防滑纹理）。

表面接枝聚合：通过化学引发剂，在非金属表面接枝特定单体（如在聚乙烯表面接枝丙烯酸），引入功能性（如亲水性、抗菌性）基团，常用于医用高分子材料（如人工血管表面改性)。

(3) 表面涂层与镀膜处理

该方法通过在非金属表面覆盖一层或多层功能性涂层/薄膜，赋予材料新的性能（如装饰性、耐候性、导电性），是应用最广泛的非金属表面处理类别。主要有以下几种类别：

① 有机涂层（以高分子材料为基料） 有机涂层可分为涂装、电泳涂装、浸塑。

涂装（喷涂/刷涂/浸涂）：将涂料（如油漆、环氧树脂、聚氨酯）通过喷涂、刷涂等方式覆盖表面，形成保护层或装饰层，可用于塑料、木材、复合材料的表面处理，如家具喷漆（装饰＋耐磨）、塑料玩具表面涂覆（防刮＋环保）方面的应用。

电泳涂装：利用电场作用，使涂料粒子（如环氧树脂、丙烯酸树脂）在非金属表面均匀沉积，涂层厚度均匀、附着力强。可用于陶瓷、塑料的表面处理，如汽车塑料保险杠的电泳底漆（防腐蚀）方面的应用。

浸塑（涂塑）：将非金属工件浸入熔融的塑料粉末（如 PVC、PE）中，表面形成一层塑料涂层，耐磨、耐候性强。可用于金属骨架外的非金属包覆（如塑料手柄浸塑）、玻璃纤维制品（如晾衣架）的表面处理。

② 无机镀膜（以无机材料为基料） 无机镀膜主要有物理气相沉积（PVD）、化学气相沉积（CVD）、溶胶-凝胶法。

物理气相沉积（PVD）：在真空环境下，通过蒸发、溅射等物理手段将无机材料（如金属、氧化物、氮化物）沉积到非金属表面，形成薄膜。常见类型有真空蒸镀（如塑料薄膜表面蒸镀铝层，用于食品包装）、磁控溅射（如陶瓷表面溅射二氧化钛薄膜，实现抗菌）。这种方法特点是薄膜纯度高、附着力强，适用于精密件（如光学镜片镀膜）方面的应用。

化学气相沉积（CVD）：通过气态反应物在非金属表面发生化学反应，生成固态薄膜，可用于陶瓷表面沉积碳化硅（SiC）薄膜（提升高温耐磨性）、玻璃表面沉积二氧化硅（SiO_2）薄膜（防反射）。该方法的特点是可在复杂形状工件表面形成均匀涂层，适用于高温环境。

溶胶-凝胶法：将含无机前驱体的溶胶涂覆在非金属表面，经干燥、烧结后形成无机薄膜（如氧化物薄膜），可用于玻璃、塑料（低温烧结）的表面处理，如玻璃表面涂覆二氧化钛溶胶（自清洁玻璃）、塑料表面涂覆氧化锌溶胶（抗菌）。

③ 金属化镀膜（赋予非金属导电性/金属质感） 金属化镀膜有化学镀和真空镀金属。

化学镀（无电解镀）：在无外接电源的情况下，通过化学反应将金属离子（如铜、镍、银）还原沉积在非金属表面，形成金属镀层（需先对非金属表面敏化、活化，保证镀层附着）。该方法可用于塑料（如 ABS）、陶瓷的表面处理，如 ABS 塑料表面化学镀铜/镍、电子元件塑料外壳的电磁屏蔽表面处理等。

真空镀金属：通过 PVD 中的真空蒸镀或溅射，在非金属表面沉积金属层（如铝、铬、金），实现金属质感或导电性，该方法可用于塑料化妆品外壳真空镀铝（装饰）、玻璃表面镀金（红外反射）的表面处理。

(4) 表面功能化处理

针对特定场景需求，赋予非金属表面特殊功能（如抗菌、自清洁、导电、阻燃），常与上述涂层/改性技术结合。

(5) 其他特殊处理

表面纹理与图案加工：通过模具压印（塑料件表面纹理）、激光雕刻（玻璃、木材图案）、化学蚀刻（陶瓷花纹）等方式，提升装饰性或功能性（如防滑纹理）。

亲/疏水处理：通过等离子体改性（引入亲水基团）或涂覆氟碳涂层（疏水），调整材料表面的润湿性，该方法可用于实验室器皿（亲水）、户外玻璃（疏水防雾）的表面处理。

总之，非金属表面处理依次为“基础清洁、表面改性、功能涂层、特殊功能处理”，实际应用中常需多种技术结合，如等离子体清洗、化学镀、有机涂层结合可实现塑料件的防腐蚀与装饰。选择处理技术时，需根据材料特性及成本预算综合判断。

5.2 聚四氟乙烯表面处理剂

氟树脂特别是聚四氟乙烯（PTFE）是一种性能优良的高分子材料，具有良好的化学稳定性、电绝缘性、低的摩擦系数、耐化学腐蚀和较高的机械强度，被广泛应用于化工、机械、航空等领域，但是聚四氟乙烯材料润湿性能差，制品的表面能低，不利于粘接、印染、涂装等，生物相容性也差，从而限制了其应用的范围。因此必须对其表面进行处理。

目前，PTFE表面处理的方法有氨钠法、联苯钠法、萘钠浸蚀法、钛酸丁酯-过氧辛酸涂敷法、熔融法、在氢或干燥氨气中放电处理法、PTFE表面金属溅射法、辐射接枝法、等离子法等，其中尤以萘钠浸蚀法最简便实用。采用氟树脂表面处理剂萘钠处理液处理聚四氟乙烯制品，处理液能破坏C—F键，脱去PTFE表面上的部分氟原子，这样就在表面留下了碳化层和某些极性基团，可以改善聚四氟乙烯制品的表面活性、降低接触角、提高表面能，从而显著提高可粘接性和浸润性。萘钠处理液是处理工序中的主要物料，配制时反应温度、反应时间、溶剂的选择及投料比等都会对萘钠处理液的质量产生影响，从而严重影响聚四氟乙烯制品的表面处理质量。

5.2.1 萘钠法

原理：萘钠法是一种化学处理方法，处理液能破坏C—F键，脱去PTFE表面上的部分氟原子，这样就在表面留下了碳化层和某些极性基团，可以改善聚四氟乙烯制品的表面活性、降低接触角、提高表面能。它主要是通过腐蚀液与PTFE膜表面发生化学反应，取代表面上的部分氟原子，这时在表面上留下了碳化层和某些极性基团（碳化层的深度以1μm左右为宜，如果过分腐蚀表面，可能因产生的碳化层太厚而降低表层的内聚强度）。

配方1：见表5-1。

表5-1　萘钠法配方1原料配比

原料	配比/g
萘	64
金属钠	13.8
四氢呋喃	500mL

制备方法：

① 将三口烧瓶装在带有电动搅拌器的支架上，在中口装入锚式搅拌器，用胶皮塞或软木塞紧一个测口，从另一个测口将500mL四氢呋喃缓缓加入瓶内；

② 加入64g萘，开动搅拌器；用镊子从煤油中取出金属钠，用滤纸吸去煤油，在放有滤纸的天平上称13.8g金属钠，随后在垫有滤纸的工作台上用小刀迅速切成不大于5mm^{3}的碎块，逐步加入瓶内，加完后将瓶口塞紧；

③ 待金属钠全部溶解，溶液呈现出棕黑颜色时，即形成萘钠在四氢呋喃中的络合物，时间约为3～5h。

配方2：见表5-2。

表 5-2　萘钠法配方 2 原料配比

原料	质量配比范围/%
萘	6.6～11.0
金属钠	1.4～2.0
四氢呋喃	87.0～92.0

制备方法：

① 将四氢呋喃加入容器中，放入冰浴内搅拌冷却，温度控制在 20℃；

② 在室温和常压下慢慢加入所需的萘搅拌均匀后，将钠片加入烧瓶中，并不断搅拌，使之全部溶解，得到含有萘钠络合物活性组分的萘钠溶液，并配有氮气保护装置。

配方 3：见表 5-3。

表 5-3　萘钠法配方 3 原料配比

原料	配比/g
萘	500
金属钠	95
四氢呋喃	1000

制备方法：

① 将四氢呋喃加入 3000mL 三口烧瓶中，放入冰浴中搅拌冷却，温度控制在 20℃；

② 在室温和常压下慢慢加入所需的萘搅拌均匀后，将新鲜钠片分三次加入烧瓶中，每次间隔 20min，并不断搅拌，使之全部溶解，即制得表面处理剂。

配方 4：见表 5-4。

表 5-4　萘钠法配方 4 原料配比

原料	配比/g
萘	55.7
金属钠	10
乙二醇二甲醚	800

制备方法：

① 将乙二醇二甲醚、萘加入 1L 带搅拌器的四口烧瓶中，开动搅拌器把萘搅拌至全部溶解，得到含有萘的溶液；

② 以 500mL/min 流量往四口烧瓶中通入干燥的氮气，按配比加入所需的金属钠进行反应，控制反应液的温度为 30℃，搅拌反应 3h，冷却，把配制好的表面处理剂倒入充满氮气的玻璃瓶中，密封，避光保存。

配方 5：见表 5-5。

表 5-5　萘钠法配方 5 原料配比

原料	配比/g
萘	200
金属钠	35.9
四乙二醇二甲醚	700

制备方法：

① 将四乙二醇二甲醚、萘加入1L带搅拌器的四口烧瓶中，开动搅拌器把萘搅拌至全部溶解，得到含有萘的溶液；

② 以500mL/min流量往四口烧瓶中通入干燥的氮气，加入所需的金属钠进行反应，控制溶液的温度为80℃，搅拌反应5h后结束反应，冷却，把配制好的表面处理剂倒入充满氮气的玻璃瓶中，密封，避光保存。

配方6：见表5-6。

表5-6　萘钠法配方6原料配比

原料	配比/g
萘	100
金属钠	17.8
二乙二醇二甲醚	700

制备方法：

① 按配比将二乙二醇二甲醚、萘加入1L带搅拌器的四口烧瓶中，开动搅拌器把萘搅拌至全部溶解，得到含有萘的溶液；

② 以500mL/min流量往四口烧瓶中通入干燥的氮气，按配比加入所需的金属钠进行反应，控制溶液的温度为80℃，搅拌反应10h后结束反应，冷却，关闭搅拌器和氮气，把配制好的表面处理剂倒入充满氮气的玻璃瓶中，密封，避光保存。

配方7：见表5-7。

表5-7　萘钠法配方7原料配比

原料	配比/g
萘	80
金属钠	14.4
二乙二醇二乙醚	700

制备方法：

① 将二乙二醇二乙醚、萘加入1L带搅拌器的四口烧瓶中，开动搅拌器把萘搅拌至全部溶解，得到含有萘的溶液；

② 以500mL/min流量往四口烧瓶中通入干燥的氮气，按配比加入所需的金属钠进行反应，控制溶液的温度为50℃，搅拌反应5h后结束反应，冷却，关闭搅拌器和氮气，把配制好的表面处理剂倒入充满氮气的玻璃瓶中，密封，避光保存。

配方应用：

① 利于特殊用途的粘接、印染、涂装等，可广泛用于化工、机械、航空、电子等领域。

② 配方3在湿度不超过65%的室温条件下进行，有惰性气体保护更好。将配制的萘钠四氢呋喃溶液倒入容器中，把准备好的聚四氟乙烯薄膜浸入溶液中处理，一般0.5～1min后，从溶液中取出，若聚四氟乙烯薄膜表面层变为浅褐色，迅速用水冲洗，然后剪去胶布或揭开黏合的聚四氟乙烯薄膜，晾干后剥除保护层，用丙酮洗净处理表面，晾干。

③ 配方2在使用时，将聚四氟乙烯样品挂在挂篮中，放入萘钠溶液中进行振荡处理，处理时间为60～90s，再将聚四氟乙烯制品用四氢呋喃或者丙酮溶剂洗涤，然后用水洗涤，去除制品表面附着物，最后晾干。补加金属钠的量占萘钠溶液总量的0.6%～1.0%，再生反应时间3～5h。

配方特点：

① 当溶液未用至失效时，可倒入清洁干燥的棕色瓶，密闭避光保存，下次再用；如聚四氟乙烯薄膜放入5min后仍不能获得均匀的浅褐色即为溶液失效，应用大量水稀释处理，活化处理过的聚四氟乙烯薄膜应保持清洁，严禁折叠，用干净纸包好避光保存，可存放半年。

② 配方1经过萘钠活化处理过的聚四氟乙烯薄膜加工氟塑料橡胶密封圈，零件的整体外观光滑平整，无气泡、孔眼、杂质、凹凸、划伤等不良加工痕迹，无褶皱情况的发生，不仅合格率高，且成本降低。

③ 配方2得到的制品不粘连，提高了处理效率。配方1与配方2降低了原料的消耗，减少了环境污染。

④ 对于配方1～3处理液来说，所用溶剂易挥发、毒性大、污染重，配制现场操作环境差，越来越受到环保要求提高的制约；处理液腐蚀能力弱，处理后的制品质量较差，存在花斑、腐蚀深浅不一等不良现象，限制了产品的应用效果。

⑤ 配方4～7安全环保，采用低毒、挥发性低、易回收的溶剂配制聚四氟乙烯制品表面处理剂，极大改善了工作场所的劳动条件，解决了安全生产的问题；配制的聚四氟乙烯制品表面处理剂流动性好，处理能力大，大幅降低了处理后制品的花斑、腐蚀深浅不一等不良现象，提高了产品质量，进一步降低了物料消耗和“三废”排放。

⑥ 通过对PTFE表面进行萘钠溶液处理，其浸润性和粘接性显著提高。

5.2.2 无甲醛聚氨酯薄膜法

配方：见表5-8。

表5-8 无甲醛聚氨酯薄膜法原料配比

原料	原料配比范围/%
聚氨酯树脂	30～65
柔软剂	1.0～2.8
渗透剂	1.0～2.0
架桥剂	3.5～4.5
色膏	4.5～5.5
溶剂	35～55

制备方法：

① 将配方各组分混合均匀后，通过高精度钢辊轧面间微乳透湿型聚氨酯溶液（溶液由一定聚合度的聚乙二醇、聚四氢呋喃醚组成聚醚二醇，自乳化单体与甲苯2,4二异氰酸酯预聚，合成，PTFE微孔薄膜表面通过高精度钢辊轧面间复合聚氨酯溶液，聚氨酯溶液内部包含有聚氨酯树脂、柔软剂、渗透剂、架桥剂、色膏、溶剂），双向PTFE微孔膜由托辊带入，托辊由液压装置压在试压辊上，形成轧点；

② 通过钢辊间缝隙的宽窄和钢辊表面相对速度的大小控制涂布量，保证涂膜的均匀性；

③ 采用针板热风烘燥机在100～200℃下进行逐步烘干，使溶剂挥发完全，同时交联剂与树脂发生反应，树脂完全固化。

配方应用：其与纺织面料通过环保热熔胶水进行层压复合并经过熟成，可以制成高档户外登山服、运动服、政府单位工作服、军警服装、消防安全防护服、医疗防护服、快递物流工作服等。

配方特点：

① 聚四氟乙烯（PTFE）薄膜表面涂覆一层亲水无孔聚氨酯薄膜，形成表面处理薄膜，俗称双组分薄膜，具有持久防水性、高透湿性、防风保暖性等优点。

② 可与皮肤直接接触，但是传统的表面处理技术中，为确保足够的交联以保证耐水压和膜层间强度所使用的配方制成的薄膜可检出甲醛，其与面料通过胶水层压后制成的服装甲醛含量超标，无法满足相应规范。

5.2.3 高温熔融法

原理：在高温下，使 PTFE 表面的结晶形态发生变化，同时嵌入一些表面能高、易黏合的物质如 SiO_2、Al 粉等，这样冷却后就会在 PTFE 表面形成一层嵌有可黏物质的改性层。由于易黏物质的分子已进入 PTFE 表层分子中，因此破坏该改性层就相当于分子间破坏，粘接强度很高。此法的优点是耐候性、耐湿热性比其他方法显著，适于长期户外使用。不足之处在于高温烧结时 PTFE 会放出一种有毒物质，而且 PTFE 膜形状不易保持。

配方：见表 5-9。

表 5-9　高温熔融法原料配比

原料	质量配比
PTFE（聚四氟乙烯）	3
SiO_2	1
偶联剂-F	0.1
蒸馏水	适量

制备方法：把偶联剂-F 用蒸馏水配成一定浓度的水溶液（PTFE 乳液与 F 溶液的质量比为 3∶0.1 的条件下偶联剂-F 的浓度对胶接强度影响不大），以控制偶联剂用量。用研磨机研磨 SiO_2 约 2h，配成 5%的悬浮液。在浸涂液的配制中，不同的 PTFE/SiO_2 比例，对处理表面状态和强度影响很大，在摩尔比为 3∶1 时较为合适。

配方应用：利于特殊用途的粘接、印染、涂装等，可广泛用于化工、机械、航空、电子等领域。

配方特点：

① PTFE 与 SiO_2 的配比对处理表面状态和强度影响很大；

② 胶黏强度提高，且可提高接头的耐湿热性能，优于萘钠法；PTFE 膜在高温下会放出一种有毒物质，处理时要小心；PTFE 膜在高温下形状不易保持。

5.2.4 二乙胺交联季胺化法

原理：以聚环氧氯丙烷为基质、二乙胺为交联剂，依次通过交联、季铵化、与 PTFE 结合得到 Cl 型复合阴离子交换膜 Cl-CQPECH/PTFE，若用碱交换则得到 HO 型的 HO-CQPECH/PTFE。

配方 1：Cl-CQPECH/PTFE 复合膜，见表 5-10。

表 5-10　聚环氧氯丙烷膜配方 1 原料配比

原料	配比
聚环氧氯丙烷	0.7g
DMSO	7mL

续表

原料	配比
二乙胺	适量
1-甲基咪唑	过量

制备方法：

① 取 0.7g 聚环氧氯丙烷（PECH）在 80℃条件下溶解于 7mL DMSO 溶液中形成均相溶液；

② 在 60℃条件下滴加聚环氧氯丙烷甲基团 30%量的二乙胺搅拌 24h 得到部分交联聚环氧氯丙烷（Cl-CPECH），然后加入过量的 1-甲基咪唑 80℃搅拌 24h，得到交联季胺化环氧氯丙烷（Cl-CQPECH）。

配方应用：获得 Cl 型的交联季胺化复合阴离子交换膜，具体处理步骤如下。

① 为提高聚四氟乙烯薄膜的亲水性和对 DMSO 的亲和性，聚四氟乙烯薄膜分别在丙酮和乙醇溶液中超声 1h，然后浸泡在无水乙醇中得到溶胀的 PTFE 膜。

② 将制备好的 CQPECH 溶液倾倒在膨胀的 PTFE 膜上，得到的膜 60℃干燥 24h 再 80℃真空干燥得到淡黄色透明 Cl-CQPECH/PTFE 复合膜。

配方特点：若用交联聚环氧氯丙烷直接制膜，或者分别用交联聚环氧氯丙烷、交联环氧氯丙烷直接制膜，可得到三种对比样品 Cl-CQPECH/PTEE、PECH/PTFE、Cl-CPECH/PTEE。

配方 2：HO-CQPECH/PTFE 复合膜，见表 5-11。

表 5-11　聚环氧氯丙烷膜配方 2 原料配比

原料	组分含量
聚环氧氯丙烷	0.7g
DMSO	7mL
二乙胺	适量
1-甲基咪唑	过量
KOH	1mol/L

制备方法：将 Cl-CQPECH/PTFE 复合膜浸入 30℃1mol/L KOH 溶液中 24h 后取出，用大量去离子水冲洗得到 HO-CQPECH/PTFE 复合膜，再将其浸入去离子水中备用。

配方应用：碱性燃料电池的阴离子交换膜。

配方特点：

① 改用 Cl-CPECH/PTFE 膜，通过同样的工艺可制 HO-CPECH/PTFE 膜。

② HO-CQPECH/PTFE 膜在 30℃的吸水性、溶胀率和分别为 38.9%、7.0%，80℃的离子电导率为 0.022S/cm。

③ HO-CQPECH/PTFE 干膜的伸长应力为 54.3MPa，交联结构的引入使其比纯 PTFE 膜具有更好的力学性能，并且与 PTFE 复合后其疏水性增强有利于膜的水管理。

④ HO-CQPECH/PTFE 膜显示出良好的耐碱性，在 1mol/L NaOH 溶液中浸泡 96h 后，其 80℃时的电导率几乎没有降低。

5.2.5　2-甲基咪唑交联的聚环氧氯丙烷法

原理：聚环氧氯丙烷为基质、2-甲基咪唑为交联剂，依次通过交联、季铵化、与 PTFE

结合得到一系列不同交联度的Cl型复合阴离子交换膜Cl-CQPE，若用碱交换则得到HO型的HO-CQPECH/PTFE。

配方1：2-甲基咪唑交联的聚环氧氯丙烷/PTEE烯复合膜（Cl型），见表5-12。

表5-12 2-甲基咪唑交联的聚环氧氯丙烷/PTEE烯复合膜（Cl型）原料配比

原料	组分含量
聚环氧氯丙烷	0.7g
DMSO	7mL
乙醇钠	过量
2-甲基咪唑	适量
1-甲基咪唑	过量

制备方法：取0.7g聚环氧氯丙烷在90℃条件下溶解于7mL DMSO溶液中形成PECH均相溶液。

配方应用：获得2-甲基咪唑交联的聚环氧氯丙烷/PTEE烯复合膜（Cl型），具体处理步骤如下。

① 聚四氟乙烯薄膜分别在丙酮和乙醇溶液中超声1h后，浸泡在无水乙醇中得到溶胀的PTFE膜；

② 取适当面积的溶胀膜在PECH均相溶液中浸泡一段时间；

③ 加入一定量的2-甲基咪唑，并滴入过量的乙醇钠，在80℃条件下搅拌反应12h；

④ 将聚四氟乙烯薄膜取出放在聚四氟乙烯板上，并将已制备好的Cl-CQPECH溶液倾倒在膜上，在100℃的烘箱中加热24h，用乙醇和热去离子水清洗干净，在80℃烘箱干燥24h，得到交联的聚环氧氯丙烷/聚四氟乙烯复合膜；

⑤ 将复合膜放入质量分数为30%的1-甲基咪唑溶液中，在90℃下回流反应48h，分别在60℃干燥24h和80℃干燥24h以除去未反应的1-甲基咪唑，得到交联季胺化的Cl型复合阴离子交换膜Cl-CQPECH/PTFE。

配方特点：2-甲基咪唑的添加量不同，可得到三种不同的Cl型膜Cl-CQPECH-1、Cl-CQPECH-2和Cl-CQPECH-3，加入聚四氟乙烯薄膜，相同制膜工艺可得到三种Cl型膜Cl-QPECH/PTFE。

配方2：2-甲基咪唑交联的聚环氧氯丙烷/PTEE烯复合膜（OH型），见表5-13。

表5-13 2-甲基咪唑交联的聚环氧氯丙烷/PTEE烯复合膜（OH型）原料配比

原料	组分含量
聚环氧氯丙烷	0.7g
DMSO	7mL
乙醇钠	过量
2-甲基咪唑	适量
1-甲基咪唑	过量
KOH	1mol/L

制备方法：

① 依据配方1处理方法获得Cl型复合膜；

② 将Cl型复合膜放入1mol/L KOH溶液中碱化24h，用大量去离子水冲洗，取出，再浸泡入去离子水中备用，得到HO型的复合阴离子交换膜HO-CQPECH/PTFE。

配方特点：将聚环氧氯丙烷和过量的1-甲基咪唑在90℃下反应24h，制膜工艺与上面相同，不加聚四氟乙烯薄膜得到Cl型膜Cl-QPECH，碱化后得到HO型膜HO-QPECH；如果加入聚四氟乙烯薄膜，相同制膜工艺得到Cl型膜Cl-QPECH/PTFE，碱化后得到HO型膜HO-QPECH/PTFE。将交联聚环氧氯丙烷采用上面相同制膜工艺得到Cl型膜Cl-CPECH/PTFE，碱化后得到HO型膜HO-CPECH/PTFE。

配方应用：可用于碱性燃料电池。

配方特点：

① 随着2-甲基咪唑的添加量增加，虽然复合膜在低温下的电导率减小，但是其具有更好的高温电导率。

② 2-甲基咪唑的添加量不同，吸水性和溶胀率不同，如复合膜在30℃的分别可达到43.5%、9.01%。

③ 复合膜的张应力达到67.3MPa；PTFE的引入也使复合膜的热性能提高，同时具有良好的耐碱性。

④ 复合膜的单电池测试结果发现：其具有较高的开路电压（0.78V），电池运行温度为50℃，电流密度为58mA/cm^{2}时的功率密度为23mW/cm^2，表现出良好的综合性能。

5.2.6 1,4-二溴丁烷交联的聚环氧氯丙烷法

原理：与2-甲基咪唑交联的聚环氧氯丙烷/PTEE复合膜原理基本相同，只是在后处理上选择1,4-二溴丁烷为后处理试剂。

配方：1,4-二溴丁烷交联的聚环氧氯丙烷/PTEE膜（OH型），见表5-14。

表5-14 1,4-二溴丁烷交联的聚环氧氯丙烷/PTEE膜（OH型）原料配比

原料	组分含量
聚环氧氯丙烷	0.7g
DMSO	7mL
乙醇钠	过量
1,4-二溴丁烷	适量
2-甲基咪唑	1.23g
1-甲基咪唑	过量
KOH	1mol/L

制备方法：取0.7g聚环氧氯丙烷在90℃条件下溶解于7mL DMSO溶液中形成均相溶液。

配方应用：获得1,4-二溴丁烷交联的聚环氧氯丙烷/PTEE膜（OH型），具体处理步骤如下。

① 聚四氟乙烯薄膜分别在丙酮和乙醇溶液中超声1h后，浸泡在无水乙醇中得到溶胀的PTFE膜；

② 取适当面积的溶胀膜浸泡在PECH溶液中，使得PECH溶液能浸入到膜中，一段时间后加入1.23g 2-甲基咪唑，接着滴入过量乙醇钠，混合溶液在80℃条件下搅拌24h；

③ 体系温度降到50℃，加入适当的1,4-二溴丁烷，混合搅拌0.5h；

④ 从溶液中取出聚四氟乙烯薄膜放在聚四氟乙烯板上并将剩余溶液倾倒在膜上，在50℃和100℃的烘箱中分别加热24h得到Br型交联季铵化的PECH/PTFE（Br-CQPECH/PTFE）膜。

⑤ 在聚四氟乙烯板上取出 Br-CPECH/PTFE 膜，用乙醇和热去离子水清洗几次再在80℃烘箱干燥 24h，最后将 Br-CQPECH/PTFE 膜放入 1mol/L KOH 溶液中碱化 24h 得到OH 型的 OH-CQPECH/PTFE 膜，碱化后取出用大量去离子水冲洗，再浸泡入去离子水中备用。根据反应中 1,4-二溴丁烷的添加量的不同，可获得不同的 OH-CQPECH/PTFE 膜。

⑥ 可用于碱性燃料电池。

配方特点：

① 复合膜具有较高的吸水性和更低的溶胀率。

② 80℃时复合膜的电导率可达 0.0342S/cm，且具有良好的热稳定性和耐碱性。

5.3 硅胶表面处理剂

硅胶别名硅酸凝胶，是一种高活性吸附材料，属非晶态物质，其化学分子式为 $m\mathrm{SiO_2} \cdot n\mathrm{H_2O}$；除强碱、氢氟酸外不与任何物质发生反应，不溶于水和任何溶剂，无毒无味，化学性质稳定。各种型号的硅胶因其制造方法不同而形成不同的微孔结构。硅胶的化学组分和物理结构，决定了它具有许多其他同类材料难以取代得特点：吸附性能高、热稳定性好、化学性质稳定、机械强度较高等。

硅胶按其性质及组分可分为有机硅胶和无机硅胶两大类。

有机硅胶是一种有机硅化合物，是指含有 Si—C 键且至少有一个有机基团是直接与硅原子相连的化合物，习惯上也常把通过氧、硫、氮等使有机基团与硅原子相连接的化合物当作有机硅化合物。其中，以硅氧键（—Si—O—Si—）为骨架组成的聚硅氧烷，是有机硅化合物中为数最多、应用较广的一类，约占总用量的 90%以上。

由于其有吸附性能高、热稳定性好、化学性质稳定、机械强度较高等特点，现在广泛应用于各行业。依据不同的用途，对硅胶进行表面处理，拓展硅胶的应用范围，使其更好的发挥作用。

5.3.1 硅胶骨架法

原理：硅胶骨架法是在本体聚合过程中，硅胶与功能单体形成聚合物骨架，模板分子及交联剂与功能单体作用形成聚合物，然后用 HF 将硅胶溶解除去，以得到形状较为规整的分子印迹聚合物（MIP）的方法。

配方：硅胶，氢氟酸（HF）。

制备方法：在印迹过程完成后，将硅胶用氢氟酸（HF）洗去。

配方应用：该配方制备的 MIP 作为高效液相色谱（HPLC）填料，压降小、传质效率高、分离塔板数（N）大，不影响对映体的拆分选择性，其动力学性能、色谱性能等大大优于用传统方法制备的 MIP。

配方特点：整个制备过程工艺简单，原料利用率很高（90%以上），制得的分子印迹聚合物（MIP）颗粒均匀规整，便于根据实际需要设计。

5.3.2 表面硅烷化法

原理：在硅胶表面嫁接有机基团可以提高其表面疏水性能和对有机气体的吸附选择性，并增加对有机气体的吸附稳定性，因此可用于环境污染治理方面。

配方 1：表面硅烷化法，见表 5-15。

表 5-15　表面硅烷化法原料配方

组分	组分含量
硅烷偶联剂	20mL
A 型硅胶	20g

制备方法：

① 移取 20mL 某种硅烷偶联剂加入玻璃真空干燥器底部。

② 在玻璃真空干燥器的隔板上铺设细孔铁丝网，并在铁丝网上均匀放置 20g A 型硅胶，最后盖上盖并放入烘箱，分别在 60℃下改性不同时间。

③ 制得十六烷基三甲氧基硅烷、辛基三乙氧基硅烷、苯基三甲氧基硅烷、甲基三乙氧基硅烷分别在 4h、8h、12h、16h、20h 条件下的改性硅胶样品。

配方应用：应用于对挥发性有机化合物（volatile organic compounds，VOCs）污染的控制，是目前有效的处理技术之一，也是环保领域的一个研究热点。

配方特点：通过在硅胶表面嫁接有机基团提高了其表面疏水性能和对有机气体的吸附选择性，并增加了对有机气体的吸附稳定性。

配方 2：硅胶、稀盐酸、硅烷偶联剂。

制备方法：

① 将硅烷偶联剂加入 pH 值为 0～5 的有机溶液中，搅拌 5～30min，得到硅烷偶联剂的水解溶液；

② 将原硅胶放入稀盐酸中，加热进行酸洗，加热温度为 70～90℃；

③ 将上述经过酸洗的硅胶置于真空环境中，在 50～100℃温度下干燥至恒重；

④ 将所得的硅胶放入恒温恒湿箱的转鼓中，使硅胶吸收水分，直至硅胶中的水达到所需的含水量。

配方应用：活性烷基硅胶表面含有可反应的基团，可作为催化剂、气体吸附剂、生物分离材料、缓释药物、吸附分离材料等载体以及聚合物增强剂等，适用范围广，可用于所有颗粒或粉末材料的硅烷化表面处理。活性烷基硅胶表面处理具体步骤如下。

① 将制备方法中②～④处理后的硅胶加入硅烷偶联剂溶液中，先在真空环境下保持 30min～1h，然后再反应 4～16h；

② 将所得的反应溶液抽滤到存储装置中，并用有机溶剂清洗，得到表面固定有硅氧烷基的硅胶；

③ 将所得的硅胶与有机溶剂一起放入带有过滤装置的旋转真空干燥机中，排除溶液，在 110～150℃下干燥 6～8h 至硅胶保持恒重，得到活性烷基硅胶。

配方特点：活性烷基硅胶表面具有覆盖层均匀牢固、单位重量官能团含量高等优点。

5.3.3 表面印迹法

配方 1：表面包有牛血红蛋白分子印迹聚合物的硅胶材料，见表 5-16。

表 5-16　表面包有牛血红蛋白分子印迹聚合物的硅胶材料原料配比

组分	组分含量
干硅胶	10g
甲苯	50mL
乙烯基三甲氧基硅烷	6mL

组分	组分含量
聚乙烯醇	10g
二甲基亚砜	50mL
丙烯酰氯	1.50mL
乙醇	100mL
过硫酸铵	0.010g
丙烯酰胺	0.900g
N,*N*′-亚甲基双烯酰胺	0.075g
牛血红蛋白	0.080g
亚硫酸钠	0.005g
磷酸缓冲溶液（pH=6.2）	受改性硅胶量影响

制备方法：

① 聚乙烯醇（PVA）的改性。将10g PVA溶于50mL二甲基亚砜（DMSO）中，20℃下滴加1.50mL丙烯酰氯（AC），恒温反应5h。用100mL乙醇沉淀、离心。将白色沉淀用乙醚洗3次，室温下干燥至恒重，得到聚合物（ARPCs）。

② SiO_2的硅烷化。将10g干硅胶加入50mL甲苯中，加入6mL乙烯基三甲氧基硅烷（VTES），氮气保护下110℃回流10h。反应结束，用甲苯、丙酮洗涤，室温下干燥至恒重，得到改性硅胶。

③ 分子印迹聚合物的制备及模板蛋白的洗脱。将0.500g改性硅胶加入10mL 0.01mol/L磷酸缓冲溶液（pH=6.2）中，再依次加入丙烯酰胺（AM）0.900g，*N*,*N*′-亚甲基双丙烯酰胺（MBA）0.075g，牛血红蛋白（BHb）0.080g，ARPCs为15.00mg/mL（ARPCs/BHb比值为9∶1）搅拌30min。N_2保护下再加入0.010g过硫酸铵和0.005g亚硫酸钠，冰水浴中反应4h即可得到的分子印迹聚合物（MIP）。

配方应用：用于印迹聚合物对模板分子的特异性吸附。

配方特点：通过分子表面印迹法，MIP对BHb的特异性吸附能力明显提高。

配方2：表面包有红霉素印迹聚合物的硅胶材料，见表5-17。

表5-17　表面包有红霉素印迹聚合物的硅胶材料原料配比

组分	组分含量
硅胶（0.074～0.150mm）	6g
3mol/L HCl	50mL
甲苯	50mL（活化硅胶5g）
3-氨丙基三乙氧基硅烷	2mL（活化硅胶5g）
三乙胺	1mL（活化硅胶5g）
红霉素	0.1g
偶氮二异丁腈	20mg
甲醇/冰醋酸（9∶1，体积分数）	适量
蒸馏水	适量
乙二醇二甲基丙烯酸酯	0.2mL（受改性硅胶量影响）

制备方法：

① 取6g硅胶置于50mL 3mol/L的盐酸溶液中，常温下静置24h，然后用蒸馏水冲洗至

中性，抽滤，60℃下干燥24h，得到活化硅胶。

② 取活化硅胶5g和50mL甲苯置于100mL圆底烧瓶中，缓慢加入硅烷偶联剂3-氨丙基三乙氧基硅烷2mL和三乙胺1mL，90℃下磁力搅拌回流24h。

③ 将反应后的硅胶用甲醇多次洗涤，50℃下真空干燥24h，得到改性硅胶。

④ 称取红霉素0.1g置于100mL甲醇中超声溶解，加入5mL单体MAA（甲基丙烯酸）和1.5g改性硅胶，25℃恒温振荡6h进行预组装。

⑤ 再加入交联剂乙二醇二甲基丙烯酸酯0.2mL和引发剂偶氮二异丁腈（AIBN）20mg，超声30min后，通N_2 30min，密封后60℃反应24h。

⑥ 减压抽滤，用甲醇/冰醋酸溶液（9∶1，体积分数）洗涤3次，以除去模板分子红霉素，用丙酮冲洗，最后用蒸馏水洗至中性，真空干燥即得表面包有红霉素印迹聚合物的硅胶材料（EM-MIP-PMAA/SiO_2）。

配方应用：EM-MIP-PMAA/SiO_2印迹材料广泛应用于生物样品的监测分析。

配方特点：利用表面印迹接枝法制备的红霉素分子印迹聚合物（EM-MIP-PMAA/SiO_2），其饱和吸附量为104mg/g，吸附饱和时间为240min。选择性吸附试验结果表明在相同浓度下EM-MIP-PMAA/SiO_2对红霉素的吸附量要明显高于竞争分子氯霉素，说明印迹材料有特异识别能力。同时将其作为固相萃取介质，对于自来水样品中红霉素有较好的纯化作用。

配方3：链霉素分子印迹聚合物的硅胶材料，见表5-18。

表5-18 链霉素分子印迹聚合物的硅胶材料原料配比

组分	组分含量
氢氟酸	1%
硅胶	1g
3-甲基丙烯酰氧丙基三甲氧基硅烷	10mL
四氢呋喃/水（7∶1）	40mL
硫酸链霉素	0.04mmol
甲基丙烯酸	0.16mmol
N,*N*′-亚甲基双丙烯酰胺	0.08mmol
过硫酸铵	0.014mmol
无水乙醇	32mL
去离子水	8mL

制备方法：

① 称取适量干燥硅胶用1%氢氟酸浸泡48h，以除去其表面可能存在的无机杂质，并增加硅胶表面的活化羟基数目，有利于下一步反应进行硅烷化接枝。用去离子水多次离心洗涤，直至上清液近中性。干燥后称重。

② 称取干燥已活化的干燥硅胶1g置于单口烧瓶中，加入32mL乙醇/水（4∶1，体积分数）的混合溶液，搅拌且超声分散；另取10mL 3-甲基丙烯酰氧丙基三甲氧基硅烷（γ-MPS）加入乙醇/水（4∶1，体积分数）的溶液中，超声水解1h后，倒入上述烧瓶，升温至70℃，恒温电磁搅拌反应12h；反应结束后，冷却至室温，分别用无水乙醇和去离子水多次离心洗涤，直至完全去除未反应的硅烷化试剂。干燥后称重。

③ 链霉素分子印迹聚合物制备。称取1.0g硅烷化后的硅胶，放入40mL四氢呋喃/水

（7∶1，体积分数）混合溶液中分散；将 0.04mmol 硫酸链霉素和 0.16mmol 甲基丙烯酸（MAA）溶于 30mL 四氢呋喃/水（7∶1，体积分数）溶液中，超声混合均匀后在 4℃冰箱中放置过夜形成预聚合物，再加入 0.08mmol N,N'-亚甲基双丙烯酰胺（MBA），通 N_2 搅拌 30min；加入少量过硫酸铵，保持搅拌和通 N_2，在 65℃温度下反应 24h；反应结束后，冷却至室温，分别用无水乙醇和去离子水多次离心洗涤，直到液相色谱检测洗脱液中不含链霉素分子为止。40℃真空干燥备用。

配方应用：可以提高药物残留净化的选择性和净化效果，在食品中兽药残留检测的前处理方面有着巨大的应用潜力。

配方特点：制备得到的链霉素分子印迹聚合物（MIPMs）比空白聚合物（NMIPMs）对链霉素具有更强的吸附特性和更好的选择性。

5.3.4 硅胶纸

配方：见表 5-19。

表 5-19　硅胶纸原料配方

组分	组分含量/份
硅橡胶	100
有机过氧化物	0.4～1
气相法白炭黑	60～65
三氧化二铁	0～2
二苯基硅二醇	5～6.5

制备方法：

① 硅胶混炼。首先，按重量比进行配料，将上述配料经过捏合机密炼后，用开炼机加硫化剂炼制并打包，最后按标准厚度出片。

② 硅胶层成型。启动硫化机，将上模升起，清洁下模型腔，并准备好的硅胶“下块”平稳放入下模型腔中央，确保原料无偏移，然后锁模进行硫化处理，最后脱模，将硫化后的硅胶层多余的毛边去除。

③ 表面处理。首先，对硅胶层的表面进行飞尘处理，清除表面的污染；然后采用专用的表面处理剂对硅胶层表面进行油质处理，清除表面的油质；再对硅胶层的表面进行消光处理，在硅胶层表面喷涂一层消光油，采用烤箱进行烘干。所述专用的表面处理剂为 770 硅橡胶表面处理剂。

配方应用：可取代白板、画纸及书写纸，广泛用于学校的学生及办公室人员的日常工作和学习。

配方特点：制得的硅胶纸，可用圆珠笔等不易擦除的笔进行书写，书写时手感顺滑，可反复擦写，清洁方便。

5.3.5 水合法

原理：水合法是指水与另一物质分子化合成为一个分子的反应过程。水分子以其氢和羟基与物质分子的不饱和键加成生成新的化合物。水以水分子的形式与物质的分子结合形成复合物（如盐类的含水晶体、烃类的水合物等）的过程，也可广义地称为水合。

配方：水合法制备硅胶材料，见表 5-20。

表 5-20 水合法制备硅胶材料原料配比

组分	组分含量
二氧化硅（60～80 目）	适量
硝酸	1mol/L
溴化钠饱和溶液	适量

制备方法：

① 硅胶的化学清洗、活化。取定量 60～80 目 SiO_2（比表面积约 $340m^2/g$）与硝酸（1mol/L）在搅拌下混合。反应物真空除气（真空度 0.0995MPa）后放空，重复 3 次使硅胶脱气。回流 6h 后冷却，再将硅胶用去离子水洗 3 次，真空抽滤。然后用甲醇洗涤、抽滤 3 次。真空干燥后，再自然干燥。最后转移至烘箱于 120℃干燥，直至恒重，待用。

② 微波活化。取少量清洗干燥过的 SiO_2 放入微波炉中，分别照射 1min、2min。

③ 等离子体活化。用空气等离子体处理已清洗干燥 SiO_2，得到样品。

④ 水合。在大小适中的砂芯漏斗内套上高约 250mm 的玻璃管（外径与砂芯漏斗直径基本相等），加入经上述处理后的 SiO_2。接通氮气，使氮气通过溴化钠饱和溶液底部后，排气口连接砂芯漏斗漏口，使潮湿氮气通过硅胶，最终由粗玻璃管上口排出。保持气流速度稳定并使硅胶上下流动，进行水合作用。硅胶水合时，每 2h 测定一次硅胶增重，直至恒重，水合试验时间为 8h。

配方应用：广泛应用于硅胶的水合处理。

配方特点：微波照射硅胶表面及用等离子体处理硅胶表面是更为有效的活化硅胶表面的方法。经过活化的硅胶表面羟基含量增加，水合增重率增大。

5.3.6 甲基化法

原理：硅胶的吸附作用和亲水性来源于表面的羟基。若使硅胶的表面羟基与某些有机物或高分子化合物发生反应，可制得疏水硅胶。

配方：甲基化法硅胶材料，见表 5-21。

表 5-21 甲基化法硅胶材料原料配比

组分	组分含量
四氯化碳	适量
氢氧化钠（浓度 5%）	适量
无水氯化钙	适量
乙酸	适量
三甲基氯硅烷（54～57℃馏分）	适量

制备方法：

① 四氯化碳与 5% NaOH 水溶液共沸回流 2.5h，用水洗至中性，分离水层及四氯化碳层，用无水 $CaCl_2$ 干燥有机层，分馏，取 76.5～76.8℃馏分。

② 乙酸经三次再结晶。

③ 三甲基氯硅烷经重蒸取 54～57℃馏分。

配方应用：

① 甲基化硅胶的制备。取亲水硅胶在 200℃下处理 4h，冷却后移入置有三甲基氯硅烷液体的容器中，密封之，在室温下使三甲基氯硅烷蒸气与硅胶表面羟基反应，分别经 5d、

8d、13d 和 20d 后取出硅胶，在 200℃下烘烤 4h 除去吸附在硅胶上未反应的三甲基氯硅烷及 HCl 和水。

② 疏水的二氧化硅可用作非黑色橡胶的填充料、工业原料油的增稠剂、色谱柱担体等。

配方特点：甲基化的硅胶对乙酸的吸附能力大大下降；甲基化硅胶的热处理温度达 500℃时吸附能力完全恢复到甲基化前的硅胶水平，甲基化层明显开始破坏的温度是 450℃；甲基化硅胶经高温处理后吸附能力得以恢复的主要原因是重新形成表面自由羟基。

5.3.7 氨基化法

原理：硅胶活化、氨基化后活化载体表面接上活化基团，再依据需要连接需要基团。

配方：硅胶表面修饰法，见表 5-22。

表 5-22 硅胶表面修饰法原料配比

组分	组分含量
硅胶（200 目）	16g
甲烷磺酸溶液（浓度 33%）	120mL

制备方法：硅胶载体的活化。将 16g 硅胶（200 目）放入 250mL 三颈瓶中，加入 120mL33%甲烷磺酸水溶液，电磁搅拌下回流反应 8h。滤出固体，用蒸馏水反复冲洗至中性，于 70℃条件真空干燥 8h。

配方应用：氨基化硅胶载体与抗体蛋白偶联，具体步骤如下。

① 活化硅胶的氨基化。取 2g 活化硅胶加入含 5%氨丙基三乙氧基硅烷偶联剂的甲苯溶液中，在加热回流磁力搅拌下反应 24h。反应完后，用甲醇洗去硅胶上多余的未反应含氨基的硅烷偶联剂，于室温下真空干燥。

② 采用戊二醛法，在氨基化硅胶表面引入醛基。将 1g 氨基化硅胶溶于含 1%戊二醛的磷酸盐缓冲液中，磁力搅拌下反应 2h，胶体颜色由白色变成橘红色，反应完毕后，分别用缓冲液和去离子水反复多次洗去多余未反应的戊二醛。将 6mL 含 5mg 氯霉素抗体与上述步骤得到的表面带有醛基的硅胶在缓冲体系中与抗体进行偶联，4℃反应过夜后，离心取出上清液，用甘氨酸对硅胶上未与抗体进行偶联反应的部位进行封闭以防止非特异性的吸附。

配方特点：以硅胶为载体制备的氯霉素免疫亲和柱具有较好的抗体偶联率，能有效对样品中痕量残留的氯霉素进行纯化富集。

5.3.8 纳米 SiO_2 改性的 COB-LED 灌封法

配方：见表 5-23。

表 5-23 纳米 SiO_2 改性的 COB-LED 灌封法原料配比

组分	体积配比
表面处理剂	1
有机溶剂	1～10

注：COB-LED 为板上芯片发光二极管，是一种 LED 封装技术与产品结构的统称。

表面处理剂为 γ-(2,3-环氧丙氧基) 丙基三甲氧基硅烷、γ-氨丙基三乙氧基硅烷、乙烯基三甲氧基硅烷、乙烯基三乙氧基硅烷中的任一种；有机溶剂为甲苯、苯、乙醇中的任一种，其体积比为 1∶(1.0～10.0)；有机硅胶为 α,ω-二羟基聚二甲基硅氧烷、α,ω-二羟基聚二甲基二苯硅氧烷中的任一种。

制备方法：表面处理剂溶液的配制。将一定量的表面处理剂，即硅烷偶联剂溶解于适量的有机溶剂中。

配方应用：胶无色透明，可广泛应用于电子元器件的固定、电子外壳和平面光源的密封以及多种灯具的灌封，具体处理步骤如下。

① 纳米 SiO_2 的改性处理：将一定量的 SiO_2 与上述表面处理剂溶液混合；纳米 SiO_2 与表面处理剂即硅烷偶联剂的质量配比为 100∶(0.01～1.00)；在不断搅拌下于 110～130℃温度加热回流 3～6h；然后冷却，并在烘箱中干燥，以挥发掉剩下的有机小分子物质。

② 改性有机硅胶的制备：将上述一定量的经改性处理的纳米 SiO_2 添加入一定量的有机硅胶中；纳米 SiO_2 的加入量与所述有机硅胶两者间的质量比为 (6.00～20.00)∶100；有机硅胶为 α,ω-二羟基聚二甲基硅氧烷、α,ω-二羟基聚二甲基二苯硅氧烷中的任一种；充分搅拌后，制得纳米 SiO_2 改性的有机硅密封胶。

配方特点：制备得到的有机硅密封胶，其导热率可以提高 5%～23%，折光率可以提高 0.1%～3.3%，且具有良好的稳定性。

5.4 单晶硅表面处理液

半导体器件生产中硅片须经严格清洗。微量污染也会导致器件失效。清洗的目的在于清除表面污染杂质，包括有机物和无机物。这些杂质有的以原子状态或离子状态存在，有的以薄膜形式或颗粒形式存在于硅片表面。有机污染物包括光刻胶、有机溶剂残留物、合成蜡，以及人接触器件、工具、器皿带来的油脂或纤维。无机污染物包括重金属金、铜、铁、铬等，严重影响少数载流子寿命和表面电导；碱金属如钠等，引起严重漏电；颗粒污染包括硅渣、尘埃、细菌、微生物、有机胶体纤维等，会导致各种缺陷。清除污染的方法有物理清洗和化学清洗两种。

(1) 物理清洗

物理清洗的三种方法如下：

① 刷洗或擦洗：可除去颗粒污染和大多数黏在片子上的薄膜。

② 高压清洗：是用液体喷射到片子表面，喷嘴的压力高达几百大气压。高压清洗靠喷射作用，片子不易产生划痕和损伤。但高压喷射会产生静电作用，靠调节喷嘴到片子的距离、角度或加入防静电剂加以避免。

③ 超声波清洗：超声波能传入溶液，靠气蚀作用洗掉片子上的污染。但是，从有图形的片子上除去小于 1μm 颗粒则比较困难。将频率提高到超高频频段，清洗效果更好。

(2) 化学清洗

化学清洗是为了除去原子、离子不可见的污染，通常采用溶剂萃取、酸洗（硫酸、硝酸、王水、各种混合酸等）和等离子体法等方法。其中双氧水体系清洗方法效果好，环境污染小。具体清洗步骤如下：

① 将硅片先用体积比为 H_2SO_4∶H_2O_2=5∶1 或 4∶1 的酸性液清洗，清洗液的强氧化性，将有机物分解而除去；

② 用超纯水冲洗后，再用体积比为 H_2O∶H_2O_2∶NH_4OH=5∶2∶1、5∶1∶1 或 7∶2∶1 的碱性清洗液清洗，由于 H_2O_2 的氧化作用和 NH_4OH 的络合作用，许多金属离子形成稳定的可溶性络合物而溶于水；

③ 使用体积比为 H_2O∶H_2O_2∶HCl=7∶2∶1 或 5∶2∶1 的酸性清洗液，由于 H_2O_2

的氧化作用和盐酸的溶解，以及氯离子的络合性，许多金属生成溶于水的络离子，从而达到清洗的目的。

5.4.1 羟基化处理液

配方：见表 5-24。

表 5-24 羟基化处理液原料配比

组分	体积量/mL
过氧化氢	5
浓硫酸	15

制备方法：快速用过氧化氢专用移液管往烧杯中移取 5mL 过氧化氢（H_2O_2），然后用浓硫酸专用移液管加入 15mL 浓硫酸（H_2SO_4），即可得羟基化表面处理液。

配方应用：硅片羟基化处理，具体处理步骤如下。

① 在通风橱内，将切割清洗好的小型硅片置于干净的羟化烧杯（专用）中，将其正面朝上，用去离子水清洗 3 次，清洗时稍用力，使硅片能够在烧杯中旋转起来，以减少硅片之间的摩擦碰撞。

② 将水倒净，加入羟基表面处理液，在摇床上缓慢振荡或静置 30min 使之充分反应，此反应可使表面羟基化。

③ 倒掉②反应的液体，用去离子水清洗 3 次。清洗时稍用力，使硅片能够在烧杯中旋转起来，以减少硅片之间的摩擦碰撞；然后将烧杯口向下倾斜，缓慢转动烧杯，使烧杯壁上的浓硫酸能被洗去。

④ 清洗结束后，用大量水保存硅片，并需要使硅片的正面保持朝上。

配方特点：去离子水清洗时一定要彻底，控制处理液的原料配比。

5.4.2 氨基化处理液

配方：见表 5-25。

表 5-25 氨基化处理液原料配比

组分	体积配比
3-氨基丙基三乙氧基硅烷	1
无水乙醇	5

制备方法：3-氨基丙基三乙氧基硅烷（APTES）和无水乙醇混合（体积比为 1∶5），得氨处理液。

配方应用：硅片氨基化，具体步骤如下。

① 取出氨化烧杯（专用），先用无水乙醇清洗 2 次，然后倒入 20mL 无水乙醇，将获得的羟基化硅片转移到氨化烧杯中，用无水乙醇清洗 3 次。

② 清洗时，使硅片处于乙醇环境中；清洗完成后倒掉乙醇，迅速加入已制备的氨处理液，摇床上振摇反应 2h 后，可以使硅片表面氨基化。

配方特点：可选择其他硅烷偶联剂替换 3-氨基丙基三乙氧基硅烷。

5.4.3 羧基化处理液

配方：见表 5-26。

表 5-26　羧基化处理液原料配比

组分	体积量
琥珀酸酐	过量
无水乙醇	适量

制备方法：取一定量的琥珀酸酐粉末，置入无水乙醇中，成为过饱和溶液，取上清液可获得琥珀酸酐的无水乙醇饱和溶液。

配方应用：经过羧基化处理后的硅片表面修饰有羧基官能团，再经过 NHS[1-乙基-3-(3-二甲基氨基丙基)碳二亚胺]/EDC（*N*-羟基琥珀酰亚胺）（简称 NE）活化后可与蛋白配基分子的氨基形成共价连接，羧基化处理的具体步骤如下。

① 烧杯中含琥珀酸酐的无水乙醇饱和溶液，把氨基化硅片转移到羧基化烧杯（专用）中，摇床振摇反应 3h 以上或者过夜，可使硅片表面羧基化。

② 将反应结束后的硅片用无水乙醇清洗后，保存于大量无水乙醇中待用。

配方特点：可选择其他酸酐的无水乙醇的饱和溶液替换琥珀酸酐的无水乙醇饱和溶液。

5.4.4　甲基化处理液

配方：见表 5-27。

表 5-27　甲基化处理液原料配比

组分	原料量/mL
三氯乙烯	20
二氯二甲基硅烷	3

制备方法：将 20mL 三氯乙烯和 3mL 二氯二甲基硅烷在专用的烧杯中混合均匀，可获得甲基化溶液。

配方应用：甲基化处理，具体步骤如下。

① 取出甲基化烧杯（专用），用三氯乙烯清洗 3 次，以形成三氯乙烯环境；

② 倒掉液体，将三氯乙烯和二氯二甲基硅烷甲基化液倒入盛有羟基化硅片的疏水烧杯中，反应 5min；

③ 用无水乙醇清洗，再用三氯乙烯清洗，如此循环反复 3 次，可获得甲基化硅片，将硅片用镊子小心夹持取出，放在盛有大量无水乙醇溶液的容器中，用封口膜封存。

配方特点：

① 挥发性试剂的操作都必须在通风橱内进行；

② 黏有硅烷的移液管和烧杯应立即用无水乙醇清洗；

③ 可选择其他硅烷化试剂代替二氯二甲基硅烷。

5.4.5　醛基化处理液

配方：见表 5-28。

表 5-28　醛基化处理液原料配比

组分	原料量/mL
戊二醛（浓度 50%）	1.5
磷酸盐缓冲溶液	15

制备方法：1.5mL 浓度 50%戊二醛和 15mL 磷酸盐缓冲溶液（PBS）混合（体积比为 1∶10）可获得醛基化处理液。

配方应用：

① 取出氨基化硅片用无水乙醇清洗 3 次，以除去氨基硅烷；

② 用去离子水清洗 3 次，以除去无水乙醇，以避免其与醛基反应；

③ 用 PBS 清洗 2 次，以形成 PBS 环境，倒掉 PBS，将硅片亮面朝上，加入醛基化溶液，摇床振摇反应 1h，可使硅片形成醛基化。倒掉反应液体，用大量 PBS 清洗 3 次，然后将醛基化的硅片保存于 PBS 中，以待下一步实验使用。

配方特点：可选择其他能溶于 PBS 的醛代替戊二醛。

5.5 丙烯腈-丁二烯-苯乙烯表面处理液

丙烯腈-丁二烯-苯乙烯（ABS）相对于聚苯乙烯（PS）在耐冲击强度、抗张力、弹性率等方面均有明显改善，且无负荷时热变形温度高、线胀系数小，因而加工成型后收缩小、吸水率低，适合制作精密的结构制品，在工业领域特别是电子仪器仪表等产业中获得好评。

ABS 塑料的应用进一步扩大的最主要原因，就是它是最先开发出来具有工业化电镀加工性能的工程塑料，并且至今仍然是最适合电镀的工程塑料。

ABS 塑料为非导电体材料，在镀前需要进行一系列的预处理，使其表面金属化，成为导体，才能进行电镀。

ABS 塑料表面处理必须先清除塑料制品表面油脂，这有利于下一道粗化处理时表面能够被溶液所润湿，得到均匀的粗化层，以提高表面与金属的结合力。

ABS 塑料制品化学除油，通常采用有机溶剂、热碱溶液或者酸性溶液。ABS 塑料制品的化学除油，一般多采用（50～70）g/LNaOH、（20～30）g/LNa_3PO_4、（10～20）g/LNa_2CO_3、（5～10）g/LNa_2SiO_3，处理过程中应控制温度为 50～55℃，处理时间为 10～15min，温度过高会引起制品变形。

粗化处理完成后进行中和处理，中和处理一般是利用碱溶液或酸溶液来清除制品表面残留的粗化液。此外，还要将铬酸进行还原，防止有害残留物质污染敏化溶液和活化溶液。

一般除了化学镀银可在敏化后直接进行外，其他化学镀都需要进行活化处理。活化处理后的塑料表面将吸附一层有活性的金属微粒，能使化学镀正常进行。现通常使用一步活化法进行化学镀镍，也就是采用胶体钯法一步活化。并且由于表面活性剂技术的进步，在商业化活化剂中，金属钯的含量已经大大降低，0.1g/L 的钯盐就可以起到活化作用。

应用胶体钯活化的塑料表面，因吸附的是胶体钯微粒，其本身没有催化活性，所以还必须用酸溶液或碱溶液进行解胶处理。

5.5.1 氧化处理液

配方：丙烯腈-丁二烯-苯乙烯（ABS）氧化处理液，见表 5-29。

表 5-29 丙烯腈-丁二烯-苯乙烯（ABS）氧化处理液原料配比

组分	质量分数/%
$K_2Cr_2O_7$	4.3
H_2SO_4	88.4
H_2O	7.3

制备方法：依据 $K_2Cr_2O_7$ 为 4.3%、H_2SO_4 为 88.4%、水为 7.3%的比例将三种原料混合均匀，可获得 ABS 塑料氧化处理液。

配方应用：用配方获得的溶液处理 10～12min，处理温度为 40～45℃，立刻用清水冲洗干净，自然干燥或在 50℃烘箱中烘干。

方法特点：用酸性溶液对塑料表面进行处理，向塑料表面导入亲水性官能团，调整其表面张力，提高表面湿润性能，达到提高附着力的目的。

5.5.2 铬酸和硫酸处理液

配方：丙烯腈-丁二烯-苯乙烯（ABS）铬酸和硫酸处理液，见表 5-30。

表 5-30 丙烯腈-丁二烯-苯乙烯铬酸和硫酸处理液原料配比

原料	质量份配比
H_2CrO_4	420
H_2SO_4	190
水	加至 1L

制备方法：将 H_2CrO_4 420g/L 与 H_2SO_4 190mL/L 混合可获得 ABS 铬酸和硫酸处理液。

配方应用：可用于 ABS 表面粗化处理。ABS 塑料在此溶液中浸泡处理 4～12min，温度 60～70℃，用水洗净、干燥。

配方特点：铬酸-硫酸溶液处理仅是 ABS 表面粗化处理的最常见的一种，经过粗化处理后的塑料表面，呈现微观粗糙状态，从而增强了亲水性，这样能保证镀层具有良好的结合力。

5.6 乙烯-乙酸乙烯酯共聚物表面处理剂

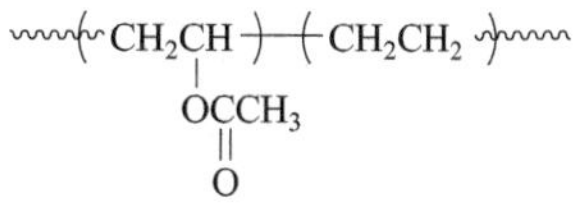

图 5-1 EVA 结构

运动鞋等鞋中底材料追求轻量化和优异的性能，EVA（乙烯-乙酸乙烯酯）由于具有良好的柔软性、弹性、耐化学品性和易着色性，因而非常适用于制备鞋底材料，已经被广泛应用于运动鞋和休闲鞋的中底、外底和鞋垫，目前全球各大品牌运动鞋的中底材料绝大部分是由 EVA 发泡制得。EVA 分子结构如图 5-1 所示，它是非极性的乙烯基单体和极性的乙酸乙烯单体通过本体聚合、溶液聚合、乳液聚合等多种聚合方式合成的共聚物。

目前市面上运动鞋的中底大多是由 EVA 及其共混物发泡而成，由于 EVA 分子中乙烯基为非极性基团，EVA 材料的极性也比较弱，鞋业广泛使用的水性聚氨酯胶黏剂对其附着不好，未经表面处理的 EVA 材料难以达到理想的粘接强度。为了提高胶黏剂对 EVA 的附着力，必须对 EVA 进行表面预处理。但现在市场上的表面处理剂 80%以上是溶剂型产品，挥发性有机溶剂的存在会造成环境的污染，也会危害操作人员的身体健康，存在火灾和爆炸的风险。

UV（紫外光）固化 EVA 处理剂由于固化效率高、节省能源，被广泛使用。目前市面上的 UV 处理剂大多数为溶剂型，为了保护环境和工人的健康，开发高性能的 UV 固化水性 EVA 处理剂有着非常重要的意义。EVA 表面处理方法如下：

① 等离子体表面处理：等离子体中的活性粒子与 EVA 基材表面发生物理或化学的相互

作用，从而改变其表面性能，增加其表面极性，提高表面能，使 EVA 较容易被胶水附着。

② 硫化法表面处理：对 EVA 基材表面进行硫化使其表面活性增加，较容易被胶水附着。

③ 接枝表面处理：将带有极性基团的活性单体接枝到 EVA 表面，来增加 EVA 表面的极性，从而提高粘接强度。

④ 紫外光表面处理：EVA 基材在紫外光的照射下，其表面发生化学变化，润湿性得到提高，粘接强度也有一定的提高。要想增强表面处理效果，需选择合适波长范围的紫外线及照射时间。

⑤ 力化学表面处理：通过打磨 EVA 的表面，产生的游离基与聚氨酯橡胶形成共价键结合，使粘接强度提高。同时，粗糙的表面增加了粘接的接触面积，对粘接强度也有一定的贡献。

⑥ 底涂法表面处理：为了提高 EVA 的粘接强度，在 EVA 的表面涂上非常薄（通常为 2～3μm）的一层涂层，借此来改善 EVA 的表面性能，目前市面上的底涂法表面处理剂大多数是溶剂型产品。

目前对鞋材 EVA 的处理，上面各种方法都有用到。中小鞋厂对低密度的 EVA 采用溶剂型的挥发干燥性 EVA 处理剂；中等规模的鞋厂对中高密度的 EVA，先打粗再上挥发干燥性 EVA 处理剂；品牌工厂对 EVA 先清洗或打粗，再上溶剂型的 UV 照射处理剂；一线大品牌对 EVA 先清洗再上水性的 UV 照射处理剂。但目前市面上的水性 UV 照射处理剂仍然含有 30%以上的助溶剂。一些品牌鞋厂也有用等离子体处理的，但只适合平面鞋材，多数情况下是油墨印刷前的表面处理，而非贴合前的表面处理，粘接表面多数非平面。

5.6.1 底涂法 EVA 表面处理剂

配方 1：甲基丙烯酸甲酯（MMA）和丙烯酸（AA）接枝苯乙烯-丁二烯-苯乙烯嵌段共聚物（SBS）EVA 表面处理剂，表 5-31。

表 5-31　MMA 和 AA 接枝 SBS 的 EVA 表面处理剂原料配比

组分	质量分数配比
甲基丙烯酸甲酯	0.55～0.65
丙烯酸	0.20～0.30
过氧化二苯甲酰（BPO）	0.008～0.010

制备方法：在装有搅拌器、温度计、回流冷凝管的反应器中，加入甲基丙烯酸甲酯，升温溶解后，在一定的温度下，加入单体丙烯酸及引发剂过氧化二苯甲酰进行反应。经过一定的时间后，加入阻聚剂及增粘剂，冲稀至一定黏度即可做为表面处理剂。

配方应用：EVA 鞋材经过其处理后，粘接强度比不用处理剂直接使用氯丁二烯（CR）/MMA 胶黏剂的粘接强度高很多。加表面处理剂时，初粘强度和剥离强度分别为 1.36kN/cm、3.28kN/cm。未加表面处理剂时，初粘强度和剥离强度分别为 0.87kN/cm、1.32kN/cm。

配方特点：

① 甲基丙烯酸甲酯单体质量分数 w 在 0.60 时，剥离强度达到最大值。

② 随着丙烯酸活性单体（第二单体）的增加，剥离强度增大，说明表面处理能力越来越好。在丙烯酸活性单体质量分数 w_{AA}（占单体总量）为 0.30 时，剥离强度达到最大值。综合考虑粘接强度、生产控制程度和原材料价格等因素，w_{AA} 选择 0.20～0.30 为最佳。

③ 随着引发剂过氧化苯甲酰（BPO）质量分数 w_{BPO} 的增加，剥离强度增大。增大 w_{BPO}，单体转化率提高，接枝率增大，因而有利于提高表面处理剂的处理能力。但 w_{BPO} 过多，所形成的自由基浓度增高，大分子链的自由基互相碰撞而引起反应中止，形成均聚物的概率增加，致使接枝效率下降，因此，剥离强度随之下降。生产上选择 w_{BPO} 为 0.008～0.010 为宜。

④ 在反应时间恒定的条件下，温度升高有利于提高聚合反应速率和单体转化率。但是温度过高，增加了大分子链转移的机会，溶液黏度急剧上升，反应难以控制。有时会因暴聚而形成凝胶，从而降低了处理剂的处理能力，剥离强度下降。研究发现反应温度控制在 84～86℃为宜。

⑤ 对硫化橡胶底、再生橡胶底和 PE 发泡底等材料也有较优良的处理效果。

配方 2：添加氯化物的表面处理剂。

制备方法：配制含 CSM-40（氯磺化聚乙烯）的 5%的氯苯溶液作为 EVA 处理剂。

配方应用：可用于对 EVA 鞋材及混有大量 PE 的 EVA 泡沫进行表面处理。

配方特点：

① 可提高 EVA 的粘接强度，对 EVA 的处理效果良好。

② 对混有大量 PE 的 EVA 泡沫也有较好的处理效果。

③ 处理剂制备工艺简单，处理效果好，可配合 PU（聚氨酯）及接枝 CR 系列胶黏剂使用。

配方 3：水性丙烯酸酯共聚物表面处理剂，见表 5-32。

表 5-32 水性丙烯酸酯共聚物表面处理剂原料配比

组分	质量分数/%
丙烯酸	＜15
丙烯腈	＜5
甲基丙烯酸缩水甘油酯	5
醋酸乙烯酯	18
过硫酸铵	0.6
十二烷基硫酸钠	1.2
丙烯酸丁酯	25
辛基酚聚氧乙烯醚	0.8
去离子水	加至 100g

制备方法：以单体丙烯酸（AA）、丙烯酸丁酯（BA）、醋酸乙烯酯（VAc）、丙烯腈（AN）、甲基丙烯酸缩水甘油酯（GMA）、过硫酸铵、辛基酚聚氧乙烯醚（OP-10）、十二烷基硫酸钠为原料，先在三口烧瓶中加入乳化体系，升温至 80℃后，加入部分单体和引发剂。随后同时滴加剩余的单体和引发剂，滴完后升温至 85～90℃，保温一段时间后降温至 40℃，得四元共聚乳液，即得 EVA 表面处理剂。

配方应用：表面处理剂在水中分散后处理 EVA。表面处理剂的处理效果与 EVA 发泡鞋底的表面化学结构直接相关。EVA 鞋底交联程度较低时，丙烯酸酯 EVA 表面处理剂的处理效果好，在进行剥离强度测试时，发现破坏部位发生在 EVA 发泡鞋底表面以下 2～3mm 处，而非黏合界面处。当 EVA 发泡鞋底的交联度程度高时，丙烯酸酯 EVA 表面处理剂的处理效果不太理想，在进行剥离强度测试时，发现破坏部位发生在黏合界面处。对于交联程度高的 EVA 发泡鞋底，所制备的丙烯酸酯 EVA 表面处理剂还有待进一步改善。

配方特点：

① AA 用量在 15%左右，并且 AN 用量小于 5%时乳液的稳定性较好。

② BA 的加入可以明显地降低玻璃化转变温度和最低成膜温度。

③ AA 对乳液的黏度影响较大，而 GMA 则影响较小。

④ 合成的丙烯酸酯 EVA 表面处理剂对交联程度低的 EVA 发泡鞋底有良好的处理效果。

5.6.2 UV 固化处理剂

配方：UV 固化处理剂。它由低聚物、活性单体、光引发剂以及其他改善应用性能的助剂如附着力促进剂、润湿剂、流平剂、消泡剂等组成。

① 低聚物：即小分子的聚合物，其分子质量通常小于 5000，是光固化体系的主要成膜物质。主要是各种结构的丙烯酸酯树脂，如聚氨酯丙烯酸酯树脂（PUA）、环氧丙烯酸酯（EA）树脂等，其对固化后材料的硬度、拉伸强度、柔韧性等性能有一定的决定性作用。

② 活性单体：又称为活性稀释剂，是一种含有可聚合官能团的有机小分子，可以溶解和稀释低聚物，在光固化体系的配方里常被用来调节黏度，由于其参与 UV 固化反应，对固化速率和产品固化后的性能都有一定的影响。自由基 UV 固化活性单体主要是丙烯酸酯类单体，活性单体的官能度越高，双键含量越多，这使其具有更高的反应活性和更快的 UV 固化速率。根据不同的官能度，活性单体分为单官能团、双官能团和多官能团三类。单官能团活性单体黏度低、固化收缩率低、反应活性低、交联密度低、易挥发、气味大。双官能团活性单体相对于单官能团活性单体，具有较快的固化速度和较高的交联密度，挥发性较小，气味也较小。多官能团活性单体的分子量比较大，挥发性较小，由于其黏度大，对低聚物的稀释效果不好；其结构中双键较多，因此固化速度快、交联度高，这导致固化后产品的硬度高、脆性大。

③ 光引发剂：它对 UV 固化体系的固化速率起到非常关键的作用，会影响材料固化后的性能。根据其产生的活性体的不同，分为阳离子型光引发剂和自由基型光引发剂。阳离子型光引发剂主要是碘鎓盐、硫鎓盐和芳戊铁盐等，其不受氧阻聚的影响，固化收缩率小，但其价格较高。目前市场上使用最多的是自由基型光引发剂，根据其引发机理，分为裂解型和夺氢型。

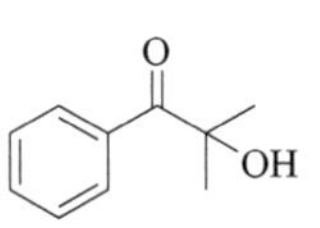

图 5-2 光引发剂 1173 的结构

裂解型光引发剂：在一定的照射条件下，光引发剂分子均裂生成两个自由基，引发聚合反应。这类光引发剂大多是芳基烷基酮衍生物，α-羟烷基苯酮是目前市场上较多人选择的一类光引发剂，如 1173。其光引发活性非常高，而且还具有一定的亲水性，气味较小，不易发生黄变，适合用于水性 UV 体系，其结构见图 5-2。

夺氢型光引发剂：在一定的照射条件下，从低聚物和活性单体上夺取氢原子，使其形成活性自由基，与体系里的不饱和双键发生聚合反应。这类光引发剂主要包括二苯甲酮、硫杂蒽酮及其衍生物（如 WB-4789 及 TX），其结构如图 5-3。选择夺氢型光引发剂时，UV 处理剂体系里需要有胺、醇胺或硫胺类供氢体，否则影响引发剂效率。

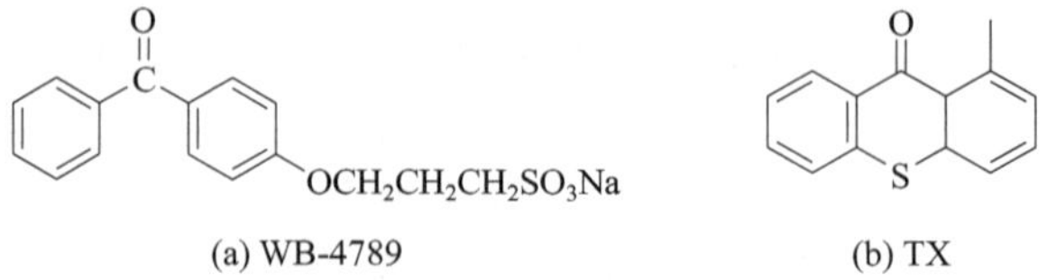

(a) WB-4789 (b) TX

图 5-3 二苯甲酮类（a）和硫杂蒽酮类（b）光引发剂结构

④ 其它助剂：为了改善 UV 固化处理剂在生产、运输、应用时的性能，通常会添加稳定剂、润湿剂、消泡剂等助剂。稳定剂是为了提高处理剂的储存稳定性，防止在存放或运输过程中发生聚合，常用的有对甲氧基苯酚、对苯醌、对苯二酚等。因为 EVA 材料极性低，润湿剂的添加可以帮助水性处理剂在 EVA 表面均匀铺展，避免出现缩孔影响对 EVA 的附着力，常用的是有机硅类和环氧乙烷加成物。消泡剂可以用来防止和消除处理剂在生产、运输和使用过程中产生的气泡，避免处理剂涂层出现针眼影响对 EVA 的附着力，常用的是有机硅类和矿物油类等。

制备方法：固化过程包括链引发、链增长、链转移和链终止，UV 固化完成后，聚合物由液态变为固态，分子形成交联网状结构；再加入附着力促进剂、润湿剂、流平剂、消泡剂等，然后添加稳定剂、润湿剂、消泡剂等助剂，得到 UV 固化处理剂。固化过程如下所示。

链引发：

$$\mathrm{PI} \longrightarrow \mathrm{R}\cdot \text{（PI：光引发剂）}$$
$$\mathrm{R}\cdot + \mathrm{CH_2{=}CH_2} \longrightarrow \mathrm{RCH_2CH_2}\cdot$$

链增长：

$$\mathrm{RCH_2CH_2}\cdot + \mathrm{CH_2{=}CH_2} \longrightarrow \mathrm{RCH_2CH_2CH_2CH_2}\cdot$$
$$\longrightarrow \cdots \longrightarrow \mathrm{R(CH_2CH_2)}_n\mathrm{CH_2CH_2}\cdots(\mathrm{P}\cdot)$$

链转移：

$$\mathrm{P}\cdot + \mathrm{R'H} \longrightarrow \mathrm{P{-}H} + \mathrm{R'}\cdot$$
$$\mathrm{P}\cdot + \mathrm{O_2} \longrightarrow \mathrm{P{-}OO}\cdot \text{（氧阻聚效应）}$$
$$\mathrm{P{-}OO}\cdot + \mathrm{R'H} \longrightarrow \mathrm{P{-}OOH} + \mathrm{R'}\cdot$$

链终止：

$$\mathrm{R}\cdot + \mathrm{R}\cdot \longrightarrow \mathrm{R{-}R}$$
$$\mathrm{P}\cdot + \mathrm{P}\cdot \longrightarrow \mathrm{P{-}P}$$
$$\mathrm{R}\cdot + \mathrm{P}\cdot \longrightarrow \mathrm{R{-}P}$$

光引发剂吸收 UV 辐照能量后，分子最外层电子跃迁形成自由基，该自由基与体系中的不饱和 C═C 双键发生聚合反应，形成增长链，随着反应不断进行，增长链变成更长的大分子链。如果体系中有多官能度聚合物或者单体，增长链继续反应会生成交联网状结构，如图 5-4 所示。除此外，受氧阻聚效应的影响，自由基发生偶合和歧化反应使固化反应中止。UV 固化完成后，聚合物由液态变为固态，分子形成交联网状结构，聚合物膜的强度、耐热性、耐水性、耐化学品性等性能会得到提高。根据光引发剂不同的引发机理，紫外光固化分为自由基固化和阳离子固化，交联反应通过不饱和双键进行。

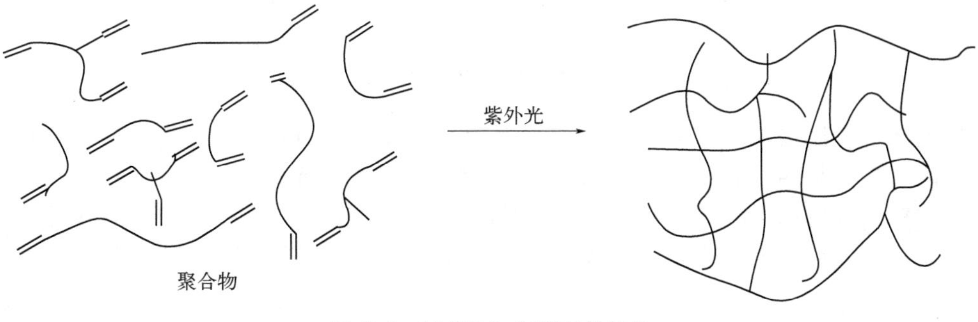

图 5-4　UV 固化交联网状结构

配方特点：

① 由 PUA 低聚物制备的 UV 固化产品，强度高、耐热性好、耐水性好、固化收缩率低。

② 活性单体应该根据实际应用的需求来选择，必要时可以将不同官能度、不同结构的活性单体混合使用。如在单官能团或者双官能团的活性单体中添加少量多官能团单体，可以帮助提高固化速度、增加交联密度、提高固化后产品的耐水性。

③ 自由基固化的固化速率快，生产效率很高，广泛用于不饱和双键的聚合反应。

④ 在选择光引发剂时，需要考虑到以下几点：具有与光源的发射光谱相匹配的吸收光谱；具有较高的光引发剂效率；与 UV 固化处理剂的相容性好；热稳定性好；挥发性小、气味小、低毒；不易黄变。

5.6.3 UV 固化水性聚氨酯丙烯酸酯（WPUA）表面处理剂

配方 1：WPUA 外乳化法。异氰酸酯、多元醇、带有端羟基的丙烯酸酯、水、乳化剂。

制备方法：

① 聚氨酯丙烯酸酯（PUA）的合成。由异氰酸酯、多元醇与带有端羟基的丙烯酸酯反应得到，丙烯酸羟基酯给体系带来的 C ═C 双键，使 PUA 可以实现光固化。PUA 的合成方法主要有两种，预封端法和后封端法。

预封端法是先用丙烯酸羟基酯与过量的异氰酸酯在一定温度下反应，制得一端为异氰酸酯基，一端为丙烯酸酯基的化合物。然后再加入多元醇，在催化剂作用下异氰酸酯与多元醇反应分子量增大，制得聚氨酯丙烯酸酯。用这种合成路线制得的 PUA 分子量分布较为均匀、黏度小、性能较稳定。但由于丙烯酸羟基酯加入的时间早，在高温下反应的时间较长，为防止其不饱和 C ═C 双键受热发生聚合，因此配方中阻聚剂的添加量需要增加，过多的阻聚剂会对 PUA 的光引发活性造成一定的影响。合成步骤见图 5-5。

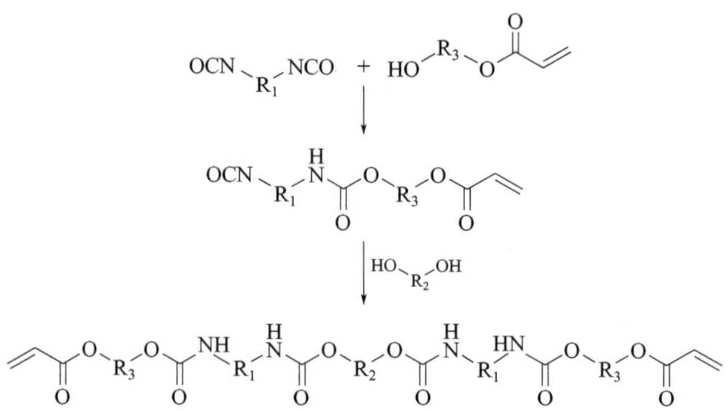

图 5-5 预封端聚氨酯丙烯酸酯

后封端法是先以过量的异氰酸酯与多元醇反应生成—NCO 封端的聚氨酯，然后用带有端羟基的丙烯酸酯封端，制得 PUA。其合成步骤如图 5-6 所示。

使用此路线合成的 PUA 分子量分布范围较广，黏度较大。丙烯酸羟基酯在体系中反应的时间较短，可以有效避免丙烯酸羟基酯基团中的 C ═C 双键在长时间受热的情况下发生聚合。

② 外加乳化剂，高速搅拌，使聚氨酯丙烯酸酯（PUA）预聚体被高剪切力强制性地分散在水中。

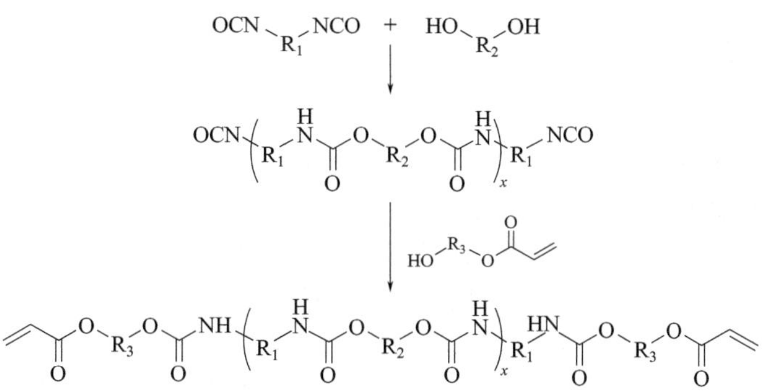

图 5-6 后封端聚氨酯丙烯酸酯

配方特点：

① 外乳化法所得的 WPUA 乳液粒径比较大，粒径分布宽，乳液稳定性较差；

② 乳化剂的用量较大，WPUA 乳液具有较差的成膜性，涂膜的耐水性不好，膜的强度和其他物理性能也受到了一定的影响，因此并未得到广泛应用。

配方 2：WPUA 自乳化法。异氰酸酯、多元醇、带有端羟基的丙烯酸酯、水、扩链剂。

制备方法：聚氨酯丙烯酸酯（PUA）的合成；自乳化型 WPUA 的合成。

自乳化法是在疏水的 PUA 主链上引入一些可成盐的亲水基团，或使用含亲水基团的扩链剂，在亲水基团自乳化作用的帮助下，通过高速分散制得 WPUA。自乳化 WPUA 制备工艺主要有以下几种。

工艺 1（丙酮法）：预聚体在有机溶剂的存在下，用亲水性扩链剂进行扩链，生成高分子量的 PUA 再乳化。具有重复性好、乳液粒径较小等优点。

工艺 2（预聚体合成法）：在预聚体中导入亲水基团，在水中乳化的同时扩链。易于工业化生产、过程简单、使用溶剂较少。

工艺 3（熔融分散法）：不需要添加溶剂，将原料加热到熔融状态聚合，得到—NCO 基团封端的预聚体，再与尿素或氨反应生成具有亲水性的双缩二脲基团封端的低聚物，分散到水中用甲醛扩链。

工艺 4（酮亚胺-酮连氮法）：—NCO 基团封端的聚氨酯预聚体与被酮保护了的二元胺（酮亚胺）或者肼（酮连氮）混合后再分散到水中。酮亚胺和酮连氮在分散过程中水解，释放出二胺和肼与预聚体中的—NCO 反应，分散和扩链同时进行，得到水性聚氨酯-脲乳液。

配方特点：

① 自乳化法是在疏水的 PUA 主链上引入一些可成盐的亲水基团，或使用含亲水基团的扩链剂，在亲水基团自乳化作用的帮助下，通过高速分散制 WPUA；

② 目前制备 WPUA 通常使用自乳化法，根据引入亲水基团的不同，分为阴离子型、阳离子型和非离子型。

5.7 木材表面处理剂

天然木材取自森林资源，是与人最具亲和力的建筑材料，也是四大建筑材料（钢材、水泥、塑料、木材）之一。它与其他三种建筑材料相比具有如下优点：可再生资源、美观自然、质轻强度好、无污染物质、保温性好、易加工、绝缘性好、缓和冲击等。当然，木材也存在如下缺点：吸湿性、各向异性、易被腐蚀及自身的脂和节疤，使得木材使用过程中要进行相应的处理，以实现扬长避短。

5.7.1 去松脂处理剂

（1）碱液皂化法

碱液皂化法是根据树脂与碱可以皂化成可溶性皂，随着木材中的水分排出的原理而采用的脱脂方法。常用的碱有碳酸钠（Na_2CO_3）、碳酸钾（$K_2CO_3 \cdot H_2O$）、苛性钠（NaOH）。一般为了提高碱液的渗透性，采用高温高压蒸煮方法，在脱脂改性工艺中，压力参数的选择直接影响碱液进入板材的速率和深度，压力的大小关系到脱脂处理的时间和效果，一般采用的压力为 $1.47 \times 10^7 \sim 1.96 \times 10^7$ Pa。碱液浓度也影响溶液的扩散速度，同时也影响板材的力学强度。浓度太低，扩散速度小，进入板材的量和深度也小，影响脱脂效果和生产率；太高的浓度，则容易引起木材纤维的破坏，降低木材的强度。

一般 NaOH 水溶液的浓度控制在 0.5%～1%，碳酸钠或苛性钠分别配制成 5%～6% 或 4%～5% 水溶液。由于松脂的软化温度在 70℃ 左右，温度多控制在 105～120℃ 之间。在一定的温度和压力下，松节油随水蒸气蒸发，松香与氢氧化钠反应生成水溶性的松香酸钠，并随水排出板材。另外，在高温高压的碱液浸渍下，多糖类被溶解，半纤维素得到分解，减少了木材内部的羟基，木素的比例相应增加，木材的变形减少，干缩湿胀率也减少。处理后的木材多用于家具、工艺品等。

（2）溶剂萃取法

根据树脂溶于有机溶剂的原理，用能溶于水的有机溶剂如丙酮循环流过木材表面，在与木材接触时将木材中的水分和树脂等内含物浸提出来，从而在干燥木材的同时除去大部分树脂。木材内部的羟基（—OH）减少，木素的比例相应提高，纤维之间更加紧密，木材的变形减小，干缩湿胀率也减小，而且处理后的木材不容易被虫蛀。

（3）催化聚合法

在一定条件下，α-蒎烯和 β-蒎烯会产生聚合，形成黄色的黏性物质，使其固定或缔合在木材内。最常用的是三氟化硼，将三氟化硼的酒精溶液涂刷到板材的表面，便会改变树脂中萜的组成，α-蒎烯和 β-蒎烯可转变成挥发性少的或不挥发的黏性的不易流动的降解化合物。在聚树脂的表面涂刷浓度为 26% 的三氟化硼溶液，减少树脂渗出的效果最佳。但是这种方法只能对木材表面进行处理，木材内部的萜烯没有变化，依然会向表层移动而产生树脂的渗出，因此这种方法适合于干燥后含水率较低的木材，在木材的涂饰之前进行。

（4）高温干燥法

高温干燥被认为是一种比较有效的脱脂方法，松节油在高温下挥发，在高温汽蒸的条件下使松节油的沸点降低，同时高温汽蒸提高了木材的渗透性，能有效地蒸发松节油成分，处理后剩下的固体松香便不会向外渗出。高温加蒸汽的联合干燥是最有效的实用方法，它不需要增加任何设备只用原有的干燥窑，因此投资少。

5.7.2 漂白处理剂

新采伐的木材色质清晰，经过运输、贮存和加工处理等过程，常使木材发生污染变色。主要原因有：①由于接触酸、碱、金属离子和空气；②变色菌、酵素等微生物的作用；③光、热的作用与水分的移动；④木材抽提物的迁移。也有的木材是在树木生长过程中由于受到昆虫、微生物及其他外界环境影响而产生各种缺陷，如各种疤斑、髓斑及色调不均匀等。为了排除木材的二次污染和消除木材色斑和不均匀色调，提高浅色、本色木制品的质量和中高级透明油漆的装饰质量，需要选择相应的药剂和方法，实现木材的漂白处理。

木材漂白方法有两种：一种是用有机溶剂或碱性溶剂将木材中的发色成分浸提出来，这种方法只能使木材颜色在某种程度变浅，而不能把木材中发色成分全部浸提出来，漂白效果有限；另一种方法是利用漂白剂去破坏木材中能吸收可见光的发色团（如C—O，C—C等）和助色团（如—OH等）的化学结构，从而使材色变浅，其效果较好，比较经济。

木材常用的漂白剂可分为氧化剂和还原剂两大类。氧化性漂白剂有4类，所包括的常用化学药剂见表5-33。

表5-33 常用氧化性漂白剂

药剂种类	药剂名称
无机氯类	氯气、次亚氯酸钠、次亚氯酸钙、二氧化氯、亚氯酸钠
有机氯类	氯胺T、氯胺B
无机过氧化物	过氧化氢、过氧化钠、过硼酸钠、过碳酸钙
有机过氧化物	过乙酸、过甲酸、过氧化甲乙酮、过氧化苯甲酰

常用氧化剂的漂白能力，可用有效氯及有效氧的含量来表示，如表5-34所示。含量越大，其氧化能力，也就是漂白能力越强。非氯类化合物的有效氯是通过折合的方法求得的。

表5-34 氧化性漂白剂的有效氯及有效氧含量

氧化性漂白剂	有效氯/%	有效氧/%
次氯酸钠	0.93	0.21
次亚氯酸钠	1.57	0.35
二氧化氯	2.63	0.59
过氧化钠	0.29	0.47
高锰酸钾	1.11	0.25

还原性漂白剂较少用于漂白木材。这类漂白剂主要有4类。各类所包括的常用化学药剂见表5-35。

表5-35 常用还原性漂白剂

药剂种类	药剂名称
含氮类化合物	肼、氨基脲
含无机硫类化合物	次亚硫酸钠、亚硫酸氢钠、漂白粉、二氧化硫
含有机硫类化合物	对甲苯亚磺酸、甲硫氨酸、半胱氨酸
酸类	甲酸、次亚磷酸、抗坏血酸

5.7.3 染色处理剂

染色也叫着色，主要是木面染色，有的还可用于拼色和补色。

木材染色常用的染料有酸性染料、直接染料、碱性染料和活性染料等。这些染料的染色原理不尽相同。酸性染料、直接染料、碱性染料主要靠分子间的范德瓦耳斯力和氢键同木材结合，而活性染料的染色原理是染料和木材之间发生化学反应从而生成化学键，因此与其他染料相比活性染料同木材的结合更牢固。

5.7.3.1 表面染色处理剂

(1) 无机染色处理剂

用氧化铁红、铁黄、铁黑、炭黑（黑烟子）等无机颜料与体质颜料（如大白粉、碳酸钙、滑石粉等）调成水粉子或油粉子，涂布在木面上，使木纹的管孔被填死，同时又赋予木面所需要的颜色，具有耐光照、不变色的效果。

（2）有机染色处理剂

有机染料着色是一种普遍应用的着色方法，一般有水色、酒色和油色三种染料。

① 水色。主要是用溶于水的酸性染料，如市售的黄纳粉、黑纳粉等混合染料，即几种酸性染料配合制成，也可用硫化染料和碱性染料。配制水色时，可加一些水溶性的骨胶液（最好用明胶或皮胶）、热猪血等，这些物质具有蛋白质的胶黏作用，能够加强水色的附着和封闭性，起到着色作用。

② 用醇类溶剂调制染料。常用醇溶性染料主要有碱性染料，如醇溶性耐晒黄、苯胺黑、苯胺蓝、苯胺黄、甲基黄、耐性偶氮染料、酒色染料青虫胶等。酒色染料既起着色作用，还起封闭作用，它的特点是：酒精蒸发快，干燥迅速，避免木筋胀起和产生浮毛，并缩短施工时间。

③ 油粉子中的胶黏剂主要有清油、酯胶或酚醛清漆，有的也可用醇酸清漆或硝基清漆等自干透明漆。着色剂大都用油溶性染料（偶氮染料），一般用透明的或半透明的稍具盖底力的矿物粉作填充剂，如大白、滑石粉、硫酸钡、白炭黑、哈巴粉等，另外也可以加少量调色颜料，如立德粉、石黄、铁红、炭黑等做着色剂。一般配合比：清漆和稀料如汽油、松香水，醇酸稀料等为 1∶3，油料和粉料也是 1∶3。高级制品多采用油粉子，因油色透明性好，不会使木材膨胀变形，但干燥较慢，成本较高，操作技术比水分难些。

油色施工方法：把油料调匀，调成稀糊状，用刷子或牛角翘等将油色涂刷在木面上，然后用干净的布或软刨花，在木面上使劲擦匀，把多余的油色擦去。如深浅仍不一致，可用刷子涂色拼补，以求色调一致。有时需调制深浅有别的油色，刷补些假木纹，达到以假仿真的效果。

5.7.3.2 浸入染色处理剂

酸性染料是一类含有酸性基团如磺酸钠（RSO_3Na）的水溶性染料，通常在酸性水溶液中染色，其染色功能基于在酸性介质中易电离形成带负电荷的磺酸基（RSO_3^-）与带正电荷的被染物相吸引。木纤维浸泡在酸性溶液中，带正电荷的氢离子很快扩散到木纤维内，中和了显负电性的（$—COO^-$）基团，使整个木纤维带正电荷。因此，带负电荷的磺酸基与带正电荷的木纤维在亲和力的作用下相吻合，材料表面孔的入口处附近染色，而选择性吸附弱的染料渗透到木材内部染色，因而产生色层分离谱的色差效果。

5.7.4 防潮、防霉表面处理剂

配方 1：TiO_2 溶胶法，见表 5-36。

表 5-36 TiO_2 溶胶法原料配比

组分	配比/mL
钛酸丁酯	2～10
无水乙醇	100
十二烷基硫酸钠（9.1×10^{-4} mol/L）	0.4～2
HCl	适量（质量分数为 36%的浓盐酸）

制备方法：

① 以钛酸丁酯（TBOT）为钛源，将 2～10mL TBOT 缓慢滴入 100mL 无水乙醇中并搅拌 30min，混合均匀；

② 逐滴加入0.4～2mL 9.1×10^{-4} mol/L的十二烷基硫酸钠（SDS）水溶液和36%（质量分数）HCl，调节pH=6左右，继续搅拌15min，即可得到TiO_2透明溶胶。

配方应用：用于TiO_2/木材的制备，具体制备步骤如下。

① 采用水热反应法制备TiO_2/木材复合材料。经过预处理的木材样品放入聚四氟乙烯内胆的水热反应釜中，加入TiO_2溶胶，密闭置于烘箱中，以10℃/min的升温速率随烘箱升温至80～120℃，恒温时间为1～9h，以0.5℃/min的降温速率随烘箱降温至室温。

② 取出木材样品，超声清洗45min，45℃真空干燥48h，即可制得TiO_2/木材复合材料。

配方特点：

① TiO_2晶粒已经负载在木材表面，且为锐钛矿型。反应温度T从80℃升高至120℃或者反应时间t从1h升至9h时，木材表面TiO_2晶粒尺寸逐渐变大，从10～20nm增大到30～40nm，钛酸丁酯量V_{TBOT}从2mL（2%，体积分数）增加至10mL（8.9%体积分数）时，TiO_2负载区域密集程度逐渐增加。

② 提高T，可使TiO_2/木材的横纹抗压强度逐渐下降，改变t和V_{TBOT}对横纹抗压强度有影响，但是影响趋势不明显。

③ 防潮性：当实验条件是V_{TBOT}=10mL（8.9%体积分数），T=80℃，t=1h时，木材的防潮性最佳，其质量变化Δm可下降48.8%，体积变化量ΔV下降24.3%，尺寸稳定性增加量ΔD提高24%，平衡含水率EMC降低24.7%，抗胀缩率ASE为22.5%，静态水接触角WCA提高42.7%。

④ 防霉性：T从120℃降至80℃，t从9h降至1h，V_{TBOT}从2mL（2%体积分数）增加至10mL（8.9%体积分数）时，TiO_2/木材表面的霉斑大小和菌丝数量逐渐减小；TiO_2/木材在日光下有抗菌性，其对金黄色葡萄球菌的抑制作用比大肠杆菌好，金黄色葡萄球菌的抑菌圈平均直径比大肠杆菌大11mm。

⑤ 阻燃性：TiO_2/木材的燃烧氧指数LOI最高可以提高9.7%，半纤维素、纤维素热解温度分别提高17.4%和13.4%，减小T、t，增加V_{TBOT}可以提高TiO_2/木材的阻燃性。

配方2：ZnO掺杂TiO_2溶胶法，见表5-37。

表5-37 ZnO掺杂TiO_2溶胶法原料配比

组分	配比
LiOH	0.01mol
无水乙醇	78mL
$Zn(CH_3COO)_2$	0.03mol
TiO_2	20mL

制备方法：

① 取0.01mol氢氧化锂（LiOH）颗粒加入26mL无水乙醇中，并置于60℃恒温水浴锅中；

② 称取0.03mol $Zn(CH_3COO)_2$颗粒溶于52mL无水乙醇中，搅拌至完全溶解；

③ 将②中的溶液逐滴加入含有LiOH颗粒的乙醇溶液中，LiOH逐渐溶解，溶液呈乳白色，置于恒温水浴锅中继续搅拌2h，乳白色缓慢褪去呈无色透明，即为ZnO溶胶，之后将10mL ZnO溶胶倒入20mL TiO_2溶胶（TiO_2溶胶法）中，搅拌20min，即得到ZnO掺杂TiO_2溶胶。

配方应用：用于ZnO掺杂TiO_2/木材复合材料的制备。把经过水热反应的TiO_2/木材复合材料样品置入 ZnO 掺杂 TiO_2 溶胶中，浸渍 2h，置于 125℃真空干燥箱干燥 30min，之后进行 45℃真空干燥 24h，即可得到 ZnO 掺杂 TiO_2/木材复合材料。

配方特点：

① 防潮性：ZnO 掺杂 TiO_2/木材在潮湿环境下的平衡含水率 EMC 较木材原样提高了 1.17%。

② 防霉性：TiO_2/木材在暗态下没有抗菌性，ZnO 掺杂 TiO_2/木材在日光和暗态下均具有良好的抗菌性，且抑菌圈平均直径可达到 30～40mm。ZnO 掺杂 TiO_2/木材对大肠杆菌的抑制作用比金黄色葡萄球菌好。

③ 阻燃性：ZnO 掺杂 TiO_2/木材的最大放热峰出现时间较木材原样延迟了 380s，且热释放速率 HRR 最高值较原样降低了 266kW/m^2，说明 ZnO 掺杂 TiO_2/木材具备良好的阻燃性。

5.7.5 疏水表面处理剂

原理：将带相反电荷的刚性分子和聚电解质以静电相互作用为推动力，交替沉积形成多层膜，这种方法就是层层自组装（layer-by-layer self-assembly，LbL）技术。以在带正电荷的基底上 LbL 阴阳离子聚电解质为例，多层膜的制备过程（图 5-7）可描述为：

① 把带正电荷的基底浸入含有阴离子聚电解质的溶液中，表面带上负电荷；

② 用去离子水洗去物理吸附的阴离子聚电解质并将基底干燥；

③ 将上述基底浸入含有阳离子聚电解质的溶液中，表面带上正电荷；

④ 水洗，干燥。重复步骤①～④便可得到聚电解质自组装多层膜。

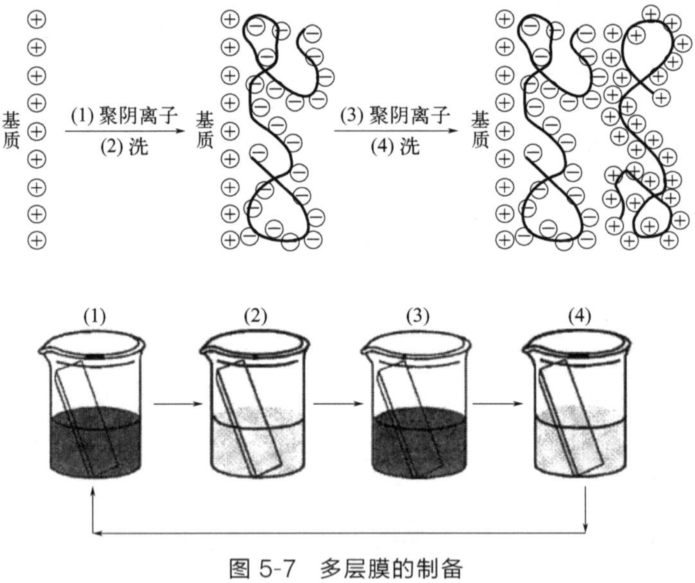

图 5-7 多层膜的制备

配方 1：PEI 和 PDDA 水溶液处理剂，见表 5-38。

表 5-38 PEI 和 PDDA 水溶液处理剂原料配比

组分	配比
乙烯亚胺（10mg/mL）	200mL
二烯丙基二甲基氯化铵（10mg/mL）	200mL

续表

组分	配比
不同浓度的 NaCl	适量
NaOH	适量
HCl	适量

制备方法：用 NaOH 和 HCl 分别将 200mL 的 10mg/mL 乙烯亚胺（PEI）和二烯丙基二甲基氯化铵（PDDA）水溶液 pH 值调节至 3、7 和 10.5，并用 0、0.1mol/L、0.5mol/L、1.0mol/L NaCl 来调节溶液的离子强度，得到 PEI 和 PDDA 水溶液处理剂。

配方应用：PEI 和 PDDA 水溶液处理木材，具体步骤如下。

① 将一定体积的木块放入丙酮溶液经超声波清洗 30min 后，放入 80℃ 真空干燥箱干燥 24h；

② 将①处理过的木块样放于 PEI 和 PDDA 水溶液中，磁力搅拌 24h，然后移出用超纯水清洗 24h，放入 40℃ 真空干燥箱干燥 24h。

配方特点：

① 木材具有阴离子的特性，木材试样的阴离子特性随着 pH 的提高而增强。当 PEI 和 PDDA 吸附到木材试样后，改性木材的表面电势表现出阳离子的特性，并且随着 pH 的提高而增强。PEI 处理过的木材与 PDDA 处理过的木材相比具有较低的 Zeta 电位。

② PEI 和 PDDA 吸附木材的 N 含量随着 NaCl 浓度的增加而降低。随着溶液 pH 值的增加，PEI 和 PDDA 吸附木材的 N 含量也呈现增长的趋势，PEI 的 N 含量比 PDDA 大得多。在没有电解质的添加和溶液 pH 呈碱性条件下，木材基底 PEI 和 PDDA 吸附量都很大，PEI 的吸附量比 PDDA 大得多。

配方 2：外负载纳米 TiO_2 法，见表 5-39。

表 5-39　外负载纳米 TiO_2 法原料配比

组分	配比/（mg/mL）
PEI	10
PSS	1
TiO_2	4

制备方法：

① 称取 100mg 的聚苯乙烯磺酸钠［PSS，M_W（分子量）=70000］，溶于水得 1mg/mL 阴离子 PSS 的溶液；

② 称取 400mg 纳米 TiO_2，溶于水得 4mg/mL 阳离子纳米 TiO_2 的溶液；

③ 称取一定量的 PEI，配制成浓度为 10mg/mL 的溶液。

配方应用：自组装外负载纳米 TiO_2 法处理木材，具体步骤如下。

① 将木材浸入 100mL 含有阳离子 PEI（浓度为 10mg/mL，pH=10.5，制备方法同配方 1）的溶液并磁力搅拌 30min，取出用超纯水清洗 15min 以去除物理吸附的 PEI；

② 将木材浸入 100mL 含有 1mg/mL 阴离子 PSS 的溶液中磁力搅拌 30min；

③ 取出后用超纯水清洗 15min 以去除物理吸附的 PSS；

④ 将试样浸入 100mL 含有 4mg/mL 阳离子纳米 TiO_2 的溶液中磁力搅拌 30min；

⑤ 取出后用超纯水清洗 15min 以去除物理吸附的纳米 TiO_2；

⑥ 重复上述②～⑤，保证最后一层为纳米 TiO_2 就可得到 PEI$(PSS/TiO_2)_n$ 自组装复

合多层膜；

⑦ 将木材放进 80℃真空干燥箱中干燥 24h。

配方特点：

① 制备的木材具有超疏水性能，可通过改变自组装层数和反应物的 pH 值来调节纳米 TiO_2 的生成量，当保持其他实验参数不变时，纳米 TiO_2 的生成量随着表面自组装层数增加而增加，WCA 也随之变大，PEI 的 pH 值呈碱性时试样表面的接触角大于 PEI 的 pH 值呈酸性时试样表面的接触角。

② 在 258～375℃燃烧区域内，处理材的失重率低于未处理的木材，此配方制备的疏水木材具有较好的热稳定性。

③ 薄膜在木材表面构建了微纳米级粗糙结构，经后续低表面能物质修饰处理，木材表面由亲水转变为超疏水。

配方 3：外负载纳米 SiO_2 法，见表 5-40。

表 5-40　外负载纳米 SiO_2 法原料配比

组分	配比/（mg/mL）
PDDA	10
SiO_2	2

制备方法：

① 称取 1g 阳离子 PDDA 固体，加水配制成 10mg/mL 的 PDDA 溶液；

② 称取 200mg 阴离子纳米 SiO_2 制得 2mg/mL 的 SiO_2 溶液。

配方应用：

① 将木材浸入 100mL 含有 10mg/mL 阳离子 PDDA 的溶液磁力搅拌 30min；

② 取出用超纯水清洗 15min 以去除物理吸附的 PDDA；

③ 木材浸入 100mL 含有 2mg/mL 阴离子纳米 SiO_2 的溶液磁力搅拌 30min；

④ 取出用超纯水清洗 15min 以去除物理吸附的纳米 SiO_2；

⑤ 重复上述①～④，保证最后一层为纳米 SiO_2 就可得到 $(PDDA/SiO_2)_n$ 自组装复合多层膜；

⑥ 将样品放进 80℃真空干燥箱干燥 24h。

配方特点：

① WCA 测试显示当木材表面自组装 5 层后，制备的木材具有超疏水性能，WCA 高达 161，可通过改变自组装层数来调节纳米 SiO_2 的生成量。

② 疏水木材具有较好的热稳定性。

③ 经后续低表面能物质修饰处理，木材表面由亲水转变为超疏水。

配方 4：负载蒙脱土法，见表 5-41。

表 5-41　负载蒙脱土法原料配比

组分	配比/（mg/mL）
PDDA	10
蒙脱土	1

制备方法：

① 称取 1g 阳离子 PDDA，配制成 10mg/mL 的 PDDA 溶液；

② 称取 100mg 的阴离子蒙脱土（MMT），配制成 1mg/mL 的蒙脱土溶液。

配方应用：

① 将木材浸入 100mL 含有 10mg/mL 阳离子 PDDA 的溶液中磁力搅拌 30min；

② 取出后用超纯水清洗 15min 以去除物理吸附的 PDDA；

③ 木材浸入 100mL 含有 1mg/mL 阴离子蒙脱土的溶液中磁力搅拌 30min；

④ 取出后用超纯水清洗 15min 以去除物理吸附的蒙脱土；

⑤ 重复上述①～④，保证最后一层为蒙脱土就可得到 $(PDDA/MMT)_n$ 自组装复合多层膜；

⑥ 将样品放进 80℃真空干燥箱中干燥 24h。

配方特点：

① 处理过程中不需调节蒙脱土的 pH 值。

② 疏水木材具有较好的热稳定性。

③ 经后续低表面能物质修饰处理，木材表面由亲水转变为超疏水。

5.7.6 耐久化表面处理剂

原理：利用四水八硼酸钠的高效综合改性功能，考虑将其作为组分与其他高效木材改性剂进行复合，实现更全面的改性功能。利用其他改性处理方法实现改善八硼酸钠的抗流失性能的目的；利用硅溶胶良好的抗流失性能，与其他高效改性剂复合以提高抗流失性能，实现木材改性的耐久化。

配方 1：八硼酸钠/硅溶胶处理剂，见表 5-42、表 5-43。

表 5-42 硅溶胶原料配比

组分	原料含量
SiO_2	25%
Na_2O	<0.3%
pH 值	8.5～9.0

表 5-43 八硼酸钠各化学成分配比

组分	原料含量/%
硼酸钠盐	99.5
纯硼	20.5～21.6
氧化硼	66～69
pH 值	7～8

制备方法：

① SiO_2 含量（固含量）为 25%；溶胶中稳定剂 Na_2O 含量小于 0.3%，25℃下 pH 值 8.5～9.0，制成硅溶胶，胶团直径在 10～100nm。

② 硼酸钠盐含量 99.5%，纯硼含量 20.5%～21.6%，氧化硼含量 66%～69%，pH 值 7～8 呈中性，配制成 5%、15%或 25%处理浓度。

配方应用：八硼酸钠/硅溶胶处理，具体处理步骤如下。

① 将木材置于烘箱中，103℃下烘 12h；

② 将试件置于高压釜中，用真空泵抽真空 30min，真空度保持 0.094MPa；

③ 在真空状态下向高压釜中吸入八硼酸钠溶液，然后解除真空；

④ 打开氮气加压装置，将真空加压釜加压至 1.0MPa，保持 1h；

⑤ 解除压力，取出试件，冲洗并擦干试件表面；

⑥ 将试件置于烘箱中，103℃下烘 12h；

⑦ 重复上述步骤，对试件进行硅溶胶浸注处理，获得处理后木材。

配方特点：具有良好抗流失性能的一剂多效型环保木材改性剂。

① 改善了八硼酸钠的抗流失性能，从而实现了木材改性的耐久化；

② 通过利用八硼酸钠的高效改性功能，实现了木材改性的一剂多效化与经济化；

③ 通过利用八硼酸钠与硅溶胶无毒、无臭、环保、抑烟特性，实现了木材改性的环保化。

5.7.7 烫蜡表面处理剂

原理：烫蜡是将蜂蜡渗入到木质的内部，不对表面进行覆盖。将熔化的蜡块，滴或涂到木器表面，使其形成薄薄一层，或者把蜡块放入金属容器加热融成蜡液，再用毛刷或汤匙将蜡液涂或浇到木器上。

配方：烫蜡法，见表 5-44。

表 5-44　烫蜡法原料配比

组分	配比
蒸馏水	2
天然蜡或合成蜡	3.5

制备方法：

① 将固态蜡（黄蜂蜡、白川蜡或石蜡）与蒸馏水按比例组合称重；

② 放容器中加热使其熔化。

配方应用：常用于木材表面烫蜡工艺，具体过程如下。

① 将固态蜡按比例组合称重；

② 放入容器中加热使其熔化；

③ 用电吹风预热、烘烤木材表面；

④ 用毛刷蘸取液态蜡涂刷到试件表面，先逆纹涂布再顺纹涂布；

⑤ 在规定时间内用铲刀铲去浮蜡并用涂布用力揩擦几遍。

最佳烫蜡条件为烫蜡量 $60g/m^2$、配比 2∶3.5、起蜡时间 5min、烘烤温度 70℃。合成蜡性能技术优化工艺为：烫蜡量 $70g/m^2$、配比 2∶3、起蜡时间 4.5min、烘烤温度 70℃。

配方特点：烫蜡的耐水性、耐液性、耐冷热温差性和耐霉菌性等性能都能很好的使木质材料表面形成一层保护膜，防止木质材料家具表面长时间暴露于空气中，避免空气中的水分、菌类、气温温差变化和生活中使用的酸碱性液体对木质材料表面直接侵蚀，使其不致很快腐烂，从而延长了木质材料家具的使用寿命，间接地节约了木质材料。

5.7.8 化学镀镍液

镀镍液的制备：

① 准确称取计算量的镍盐、还原剂、络合剂等药品并用少量蒸馏水溶解；

② 将溶解的镍盐溶液在不断搅拌下加入络合剂溶液中；

③ 将溶解的还原剂溶液在剧烈搅拌下倒入②溶液中；

④ 将稳定剂溶液在充分搅拌情况下倒入③溶液中；

⑤ 用蒸馏水稀释至计算体积；

⑥ 用氨水调整 pH 值；

⑦ 必要时过滤溶液。

在以上镀液的配制过程中应注意要严格按照上述步骤配制，先后顺序千万不可颠倒，否则不易得到合格的镀液，并且在配制过程中一定要进行搅拌。在调节 pH 值时，试剂需在不断搅拌的情况下缓慢少量地加入，以防造成镀液局部 pH 值不均匀，使镀液及镀层质量下降。

配方 1：常温镀镍（镍活化），见表 5-45。

表 5-45　常温镀镍原料配比

组分	配比/（g/L）
硫酸镍	15
硼氢化钠	15
氢氧化钠	10～15
盐酸	10～15
蒸馏水	加水至 1L

制备方法：

① 把硫酸镍溶解在加入了盐酸的蒸馏水中，配制成硫酸镍溶液（A 液，15g/L）；把硼氢化钠（15g/L）溶解在加入了氢氧化钠（10～15g/L）的蒸馏水中，配制成硼氢化钠的碱性溶液（B 液）。

② 化学镀镍液的配制按照镀液的制备程序进行，镀镍液组成见表 5-46。

表 5-46　化学镀镍的镀镍液组成

组分	配比/（g/L）
六水硫酸镍	30～35
一水次磷酸钠	25～30
二水合柠檬酸三钠	25～35
其他	适量
氨水	适量

配方应用：用于木材常温镀镍，具体步骤如下。

① 将经过预处理的木材先浸入 A 液 9min，然后在蒸馏水中漂洗，取出试件，尽量等到试件表面没有液滴滴下时再把该试件浸入 B 液中 1.5min，取出后用蒸馏水清洗，即可进行化学镀镍。

② 将木材置于镀镍液中，镀浴温度为 60℃，用氨水将镀液的 pH 值控制在 9.0±0.3，施镀时间 10～15min。将镀后木材水洗多次后置干燥箱中 100℃±2℃烘干。

配方特点：

① 常温镍活化法所得镀层表面平滑均匀；表面无鼓泡、脱皮、剥落现象；呈银灰色，光亮度较高，表面有很强的金属光泽。

② 活化液中的硫酸镍浓度、氢氧化钠的浓度以及活化时间对木材表面活化效果的影响比较大，硼氢化钠浓度、盐酸的浓度影响相对较小。

配方 2：高温镀镍，见表 5-47。

表 5-47　高温镀镍活化液原料配比

原料	配比/（g/L）
乙酸镍	70
次磷酸钠	70
甲醇	加至 1L

制备方法：

① 活化液由乙酸镍（70g/L）和次磷酸钠（70g/L）溶于甲醇溶液组成，首先把乙酸镍和次磷酸钠分别溶于甲醇溶液，然后将两种溶液慢慢混合，在混合的时候应不停地搅动，即得活化液。

② 镀镍液同配方 1。

配方应用：用于木材高温镀镍将经过表面处理的基体在 40℃下浸入活化液 5min，使活化液在基体表面铺展均匀，然后放入干燥箱内活化 30min，活化温度 170℃，取出后稍微冷却，除去表面覆着不牢固的生成物，然后放入镀液中进行施镀，施镀条件为镀浴温度 60℃，用氨水将镀液的 pH 值控制在 9.0±0.3，施镀时间 10～15min。将镀后木材水洗多次后置干燥箱中 100℃±2℃烘干。

配方特点：

① 提高主盐和还原剂的浓度有利于提高活化后基体表面的活化镍覆盖率，但其浓度并不是越大越好。

② 镍盐的浓度对活化镍覆盖率的影响相对比较小，而亚磷酸盐浓度的影响比较大，亚磷酸盐浓度越高则镀层的均匀度增高的可能性就越大，导致镀层的导电性能及镀层质量下降。

③ 活化温度和活化时间对活化镍覆盖率的影响最大。在木材化学镀镍的高温镍活化过程中，只有活化温度超过 160℃、活化时间超过 10min 才能使木材表面生成活化镍颗粒。但活化温度不能超过 200℃，活化时间不能超过 40min，否则太高的温度不仅使生成的镍发生氧化，还会使作为基材的木材发生碳化，进而使得木材本身的强度降低；活化时间太长会使活化镍发生氧化，导致镀层的导电性能下降。

④ 浸渍温度和浸渍时间对活化效果的影响相对较小。

配方 3：氯化钯法常温镀镍，见表 5-48。

表 5-48　氯化钯法常温镀镍活化液原料配比

组分	配比/（g/L）
氯化钯	60
乙醇	100

制备方法：

① 将氯化钯溶于乙醇（100mL/L）得氯化钯胶体（60mg/L）溶液，即为氯化钯胶体活化液。

② 镀镍液组成同配方 1。

配方应用：用于常温镀镍，具体步骤如下。

① 将经过干燥的试件在胶体钯活化液中活化；

② 将经过水洗后的活化试件浸入镀液中施镀；

③ 镀浴温度为 60℃，用氨水将镀液的 pH 值控制在 9.0±0.3，施镀时间为 15min。将

镀后试件水洗多次后置干燥箱中100℃烘干即得成品。

配方特点：

① 镀镍后能够增加木材单板表面的亲水性，可提高试件导电性，更适合对木材试件进行表面处理。

② 处理温度和处理时间对木材金属电沉积层的导电性影响相对较小。

5.8 离子液体类非金属表面处理剂

5.8.1 离子液体-木纤维处理剂

配方：离子液体处理木纤维填充聚酰胺6（PA6）复合材料，见表5-49。

表5-49 离子液体处理木纤维填充PA6复合材料

组分	配比
$m_{木纤维}:m_{离子液体}$	1∶1
$V_{水}:V_{丙酮}$	1∶1
乙酸钠缓冲液（pH=4.5）	生物质质量的5%
漆酶	200单位/g
1-羟基苯并三唑	占生物质质量的1.5%
氢氧化钠（0.1mol/L）	适量

制备方法：将0.4g木质纤维和0.4g离子液体（IL）置于烧瓶中，在80℃油浴中磁力搅拌加热1h。将混合物冷却至室温后，加入水-丙酮（$V_{水}:V_{丙酮}=1:1$）作为反溶剂，并在室温下搅拌20min，以便从溶解的木质素和离子液体中分离出固体物质。经处理的木质纤维用蒸馏水洗涤数次，以去除残留的离子液体。将干燥后的处理过的木质纤维与乙酸钠缓冲液（100mmol/L，pH 4.5，约占生物质质量的5%）放入三口烧瓶中，并用超声均质器进行均质处理。向烧瓶中加入漆酶（每克生物质200单位），同时加入1-羟基苯并三唑（占生物质质量的1.5%）作为介质。在有或没有离子液体的情况下，反应在50℃、通入氧气并搅拌的条件下进行。24h后，加入0.1mol/L的氢氧化钠，并将混合物搅拌1h，从经酶解木质素处理和离子液体处理过的木质纤维中提取木质素。为去除微量的氢氧化钠，木质纤维用蒸馏水洗涤，直至洗涤水呈中性。然后将木质纤维在70℃、0.1MPa的烘箱中干燥24h，直至重量恒定，得离子液体处理的木质纤维。

配方应用：用于固化复合材料，具体步骤如下。

① 熔化离子液体处理的木纤维后，采用自动控制操作炉底浇铸阀，将其浇铸到模具钢模具中，同时启动挤压活塞以挤压熔融复合材料；

② 在挤压熔融复合材料后，通过在模具壁周围循环水来缓慢冷却模具装置，这种冷却方式提高了铸件的力学性能；

③ 从模具中取出最终固化的复合材料。

配方特点：

① 木纤维的处理提高了复合材料的摩擦性能；

② 木纤维与基体树脂的化学键合提高了复合材料的完整性。

5.8.2 离子液体-棉、亚麻织物处理剂

配方：见表 5-50。

表 5-50 离子液体-棉、亚麻织物表面处理剂原料配比

组分	配比
甲基-三正丁基硫酸甲酯铵	150g
乙醇	至 1L

制备方法：取甲基-三正丁基硫酸甲酯铵离子液体与乙醇混合，其中甲基-三正丁基硫酸甲酯铵的质量浓度为 150g/L，即为棉、亚麻和黄麻织物最后一步处理剂。

配方应用：棉、亚麻碱处理后，用离子液体的乙醇溶液处理，具体步骤如下。

① 将织物浸泡在 30℃的蒸馏水中 1h，以去除可能的杂质；

② 挤压织物并在 100℃下烘干 4h；

③ 将织物置于 2% NaOH 水溶液中，在 80℃下进行 1.5h 的预处理；

④ 样品用蒸馏水洗涤以中和，然后烘干；

⑤ 将碱处理过的织物在室温下浸入 150g/L 的甲基-三正丁基硫酸甲酯铵/乙醇溶液中 10min；

⑥ 在挤压织物以除去过量的溶液后，在室温下干燥织物。

配方特点：

① 与未处理织物相比，离子液体处理的织物降低了黏附力；

② 处理通过改变表面化学、表面形态和织物物理性能来有效地改变附着力。

5.8.3 离子液体-木材表面处理剂

配方 1：离子液体-木材电性能处理剂。

制备方法：薄荷醇（CH_2OMen）中羟基氢被 1-甲基-3-烷基咪唑（C_6Im 或 $C_{10}Im$）取代后的基团为阳离子的离子液体（[C_6ImCH_2OMen][Sacc] 或（[$C_{10}ImCH_2OMen$][Sacc]），糖精（Sacc）为阴离子的离子液体，即为木材的表面处理剂。

配方应用：[C_6ImCH_2OMen][Sacc] 或[$C_{10}ImCH_2OMen$][Sacc] 离子液体处理木材表面。

配方特点：

① 离子液体能够穿透整个木材基体；

② 离子液体处理后显示出更高的热耐久性；

③ 在电气性能方面，经离子液体处理的木材性能优于裸涂层和市售涂层，瞬时电压增加约 5 倍，在增强负载下，最高电压达到 300V；

④ [$C_6ImCHOMen$][Sacc] 由于尺寸较小，在离子液体的电气输出中显示出最高的整流效率；

⑤ 能够为智能地板从绿色建筑的各种振动中获取能量提供潜在的离子液体利用途径。

配方 2：离子液体-木材防腐剂性能处理剂。

制备方法：将氯甲基薄荷基醚缓慢加入有适量 1-烷基咪唑的干燥己烷溶液中进行季铵化反应，得“甜蜜”离子液体前体 3-烷基-1-[(1*R*,2*S*,5*R*)-(−)-薄荷氧基甲基]咪唑鎓氯化物。具体反应如下。

① 氯甲基薄荷基醚缓慢加入适量的1-烷基咪唑的干燥己烷溶液中，反应混合物在室温下剧烈搅拌60～120min；

② 通过硅胶G（默克1.05570.000）上的上行薄层色谱法并借助紫外光显色来监测反应进程，约3h后，分离各相，并用干燥己烷洗涤每个产物；

③ 在60℃、减压条件下除去挥发性物质过夜。

3-烷基-1-[(1*R*,2*S*,5*R*)-(—)-薄荷氧基甲基]咪唑鎓糖精盐通过复分解反应合成。具体合成步骤如下。

① 将固体糖精钠溶解在蒸馏水中；

② 将①溶液加入等物质的量的3-烷基-1-[(1*R*,2*S*,5*R*)-(—)-薄荷氧基甲基]咪唑鎓氯化物的水溶液中；

③ 反应混合物在室温下搅拌1～3d（具体时间取决于烷基链的长度）。

配方应用：对含糖精阴离子的“甜蜜”离子液体的渗透性能研究是在含水率调节至(12±1)%的软木上进行的。苏格兰松（Pinus sylvestris L.）边材样品具有以下特征：密度为480～540kg/m^3，每厘米有5～8个生长轮，尺寸为50mm×50mm×20mm。木材样品的一条长边必须与纤维方向平行。横截面上可见的年轮与边缘呈45°±10°角。

将0.5g未稀释的3-烷基-1-[(1*R*,2*S*,5*R*)-(—)-薄荷氧基甲基]咪唑鎓糖精盐涂覆在50mm×50mm的木材表面，置于盛有饱和硝酸铵溶液的培养皿上方，在（20±2)℃下放置7d进行处理。

配方特点：

① 带有（1*R*,2*S*,5*R*)-(—)-薄荷醇取代基的咪唑类低温共熔离子液体的抗真菌活性取决于烷基取代基的长度；

② 3-己基-1-[(1*R*,2*S*,5*R*)-(—)-薄荷氧基甲基］咪唑糖精盐对侵害木材的真菌卧孔菌更为有效，而带有辛基取代基的化合物对变色栓菌和嗜皮侧耳活性最强；

③ 带有十二烷基取代基的盐对菌丝体的效果较差；

④ 3-庚基-1-[(1*R*,2*S*,5*R*)-(—)-薄荷氧基甲基］咪唑糖精盐（3g）对卧孔菌的杀菌值范围为2.81～4.40kg/m^3，而3-辛基-1-[(1*R*,2*S*,5*R*)-(—)-薄荷氧基甲基]咪唑糖精盐的杀菌值范围为2.75～4.38kg/m^3；

⑤ 带有（1*R*,2*S*,5*R*)-(—)-薄荷醇取代基的“甜味”离子液体可渗透到松木中，其渗透深度与常用的疏水性双癸基二甲基硝酸铵和苯扎氯铵相似；

⑥ 对咪唑糖精盐的腐蚀性研究表明，其对碳钢的腐蚀性较低，而且低于含有氯离子或硝酸根阴离子的离子液体。

5.8.4 离子液体中导电玻璃上电沉积NiO/Mn薄膜

配方1：离子液体中电沉积NiO薄膜。

制备方法：按照摩尔比1∶2称取一定量的氯化碱和尿素，加热至80℃条件下采用磁力搅拌至溶液澄清透明状态制得离子液体。

配方应用：用于电沉积NiO薄膜，具体处理步骤如下。

① ITO导电玻璃：将切割好的1.5cm×2cm玻璃依次放入去离子水、无水乙醇、丙酮、无水乙醇、去离子水中超声清洗处理1～3min，放在真空干燥箱烘干备用；

② $NiCl_2 \cdot 6H_2O$：在真空干燥箱中150℃下干燥5h，烘干除尽结晶水后，存放在干燥皿中作为实验所需土盐；

③ $LiClO_4 \cdot 3H_2O$：在真空干燥箱中150℃下干燥5h，烘干除尽结晶水后，存放在干燥

皿中作为实验所需支持电解质；

④ 使用无水乙醇遵循一定的体积比对制备的离子液体进行稀释（$V_{离子液体}$ ∶ $V_{乙醇}$ =1∶2），然后将预处理后的氯化镍和高氯酸锂按一定比例称取加入稀释后的离子液体中加热至60℃，搅拌直至溶液澄清，氯化镍和高氯酸锂浓度均为0.2mol/L；

⑤ 设置沉积电压3.9V，采用直流电源进行恒电位沉积（ITO导电玻璃为阴极，铂电极为阳极），沉积得NiO薄膜。

配方特点：氧化镍薄膜葡萄糖传感性能参数：线性检测范围为4～256μmol/L和312～528μmol/L，其灵敏度分别为496.03μA/(mmol/L·cm^2）和67.59μA/(mmol/L·cm^2)；检出限为1.00μmol/L；在重现性研究方面，在1mmol/L葡萄糖中采用同支ITO/NiO极进行平行五次测试，其响应电流的相对标准偏差为2.3%，具有良好的重现性，检测过程中对血液中一些常见干扰物质有着较强的抗干扰性。

配方2：离子液体中电沉积NiO/Mn薄膜。

制备方法：按照摩尔比1∶2称取一定量的氯化碱和尿素，加热至80℃条件下采用磁力搅拌至溶液澄清透明状态制得离子液体。

配方应用：用于电沉积NiO/Mn薄膜，具体处理步骤如下。

① ITO导电玻璃：将切割好的1.5cm×2cm玻璃依次放入去离子水、无水乙醇、丙酮、无水乙醇、去离子水中超声清洗处理1～3min，放在真空干燥箱烘干备用；

② $NiCl_2 \cdot 6H_2O$：在真空干燥箱中150℃下干燥5h，烘干除尽结晶水后，存放在干燥皿中作为实验所需主盐；

③ $LiClO_4 \cdot 3H_2O$：在真空干燥箱中150℃下干燥5h，烘干除尽结晶水后，存放在干燥皿中作为实验所需支持电解质；

④ $MnCl_2 \cdot 6H_2O$：在真空干燥箱中150℃下干燥5h，烘干除尽结晶水后，存放在干燥皿中作为实验的掺杂剂；

⑤ 使用无水乙醇遵循一定的体积比对制备的离子液体进行稀释（$V_{离子液体}$ ∶ $V_{乙醇}$ =1∶2），然后将预处理后的氯化镍和高氯酸锂按一定比例称取加入稀释后的离子液体中加热至60℃，搅拌直至溶液澄清，氯化镍和高氯酸锂浓度均为0.2mol/L，镍离子和锰离子浓度比为1∶6；

⑥ 设置沉积电压3.6V，采用直流电源进行恒电位沉积（ITO导电玻璃为阴极，铂电极为阳极），沉积得NiO/Mn复合薄膜。

配方特点：此条件下制备的锰掺杂氧化镍薄膜葡萄糖传感性能参数：检出限为0.8μmol/L，检测的灵敏度为1596.38μA/(mmol/L·cm^2）和466.36μA/(mmol/L·cm^2)；线性检测范围是2.5～250μmol/L和291.67～491μmol/L；在重现性研究方面，在1mmol/L葡萄糖中采用同支ITONiO/Mn电极进行平行五次测试，其响应电流的相对标准偏差为3.72%，具有良好的重现性，检测过程中对血液中一些常见干扰物质有着较强的抗干扰性。

参考文献

[1] 庄光山, 李丽, 王海庆, 等. 金属表面涂装技术[M]. 北京: 化学工业出版社, 2010.

[2] 于晓辉, 朱晓云, 郭忠诚, 等. 鳞片状锌基环氧富锌重防腐涂料的研制[J]. 表面技术, 2005, 34 (1): 53-54.

[3] 李祥超, 汪耿豪, 杨红波, 等. 防锈颜料的研究与应用展望[J]. 化学工业, 2012, 30(3): 12-15.

[4] 陈尔跃, 梁敏, 赵云鹏. 金属表面的电化学处理[M]. 哈尔滨: 东北林业大学出版社, 2008: 131-222.

[5] 阎洪. 金属处理新技术[M]. 北京: 冶金工业出版社, 1996.

[6] 余承辉, 余嗣元. 金属工艺基础[M]. 合肥: 合肥工业大学出版社, 2011.

[7] 玉山江·哈斯木, 刘瑞泉, 米红宇. 离子液体[BMIM]PF_6离子液体中铬的电沉积行为[J]. 高等学校化学学报, 2014, 35(1): 140-145.

[8] Endres, F. Ionic Liquids: Solvents for the electrodeposition of metals and semiconductors[J]. Chem Phys Chem, 2002, 3(2): 144-154.

[9] Chen P Y, Sun I W. Electrochemical study of copper in a basic 1-ethyl-3-methylimidaz-olium tetrafluoroborate room temperature molten salt[J]. Electrochimica Acta, 1999, 45(3): 441-450.

[10] Ito T, Katayama Y, Asada K, et al. Structural comparison of three types of staphylococcal cassette chromosome integrated in the chromosome in methicillin-resistant [J]. Semantic Scholar, 2001, 45(5): 1323-1336.

[11] Mukhopadhyay I, Freyland W. Electrodeposition of Ti nanowires on highly oriented pyrolytic graphite from an ionic liquid at room temperature [J]. Langmuir, 2003, 19 (6): 1951-1953.

[12] 何笑薇. 浅谈化学材料的表面处理[J]. 化学工程与装备, 2012(10): 138-140.

[13] 张济世, 刘江. 金属表面工艺[M]. 北京: 机械工业出版社, 1995.

[14] 陈勇. 工程材料与热加工[M]. 武汉: 华中科技大学出版社, 2001.

[15] 齐晓婧, 李鹏飞, 高灿柱. 金属磷化技术的反应机理及其应用[J]. 化工时刊, 2012, 26(9): 45-48.

[16] 孙国新. 钢铁磷化技术及其发展[J]. 山东化工, 1994, 23(2): 26-31.

[17] 冯李文. 钢铁的磷化处理及发展[J]. 四川化工, 1997(2): 7-14.

[18] 戴峭峰, 刘红芳, 蔡文祥, 等. 钢丝磷化工艺技术研究[J]. 金属制品, 2012, 38(2): 15-18.

[19] 袁传勋, 王国霞, 潘见. 一种高效钢铁除锈剂的研制[J]. 合肥工业大学学报, 1999, 22(2): 74-77.

[20] 林锐, 刘朝辉, 王飞, 等. 镁合金表面改性技术现状研究[J]. 表面技术, 2016, 45(4): 124-131.

[21] 尚思通. 镁合金电镀新工艺的应用[J]. 塑料制造, 2016(3): 74-77.

[22] 吴敏, 孙勇. 铝及其合金表面处理的研究现状[J]. 表面技术, 2003, 32(3): 13-15.

[23] 罗芹, 吴忠, 秦真波, 等. 镍铝青铜的表面处理技术及研究进展[J]. 材料导报, 2015, 29(1): 15-21.

[24] 石文龙. NiO/Mn 薄膜的制备及其葡萄糖传感器特性研究[D]. 长沙: 长沙理工大学, 2022.

[25] 张晓振. 离子液体中电沉积铝及其电结晶机理研究[D]. 天津:天津大学, 2015.

[26] 赵振, 于建玲, 潘宇, 等. ABS 改性技术研究进展[J]. 广东化工, 2017, 44(3): 97-98.

[27] 吴水苟. PC/ABS 合金塑料电镀工艺改进[J]. 电镀与涂饰, 2012, 32(1): 20-22.

[28] 章建飞, 张庶, 向勇. 表面处理工艺的新发展[J]. 2012, 22(1): 21-22.

[29] 李艳, 徐卫平, 张兴龙. 碳纤维表面处理的研究进展[J]. 化纤与纺织技术, 2013, 42 (3): 22-25.

[30] 高洪宾. 汽车塑料件涂装工艺探讨[J]. 现代涂料与涂装, 2015, 18(10): 1-2, 5.

[31] 李长城, 徐关庆, 杨忠国, 等. 汽车塑料标牌的表面处理工艺[J]. 材料保护, 1999, 32(32): 9-10.

[32] 张振华. 锡电镀原理、应用与分类综述[J]. 硅谷, 2011(22): 6-55.

[33] 陈晓晓, 魏刚, 张元晶, 等. 电泳沉积法制备氧化铝陶瓷膜的研究[J]. 北京化工大学学报(自然科学版), 2011, 38(5): 69-74.

[34] 徐双, 陈梦. 阴极电泳涂装工艺及发展前景[J]. 中国科技信息, 2010(6): 96-98.

[35] 文凌飞, 刘娅莉, 暨调和. 铝型材的电泳涂装工艺[J]. 表面技术, 2002, 31(3): 37-40.

[36] 许令顺, 李勇, 徐中堂, 等. 几种不同铜表面发黑技术的对比[J]. 中国表面工程, 2013, 26(6): 75-79.

[37] 王树成, 王英兰. 我国钢铁发黑技术的应用和发展[J]. 表面技术, 2012, 41(3): 112-114.

[38]程学渝, 何甦. 钢铁常温发蓝工艺[J]. 金属加工(热加工), 2012(S2): 116-118.

[39] 向兴海. 钢铁表面发黑处理探讨与实践[J]. 涂装与电镀, 2010(4): 40-42.

[40] 朱晓虹, 季福生. 普通皂化油在铸铁件发黑处理中的应用[J]. 机电工程技术, 2007, 36(2): 99-100.

[41] 张福文. 钛金属着色效果及其在首饰设计中的运用[J]. 艺术教育, 2014(1): 203-208.

[42] 张惠生. 抛丸技术及其应用[J]. 机械工人(热加工), 1994(11): 2-3.

[43] 王陆军. 强化抛丸技术现状与发展[J]. 现代零部件, 2012(9): 68-69.

[44] 王春水, 何声馨, 张二亮, 等. 喷砂表面的多尺度分析与表征[J]. 表面技术, 2015(6): 127-132.

[45] 李钦奉. 喷砂技术及其表面清理效率的研究[J]. 中国修船, 2000, 13(3): 15-17.

[46] 王仁智. 金属材料的喷丸强化原理及其强化机理综述[J]. 中国表面工程, 2012(6): 1-9.

[47]曾元松, 黄遐, 李志强. 先进喷丸成形技术及其应用与发展[J]. 塑性工程学报, 2006, 13(3): 23-29.

[48]李新立, 李安忠, 万军. 金属磷化技术的回顾与展望[J]. 材料保护, 2000, 33(1): 71-73.

[49] 黄永发, 王艳, 赖学根, 等. 一种新型环保铜箔表面钝化处理工艺研究[J]. 有色金属科学与工程, 2013(2): 14-18.

[50] 王立群, 罗磊, 马义兵, 等. 重金属污染土壤原位钝化修复研究进展[J]. 应用生态学报, 2009, 20(5): 1214-1222.

[51] 叶毅. 浸渗工艺的发展与应用[J]. 精密制造与自动化, 2009(3): 63-64.

[52] 宋晓岚, 李宇焜, 江楠, 等. 化学机械抛光技术研究进展[J]. 化工进展, 2008, 27(1): 26-31.

[53] 郑仁杰, 葛林男, 卫东, 等. 超声清洗技术的应用和发展[J]. 清洗世界, 2011, 27(5): 29-32.

[54] 金文伟, 杜利清, 王常川. 不同螺纹表面对制动盘紧固件拧紧效果分析[J]. 机车车辆工艺, 2016(2): 38-39.

[55] 文斯雄. 电镀锌弹性零件断裂的原因分析[J]. 腐蚀与防护, 2000, 21(1): 34-35.

[56] 黄晓梅, 刘亮, 王艳艳. 镁-锂合金的锌系及锰系磷化膜的比较[J]. 电镀与环保, 2011, 31(5): 34-36.

[57] 陈华锋, 王荣, 王滨, 等. 高强度螺栓断裂原因分析[J]. 理化检验(物理分册), 2009, 45(4): 224-227.

[58] 刘强, 林乃明, 沙春鹏, 等. 钢铁材料电镀镉的研究现状[J]. 表面技术, 2017, 46(1): 146-157.

[59] 赵黎云, 钟丽萍, 黄逢春. 电镀铬添加剂的发展与展望[J]. 电镀与精饰, 2001, 23(5): 9-12.

[60] 普学仁. 提高镀铬层性能的方法[J]. 重庆工业高等专科学校学报, 2003, 18(1): 40-41.

[61] 徐旭仲, 赵丹, 万德成, 等. 钢铁表面化学镀的研究进展[J]. 电镀与精饰, 2016, 38(3): 27-32, 46.

[62] 范文龙. 热浸锌工艺的研究[J]. 科技信息, 2010(13): 33.

[63] 程叙埕, 罗哲, 张兆平, 等. 转角法在大六角热浸锌高强螺栓施工中的应用[J]. 建筑施工, 2013, 35(2): 124-125.

[64] 胡文成. 离子液体中电沉积锡铁的研究[D]. 成都: 电子科技大学, 2013.

[65] 谢峰. 一种包覆氟塑料橡胶密封圈的加工方法: 201110406871. X[P]. 2012-6-20.

[66] 吴周安, 吴奕, 刘建华, 等. 一种聚四氟乙烯制品表面萘钠处理装置及其方法: 200710067700. 7[P]. 2009-4-8.

[67] 颜华宏, 徐洪, 景亚宾, 等. 一种聚四氟乙烯制品表面处理剂及其制备方法: CN201310287798. 8[P]. 2013-10-16.

[68] 杨慧芬. 一种无甲醛聚四氟乙烯表面处理装置: 201520624518. 2[P]. 2016-1-27.

[69] 陈怀九, 肖贤芝. 新型可粘聚四氟乙烯大板的研制[J]. 武汉大学学报, 1986(1): 93-99.

[70] 杨家义, 孔建. 聚四氟乙烯表面处理方法综述[J]. 化学推进剂与高分子材料, 2009, 7(1): 24-27.

[71] 韦亚兵, 钱翼清. 聚四氟乙烯薄膜表面光接枝改性的 ESCA 研究[J]. 南京化工大学学报, 1999, 21(2): 65-67.

[72] 方志, 邱毓昌, 罗毅. 用大气压下空气辉光放电对聚四氟乙烯进行表面改性[J]. 西安交通大学学报, 2004, 38(2): 190-194.

[73] 王琛, 刘小冲, 陈杰瑢, 等. 远程 Ar 等离子体对聚四氟乙烯膜的表面改性[J]. 纺织高校基础科学学报, 2004, 17(4): 351-355.

[74] 黄峰, 楼祺洪, 徐剑秋, 等. 高分子材料的准分子激光表面处理[J]. 中国激光, 1999, A26(8): 743-748.

[75] 彭少贤, 于若冰. 聚四氟乙烯的表面处理与粘接[J]. 塑料科技, 2000(5): 5-8.

[76] Hiroyuki, Niino, Akira Yabe. Surface modification an metallization of fluorocarbon polymers by excimer laser processing[J]. Appl Phys lett, 1993, 63(25): 3527-3529.

[77] 主仁. 高分子化学[M]. 北京: 化学工业出版社, 2007.

[78] 杨定忠. 硅胶双层表面处理技术——极性化合物分离首选[C]//中国分析测试协会. BCEIA2011 分析仪器应用技术报告会论文集. 2011: 175-195.

[79] 高招. VOCs 的吸附和变压吸附法净化回收研究[D]. 长沙: 湖南大学, 2007.

[80] 郭敏杰, 宋艾芳, 樊志, 等. 在硅胶表面制备牛血红蛋白分子印迹聚合物[J]. 化学学报, 2011, 69(23): 2877-2881.

[81] 刘媛, 刘江, 李迎春, 等. 基于改性硅胶"接枝"聚合法制备高特异性红霉素固相萃取材料及其评价[J]. 沈阳药科大学学报, 2014, 31(7): 505-512.

[82] 杨眉, 侯长军, 李贤良, 等. 表面印迹法制备链霉素分子印迹聚合物及其性能研究[J]. 食品工业科技, 2012, 33(8): 155-158.

[83] 王伟山, 易红玲, 郑柏存, 等. 甲基丙烯酸甲酯对纳米 SiO_2 的表面接枝聚合改性研究[J]. 化工新型材料, 2009, 37(9): 83-86.

[84] Ma J, Yuan L H, Ding M J, et al. The study of core-shell molecularly imprinted polymers of 17 β-estradiol on the surface of silica nanoparticles[J]. Biosensors and Bioelectronics, 2011, 26(5) : 2791-2795.

[85] Shi X, Meng Y, Liu J, et al. Group-selective molecularly imprinted polymer solid-phase extraction for the simultaneous determination of six sulfonamides in aquaculture products[J]. Joumal of Chromatography B, 2011, 879(15-16): 1071-1076.

[86] Hu Y L, Liu R J, Li Y W, et al. Investigation of ractopamineimprinted polymer for dispersivesolid-phase extraction of trace beta-agonists in pig tissues[J]. Journal of Separation Science, 2010, 33(13): 2017-2025.

[87] Sun X, He X, Zhang Y. et al. Determination of tetracyclines in food samples byMolecul-arlyimprinted monolithic column coupling with high performance liquidchromatography [J]. Talanta, 2009, 79(3): 926-934.

[88] Kootstra P R, Kuijpers C J P F, Wubs K L, et al. The analysis of beta-agonists in bovine muscle using molecular imprinted polymers with ion trap LCMS screening[J]. Analytica Chimica Acta, 2005, 529(1-2) : 75-81.

[89] 何龙河. 硅胶纸及其生产方法: 200910211870. 2[P]. 2011-8-3.

[90] 闻荻江, 李敏. 多孔 SiO_2 表面水合技术研究[J]. 苏州大学学报(自然科学), 2001, 17(1): 79-83, 99.

[91] Iler R K. The Chemistry of Silica[M]. New York: Wiley-Interscience, 1979.

[92] 赵振国, 邵长生, 覃守风, 等. 改性固体表面的吸附作用——甲基化硅胶的热稳定性和吸附性能[J]. 高等学校化学学报, 1987, 8(11): 1017-1020.

[93] 赵振国, 顾惕人. 硅胶对脂肪酸和四氯化碳蒸汽的吸附[J]. 催化学报, 1984, 5(3): 295-299.

[94] 张灿, 周婷, 陆介宇, 等. 硅胶载体氯霉素免疫亲和柱的制备[J]. 食品科学, 2012, 33(24): 352-355.

[95] 贺英, 邱细妹, 施周, 等. 纳米 SiO_2 改性的 COB-LED 灌封用的有机硅胶的制备方法: 20120337400. 2[P]. 2013-1-16.

[96] 沈健, 郑宏, 殷冠风, 等. 活性烷基化硅胶及其制备方法: 200510038744. 3[P]. 2007-3-4.

[97] 李宝权, 刘桂清. 刨切薄木漂白工艺的研究[J]. 家具, 1993(4): 5-7.

[98] 李坚, 刘一星, 方桂珍. 木材的漂白[J]. 木材工业, 1994, 8(3): 39-41.

[99] 史忠发. 木器家具的染色处理[J]. 建筑工人, 1988(1): 52-54.

[100] 孙浩元. 枣树丰产栽培理论与技术研究进展[J]. 北京林业大学学报, 1999, 21(1): 87-91.

[101] 陈玉和, 陆仁书, 方桂珍. 木材水溶性染料的染色技术[J]. 木材工业, 1999, 13(2): 27-30.

[102] 李红. 毛白杨木材染色技术研究[D]. 北京: 北京林业大学, 2005.

[103] 李全德, 倪荣, 胡维成, 等. 气相防锈剂检测方法研究[C]//四川省科学技术协会第七届四川省博士专家论坛论文集. 2014: 207-211.

[104] Tang Y M, Hu X L, Guan P, et al. Investigation of surface properties and solubility of 1-vinyl-3-alkyl/esterimidazolium halide ionic liquids by density functional methods[J]. J Chem Eng Data, 2014, 59(8): 2464-2471.

[105] Tang Y M, Hu X L, Guan P, et al. Influence of structural varia-

tions on the solubility and electrical conductivity of 1-vinyl-3-alkylimidazole halogen ionic liquids[J]. J Wuhan Univ Technol, 2014, 29(5): 1090-1097.

[106] Tang Y M, Hu X L, Guan P, et al. Physicochemical characterization of paramagnetic ionic liquids 1-viny-3-alkylimida- zolium tetrahalogenidoferrate（Ⅲ）[VRIM][$FeClmBr_{4-m}$][J]. J Phys Org Chem, 2014, 27(6): 498-503.

[107] 黄丽娟. 乙烯基硅烷膜层制备工艺及其耐蚀性能研究[D]. 沈阳: 东北大学, 2011.

[108] 万满, 戴忆峰, 张军辉. 以硅烷偶联剂为主要成分的金属表面处理剂及其制备方法: CN201510769552. 3[P]. 2016-3-30.

[109] 卢奕彤, 汪刚耀, 莫照熙, 等. 一种预镀镍钢壳表面处理剂及其在水性石墨乳喷涂中的应用[J]. 电池工业, 2024, 28(5): 221-229.

[110] 崔廷昌, 赖奂汶. 硅烷偶联剂研究现状[J]. 数码设计, 2017, 6(4): 214-220.

[111] 栾晓健. 一种形成保护膜的金属表面处理剂的使用方法: CN201310701628. X[P]. 2014-4-2.

[112] 陈洋. 一种金属表面处理方法: CN201310663660. 3[P]. 2014-3-26.

[113] 李在兴, 李丽. 环保型硅烷金属表面处理剂及工艺方法[J]. 现代涂料与涂装, 2014, 17(6): 16-17, 20.

[114] 胡丽. 多功能金属表面处理剂的研究[J]. 中国石油和化工标准与质量, 2013, 33(15): 25, 117.

[115] 郑超, 郑嫣然, 陈步荣. 电动自行车控制器铝壳表面处理剂研究与应用[J]. 中国自行车, 2024(5): 118-123.

[116] 王同举, 林子彭, 张文倩, 等. 新型水基高分子焊锡球表面处理剂及其性能研究[J]. 材料保护, 2024, 57(4): 194-200.

[117] 方舒, 朱俊楠, 谭润秋, 等. 一种 BGA 焊锡球表面处理剂及其性能评价[J]. 材料保护, 2021, 54(10): 78-81.

[118] 邱铃. 发泡 EVA 鞋材用 UV 固化水性处理剂的制备及性能研究[D]. 广州: 华南理工大学, 2019.

[119] 周郁潮, 郑海英, 冯简青, 等. 珠三角某市制鞋行业有机溶剂成分检测分析[J]. 职业卫生与应急救援, 2015, 33(3): 176-177.

[120] 刘仿军, 宗荣峰, 鄢国平, 等. 轻质 EVA 鞋底材料的研究[J]. 塑料工业, 2009, 37(7): 65-67.

[121] 叶盛京. LDPE/EVA 鞋底发泡材料的研究[J]. 福建轻纺, 2005(9): 20-23.

[122] 欧阳娜, 李云龙, 林松柏, 等. 发泡鞋底材料研究进展[J]. 廊坊师范学院学报(自然科学版), 2014, 14(2): 59-63.

[123] 张永庆. EVA 鞋底表面处理剂的研制[J]. 华侨大学学报: 自然科学版, 2000, 21(4): 432- 434.

[124] 丁立朋, 王仲平, 马兴法, 等. 冷粘制鞋用处理剂[J]. 橡胶工业, 1996, 43(8): 475-477.

[125] 余丰, 周正发, 范继贤, 等. 水性丙烯酸酯共聚物 EVA 表面处理剂的合成[J]. 中国胶粘剂, 2007, 16(5): 40-42.

[126] 杜官本. 光辐射固化胶粘剂的机理[J]. 粘接, 1994, 15(2): 18-21.

[127] 陈康, 李亚儒. 紫外光固化胶粘剂研究进展[J]. 山东化工, 2018, 47(13): 46-47, 49.

[128] 杨建文, 曾兆华, 陈用烈. 光固化涂料及应用[M]. 北京: 化学工业出版社, 2005.

[129] 张文君. 水性多官能团聚氨酯丙烯酸酯的合成及 UV 固化研究[D]. 天津: 河北工业大学, 2016.

[130] 焦钰, 姚伯龙, 杜郑帅. UV 固化涂料活性稀释剂研究进展[J]. 涂料技术与文摘, 2009, 30(4): 2-5.

[131] 侯有军. 特种丙烯酸酯单体的研究进展[J]. 涂料工业, 2011, 41(3): 75-80.

[132] 刘文芳, 李树材. 功能性单体对丙烯酸酯乳液胶粘剂性能的影响[J]. 热固性树脂, 2000, 15(4): 52-55.

[133] 夏兰英, 孙芳, 黄毓礼, 等. 光引发剂对紫外光固化胶粘剂性能的影响[J]. 辐射研究与辐射工艺学报, 2003, 21(3): 184-188.

[134] 臧阳陵, 徐伟箭. 水性光引发剂的研究进展[J]. 精细化工中间体, 2002, 32(2): 1-2.

[135] 韦星船, 杨前程, 李国荣, 等. 紫外光固化水性光引发剂的研究现状及进展[J]. 电镀与涂饰, 2014, 33 (14): 587-590.

[136] 瞿岳飞, 卿宁. UV 固化水溶性自由基型光引发剂研究进展[J]. 化工进展, 2010, 29(1): 569-572.

[137] 王振希, 熊继海, 陈树, 等. 聚氨酯乳液的制备与稳定性分析[J]. 南昌大学学报(工科版), 2013, 35(1): 1-4.

[138] 王家林, 刘仁, 张胜文, 等. 多官能度光固化聚氨酯丙烯酸酯预聚物合成工艺探讨[J]. 化工新型材料, 2010, 38(4): 85-87.

[139] 马彦军, 冶银平, 陈磊, 等. 紫外光固化聚氨酯丙烯酸酯粘结剂的优化设计[J]. 高分子材料科学与工程, 2018, 34(5): 111-115.

[140] 纪学顺, 鲍俊杰, 李莉, 等. 水性聚氨酯乳液粘度的影响因素研究[J]. 中国胶粘剂, 2008, 17(9): 14-17.

[141] Hwang H D, Kim H J. Enhanced thermal and surface properties of waterborne UVcurable polycarbonate-based polyurethane（meth）acrylate dispersion by incorporation of poly-dimethylsiloxane[J]. Reactive and Functional Polymers, 2011, 71(6): 655-665.

[142] 王学川, 任静, 强涛涛. 水性聚氨酯亲水性扩链剂的研究进展[J]. 化工进展, 2014(2): 432-438.

[143] Wang H, Fan J, Fei G, et al. Preparation and property of waterborne UV-curable chain-extended polyurethane surface sizeing agent: Strengthening and waterproofing mechanism for cellulose fiber paper[J]. Journal of Applied Polymer Science, 2015, 132(31/32).

[144] 曹洪涛, 胡孝勇, 柯勇. 水性聚氨酯自乳化的最新研究进展[J]. 中国胶粘剂, 2017, 26(10): 54-58.

[145] Lee S K, Kim B K. High solid and high stability waterborne polyurethanes via ionic groups in soft segments and chain termini[J]. Journal of Colloid And Interface Science, 2009, 336(1): 208-214.

[146] Wang Z M, Gao D B, Yang J W, et al. Synthesis and characterization of UV-curable waterborne polyurethane-acrylate ionomers for coatings[J]. Journal of Applied Polymer Science, 1999, 73(14): 2869-2876.

[147] Li K, Shen Y, Fei G, et al. Preparation and properties of castor oil/pentaerythritol triarylate-based UV curable waterborne polyurethane acrylate[J]. Progress in Organic Coatings, 2015, 78: 146-154.

[148] Mao H, Qiang S, Xu Y, et al. Synthesis of polymeric dyes based on UV curable multi- functional waterborne polyurethane for textile coating[J]. New Journal of Chemistry, 2017, 41: 619-627.

[149] Xu H, Qiu F, Wang Y, et al. UV-curable waterborne polyurethane-acrylate: preparation, characterization and properties [J]. Progress in Organic Coatings, 2012, 73(1): 47-53.

[150] Feder-Kubis J, Zabielska-Matejuk J, Stangierska A, et al. Toward designing “sweet” ionic liquids containing a natural terpene moiety as effective wood preservatives[J]. ACS Sustain Chem Eng, 2019, 7, 15628-15639.